工业和信息化**精品系列**教材

U0390263

高等数学

上 册

王翠芳 戴江涛 ◎ 主编

孙健 陈娟 ◎ 副主编

人民邮电出版社

北 京

图书在版编目（CIP）数据

高等数学. 上册 / 王翠芳, 戴江涛主编. -- 北京：
人民邮电出版社, 2022.9
工业和信息化精品系列教材
ISBN 978-7-115-59790-8

Ⅰ. ①高… Ⅱ. ①王… ②戴… Ⅲ. ①高等数学－高
等学校－教材 Ⅳ. ①O13

中国版本图书馆CIP数据核字(2022)第136447号

内 容 提 要

本套书是为了满足应用型本科院校和职业本科院校学生的学习需求而编写的，淡化定理的推导、证明，采取学生容易理解的方式叙述，并选配适量的例题、习题，以帮助学生掌握基本理论和解题方法，提高学生应用数学的能力．

本套书分为上、下两册．上册主要包括函数与极限、导数与微分、微分中值定理与导数的应用、不定积分、定积分及其应用、微分方程等内容．在每章的最后都配有一个数学建模案例，以加深学生对数学内容的理解．同时，每章还配有拓展阅读，通过数学文化的传播，培养学生的科学精神．

本书适合作为应用型本科院校和职业本科院校高等数学课程的教材，也可作为对高等数学感兴趣的读者的参考书．

◆ 主　　编　王翠芳　戴江涛
　　副主编　孙　健　陈　娟
　　责任编辑　王亚娜
　　责任印制　王　郁　焦志炜
◆ 人民邮电出版社出版发行　　北京市丰台区成寿寺路 11 号
　　邮编　100164　　电子邮件　315@ptpress.com.cn
　　网址　https://www.ptpress.com.cn
　　北京隆昌伟业印刷有限公司印刷
◆ 开本：787×1092　1/16
　　印张：14.5　　　　　　　　　　2022 年 9 月第 1 版
　　字数：316 千字　　　　　　　　2024 年 8 月北京第 3 次印刷

定价：49.80 元

读者服务热线：(010)81055256　印装质量热线：(010)81055316
反盗版热线：(010)81055315
广告经营许可证：京东市监广登字 20170147 号

前言

数学作为一种思维模式，既是培养理性思维和数学素养的重要工具，也是传播数学文化的重要载体. 随着科学技术的发展，数学已经渗透到社会中的各个行业. 本书主要面向应用型本科院校和职业本科院校，在满足学生后续课程学习需求的前提下，通过数学文化、应用案例等激发学生的学习兴趣，提升学生的数学素养和文化底蕴，充分发挥数学课程在育人工作中的积极作用. 本书紧紧围绕"知识传授与价值引领相结合"的目标，以期达到课程育人的效果.

本书在编写过程中主要体现了以下特点.

（1）在保持数学体系基本完整的前提下，减少数学理论，淡化抽象的理论推导，采用学生容易理解的方式叙述，注重直观性.

（2）例题设置由浅入深，分析透彻，习题主要针对基础知识和基本的运算方法进行训练，兼顾不同的知识点和不同的难度水平，以满足学有余力学生的需求.

（3）注重与中学教学内容的衔接，增加与中学数学接轨的部分内容，保证高等数学与初等数学的顺利衔接.

（4）增加数学史和数学家的成就等相关内容，弘扬正能量，培养学生的科学态度，帮助学生形成正确的价值观.

（5）注重教学方式的改革，增加微课，对重要知识点和例题进行讲解，有利于学生自主学习.

（6）增加数学建模案例，让学生体会数学知识在实际领域中的应用.

本套书由王翠芳、戴江涛任主编，孙健、陈娟任副主编，具体编写分工如下：第1、2、8、10章由戴江涛编写，第3～5、9章由王翠芳编写，第6章由陈娟编写，第7、11章由孙健编写. 全书由王翠芳、戴江涛统稿并审定，配套电子资源由团队共同整理.

由于编者水平有限，书中难免存在不足之处，敬请广大专家、同行和读者批评指正.

编者

2022 年 3 月

目录

第1章　函数与极限

高等数学研究的主要对象是函数，研究的方法是极限理论，研究的主要内容是微积分．本章将在回顾函数有关知识的基础上着重讨论函数的极限，并介绍函数的连续性．

1-1　函数

函数是一种反映变量之间依赖关系的数学模型．

在自然现象或社会现象中，往往同时存在几个不断变化的量，这些变量不是孤立的，而是相互联系并遵循一定规律的．函数就是描述这种联系的法则．比如，一个运动着的物体，它的速度和位移都是随时间的变化而变化的，它们之间的关系就是一种函数关系．

1-1-1　函数的定义

定义 1-1　设 x，y 是两个变量，D 是一个给定的数集．若对于 D 中的每一个 x 值，按照对应法则 f，变量 y 都有唯一确定的值与它对应，那么，就称变量 y 是变量 x 的函数，记作

$$y = f(x), \quad x \in D.$$

式中 x 称为自变量，y 称为因变量．自变量 x 的变化范围 D 称为函数 $y = f(x)$ 的**定义域**，因变量 y 的变化范围称为函数 $y = f(x)$ 的**值域**．

为了便于理解，可以把函数想象成一个数字处理装置．当输入(定义域的)一个值 x 时，就有(值域的)唯一确定的值 $f(x)$ 输出(见图 1-1)．

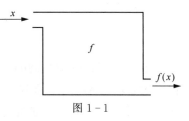

图 1-1

函数的定义域和对应法则称为函数的两要素．

关于函数的定义域，在实际问题中应根据实际意义具体确定．如果讨论的是纯数学问题，则往往取使函数的表达式有意义的一切实数所组成的集合作为该函数的定义域．求函数定义域的过程中需要注意以下几点：①分式的分母不能等于 0；②偶次方根中，被开方数必须大于等于 0；③对数的真数必须大于 0；④对数的底数必须大于 0 且不等于 1．

例 1-1　求 $f(x) = \sqrt{4-x^2}$ 的定义域．

解：注意到该函数含偶次根号，为使该函数有意义，需满足被开方式大于等于 0，即

$$4 - x^2 \geqslant 0 \Rightarrow -2 \leqslant x \leqslant 2.$$

所以，该函数的定义域为 $\{x \mid -2 \leqslant x \leqslant 2\}$ 或者表示为 $[-2, 2]$．

例 1-2 求 $f(x) = \dfrac{\lg(2-x)}{x-1}$ 的定义域.

解：注意到该函数既含有对数又含有分母，为使该函数有意义，需要满足：①对数的真数大于 0，即 $2-x > 0$；②分式的分母不等于 0，即 $x-1 \neq 0$. 因此

$$2-x > 0 \text{ 且 } x-1 \neq 0 \Rightarrow x < 2 \text{ 且 } x \neq 1.$$

所以，该函数的定义域为 $\{x \mid x < 2 \text{ 且 } x \neq 1\}$ 或者表示为 $(-\infty, 1) \bigcup (1, 2)$.

1-1-2 函数的表示方法

常用的函数表示方法有 3 种：表格法、图形法和公式法.

1. 表格法

把自变量的不同取值和对应的函数值列于同一张表格中，对应法则由表格所确定，这种表示函数的方法称为**表格法**. 比如，我国 2016—2020 年国内生产总值(GDP)可用表 1-1 表示.

表 1-1

年份 t/年	2016	2017	2018	2019	2020
GDP/亿元	746 395	832 036	919 281	986 515	1 013 567

注：表 1-1 所示的对应法则表示 GDP 和年份 t 的函数关系.

2. 图形法

在坐标系中用图形来表示函数的方法，称为**图形法**. 比如，气象台用自动记录仪把一天的气温变化情况自动描绘在记录纸上(见图 1-2)，根据这条曲线，就能知道一天内任何时刻的气温了.

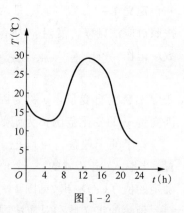

图 1-2

3. 公式法

将自变量和因变量之间的函数关系用数学公式表示的方法，称为**公式法**(或解析法). 这些数学公式也叫作解析式. 按照解析式的不同，函数可分为**显函数、隐函数**和**分段函数** 3 种.

(1)显函数：函数 y 由 x 的解析式直接表示出来，如 $y = x^2 - x + 1$.

(2)隐函数：自变量 x 和因变量 y 的函数关系由方程 $F(x, y) = 0$ 确定，如

$$y - \sin(x+y) = 0.$$

(3)分段函数：在其定义域的不同范围内，函数具有不同的解析式，如

$$y = \begin{cases} -x+1 & x \geqslant 0 \\ x+1 & x < 0 \end{cases} \quad \text{(见图 1-3)},$$

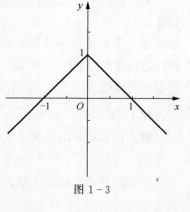

图 1-3

再如符号函数

$$y = \operatorname{sgn} x = \begin{cases} 1 & x > 0 \\ 0 & x = 0 \\ -1 & x < 0 \end{cases} \quad （见图 1-4）.$$

有些分段函数也可用一些特殊的符号来表示，如取整函数 $y = [x]$（见图 1-5），其中 $[x]$ 表示不大于 x 的最大整数，如 $[3.14] = 3$，$[-0.2] = -1$. 需要注意的是：分段函数在整个定义域上是一个函数，而不是几个函数.

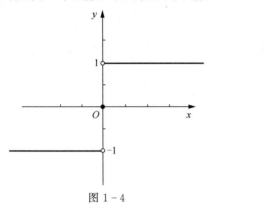

图 1-4

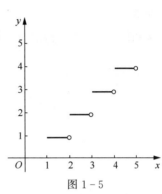

图 1-5

1-1-3　函数的几种特性

1. 函数的奇偶性

设函数 $y = f(x)$ 的定义域 D 关于原点对称，并且对任意 $x \in D$，均有
$$f(-x) = f(x),$$
则称函数 $f(x)$ 为**偶函数**. 若 $y = f(x)$ 的定义域 D 关于原点对称，并且对任意 $x \in D$，均有
$$f(-x) = -f(x),$$
则称函数 $f(x)$ 为**奇函数**. 偶函数的图像关于 y 轴对称（见图 1-6），奇函数的图像关于原点对称（见图 1-7）.

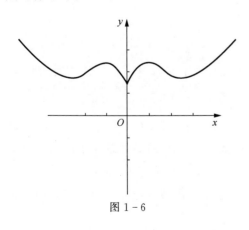

图 1-6

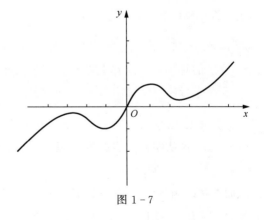

图 1-7

2. 函数的单调性

设函数 $y=f(x)$ 在区间 I 上有定义，若对任意 x_1，$x_2 \in I$，当 $x_1 < x_2$ 时，恒有 $f(x_1) < f(x_2)$，则称 $f(x)$ 在区间 I 上**单调增加**，此时区间 I 也称为函数的单调增加区间. 若对任意 x_1，$x_2 \in I$，当 $x_1 < x_2$ 时，恒有 $f(x_1) > f(x_2)$，则称 $f(x)$ 在区间 I 上**单调减少**，此时区间 I 也称为函数的单调减少区间. 特别地，如果区间 I 恰好是函数 $f(x)$ 的定义域 D，此时，$f(x)$ 在定义域上单调增加（或单调减少），也称 $f(x)$ 为单调增加（或单调减少）函数.

图 1-8 和图 1-9 所示的函数，在所给的区间上分别是单调增加的和单调减少的.

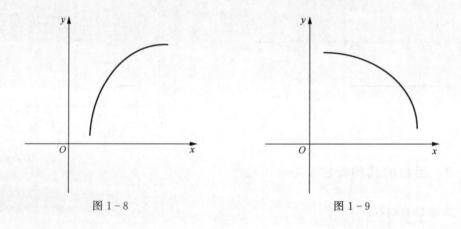

图 1-8   图 1-9

3. 函数的有界性

设函数 $y=f(x)$ 在区间 I 上有定义，若存在一个正数 M，使得对一切 $x \in I$，都有
$$|f(x)| \leqslant M,$$
则称函数 $f(x)$ 在区间 I 上是**有界的**，否则称函数 $f(x)$ 在区间 I 上是**无界的**. 若区间 I 恰好是函数 $f(x)$ 的定义域 D，且对一切 $x \in D$，都有 $|f(x)| \leqslant M$，则称函数 $f(x)$ 是有界函数，否则称函数 $f(x)$ 为无界函数.

注意

这里的有界是指既有上界又有下界. 有界函数从直观上来理解，就是该函数的图像介于两条平行线 $y=M$ 和 $y=-M$ 之间.

比如正弦函数 $y=\sin x$ 就是一个有界函数. 因为对一切 $x \in (-\infty, +\infty)$，都有 $|\sin x| \leqslant 1$. 这从图像上也很容易理解，因为正弦函数 $y=\sin x$ 的图像总介于两条平行线 $y=1$ 和 $y=-1$ 之间.

而抛物线函数 $y=x^2$ 在其定义域 $(-\infty, +\infty)$ 上是无界函数，但在区间 $(-2,1)$ 上是有界的. 因为对一切 $x \in (-2,1)$，都有 $|x^2| < 4$.

4. 函数的周期性

设函数 $y=f(x)$ 的定义域为 D，若存在常数 $T>0$，使得对一切 $x \in D$，都有

$$f(x)=f(x+T),$$

则称函数 $f(x)$ 为**周期函数**. 大家熟悉的正弦函数、余弦函数、正切函数等都是周期函数. 其实，在实际应用中也会遇到许多周期函数，如电学中的矩形函数(见图 1-10)、锯齿函数(见图 1-11)等.

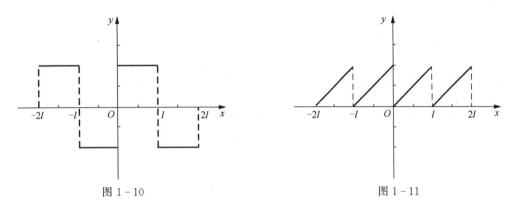

图 1-10　　　　　　　　　　　　　图 1-11

例 1-3　判断函数 $f(x)=\dfrac{x}{(x-1)(x+1)}$ 的奇偶性.

解：该函数的定义域为 $\{x \mid x \neq -1, \text{且 } x \neq 1\}$，显然该定义域关于原点对称. 又因为

$$f(-x)=\frac{-x}{(-x-1)(-x+1)}=-\frac{x}{(x-1)(x+1)}=-f(x).$$

所以，$f(x)$ 是奇函数.

例 1-4　判断函数 $f(x)=\dfrac{x\cos x}{1+x^2}$ 的有界性.

解：因为 $1+x^2 \geqslant 2x$，所以对一切 $x \in (-\infty, +\infty)$，都有

$$|f(x)|=\left|\frac{x\cos x}{1+x^2}\right| \leqslant \left|\frac{x}{1+x^2}\right| \leqslant \left|\frac{x}{2x}\right|=\frac{1}{2}.$$

所以，$f(x)$ 是有界函数.

1-1-4　反函数

定义 1-2　给定函数 $y=f(x)$，设其定义域为 D，值域为 Z. 如果对于任意的 $y \in Z$，由 $y=f(x)$ 都可以确定唯一的 $x \in D$ 与之对应，这样就定义一个以 y 为自变量的新函数，称其为 $y=f(x)$ 的反函数，记作 $x=f^{-1}(y)$. 习惯上总是用 x 表示自变量，用 y 表示因变量，因此 $y=f(x)$ 的反函数 $x=f^{-1}(y)$ 通常写成 $y=f^{-1}(x)$.

反函数的定义

反函数 $y=f^{-1}(x)$ 的定义域 Z 和值域 D 分别是原函数 $y=f(x)$ 的值域 Z 和定义域 D. 此外,反函数 $y=f^{-1}(x)$ 与原函数 $y=f(x)$ 的图像关于直线 $y=x$ 对称.

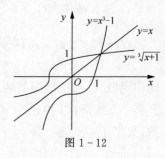

图 1-12

例 1-5 求函数 $y=x^3-1$ 的反函数.

解: 首先,根据 $y=x^3-1$ 解出 x,得到

$$x=\sqrt[3]{y+1},$$

然后交换 y,x,得到

$$y=\sqrt[3]{x+1}.$$

$y=\sqrt[3]{x+1}$ 就是 $y=x^3-1$ 的反函数(见图 1-12).

1-1-5 基本初等函数

在中学阶段,大家已经学习了幂函数、指数函数、对数函数、三角函数和反三角函数,它们统称为基本初等函数. 下面我们来简单复习一下这些函数.

(1)幂函数

形如 $y=x^{\mu}$(μ 是常数)的函数称为幂函数. 幂函数的定义域随着 μ 取值的不同而不同. 比如,幂函数 $y=x^3$ 的定义域为 **R**,而幂函数 $y=x^{\frac{1}{2}}$ 的定义域为 $\{x \mid x \geqslant 0\}$.

(2)指数函数

形如 $y=a^x$(a 为常数,$a>0$ 且 $a \neq 1$)的函数称为指数函数. 指数函数的定义域为 **R**. 当 $a>1$ 时,$y=a^x$ 单调增加(见图 1-13);当 $0<a<1$ 时,$y=a^x$ 单调减少(见图 1-14).

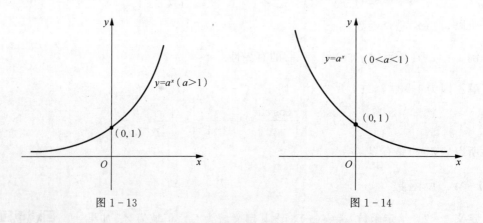

图 1-13　　　　　　　　　　　图 1-14

以无理数 $e=2.71828\cdots$ 为底数的指数函数 $y=e^x$ 称为自然指数函数.

(3)对数函数

形如 $y=\log_a x$(a 为常数且 $a>0$,$a \neq 1$)的函数称为对数函数. 对数函数的定义域为 $(0,+\infty)$. 当 $a>1$ 时,$y=\log_a x$ 单调增加(见图 1-15);当 $0<a<1$ 时,$y=\log_a x$ 单调减少(见图 1-16).

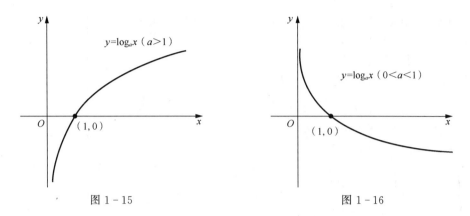

图 1-15　　　　　　　　　　　图 1-16

以无理数 e 为底的对数函数 $y=\log_e x$ 称为自然对数函数，记为 $y=\ln x$.

(4)三角函数

①正弦函数

函数 $y=\sin x$ 称为正弦函数，它的定义域为 **R**，值域为$[-1,1]$. 正弦函数是周期函数，它的最小正周期为 2π. 在整个定义域 **R** 上，正弦函数是奇函数，它的图像关于原点对称(见图 1-17).

②余弦函数

函数 $y=\cos x$ 称为余弦函数，它的定义域为 **R**，值域为$[-1,1]$. 余弦函数是周期函数，它的最小正周期为 2π. 在整个定义域 **R** 上，余弦函数是偶函数，它的图像关于 y 轴对称(见图 1-18).

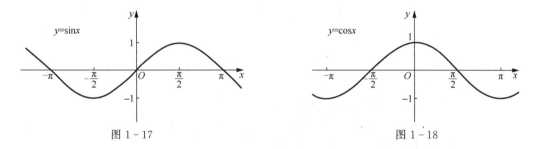

图 1-17　　　　　　　　　　　图 1-18

③正切函数

函数 $y=\tan x$ 称为正切函数，它的定义域为 $\left\{x\,\middle|\,x\neq\dfrac{\pi}{2}+k\pi,\ k\in\mathbf{Z}\right\}$，值域为 **R**. 正切函数是周期函数，它的最小正周期为 π. 在定义域上，正切函数是奇函数，它的图像关于原点对称(见图 1-19).

④余切函数

函数 $y=\cot x$ 称为余切函数，它的定义域为 $\{x\,|\,x\neq k\pi,\ k\in\mathbf{Z}\}$，值域为 **R**. 余切函数是周期函数，它的最小正周期为 π. 在定义域上，余切函数是奇函数，它的图像关于原点对称(见图 1-20).

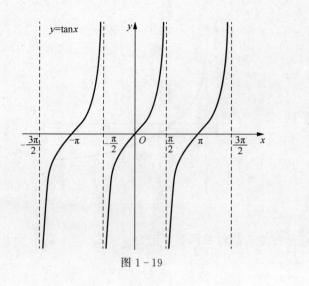
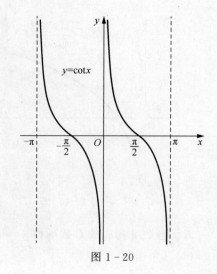

图 1-19   图 1-20

⑤正割函数

函数 $y=\sec x$ 称为正割函数,其中 $\sec x=\dfrac{1}{\cos x}$. 它的定义域为 $\left\{x \mid x \neq \dfrac{\pi}{2}+k\pi,\ k\in \mathbf{Z}\right\}$. 在定义域上,正割函数是偶函数,它的图像关于 y 轴对称(见图 1-21).

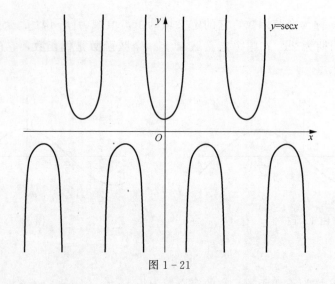

图 1-21

⑥余割函数

函数 $y=\csc x$ 称为余割函数,其中 $\csc x=\dfrac{1}{\sin x}$. 它的定义域为 $\{x \mid x\neq k\pi,\ k\in \mathbf{Z}\}$. 在定义域上,余割函数是奇函数,它的图像关于原点对称(见图 1-22).

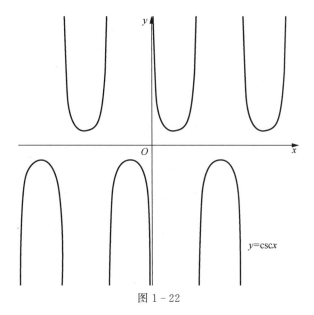

图 1-22

（5）反三角函数

①反正弦函数

正弦函数 $y=\sin x$ 在区间 $\left[-\dfrac{\pi}{2},\dfrac{\pi}{2}\right]$ 上的反函数称为反正弦函数，记

为 $y=\arcsin x$. 反正弦函数的定义域为 $[-1,1]$，值域为 $\left[-\dfrac{\pi}{2},\dfrac{\pi}{2}\right]$. 在定

义域 $[-1,1]$ 上，反正弦函数 $y=\arcsin x$ 是单调增加函数，它的图像与正

弦函数的图像关于直线 $y=x$ 对称（见图 1-23）.

反正弦函数的定义

②反余弦函数

余弦函数 $y=\cos x$ 在区间 $[0,\pi]$ 上的反函数称为反余弦函数，记为 $y=\arccos x$. 反余
弦函数的定义域为 $[-1,1]$，值域为 $[0,\pi]$. 在定义域 $[-1,1]$ 上，反余弦函数 $y=\arccos x$
是单调减少函数，它的图像和余弦函数的图像关于直线 $y=x$ 对称（见图 1-24）.

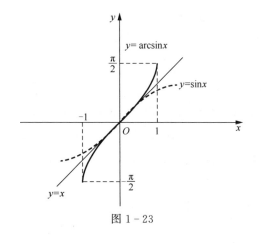

图 1-23

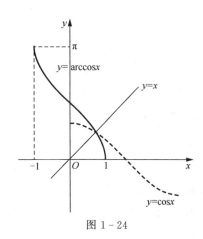

图 1-24

③反正切函数

正切函数 $y=\tan x$ 在开区间 $\left(-\dfrac{\pi}{2},\dfrac{\pi}{2}\right)$ 上的反函数称为反正切函数，记为 $y=$ arctan$x$. 反正切函数的定义域为 **R**，值域为 $\left(-\dfrac{\pi}{2},\dfrac{\pi}{2}\right)$. 在定义域 **R** 上，反正切函数 $y=$ arctan$x$ 是单调增加函数（见图 1－25）.

④反余切函数

余切函数 $y=\cot x$ 在区间 $(0,\pi)$ 上的反函数称为反余切函数，记为 $y=$ arccot$x$. 反余切函数的定义域为 **R**，值域为 $(0,\pi)$. 在定义域 **R** 上，反余切函数 $y=$ arccot$x$ 是单调减少函数（见图 1－26）.

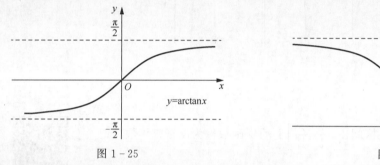

图 1－25

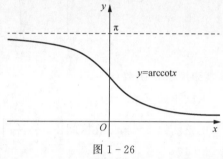

图 1－26

根据反三角函数的定义完成下面的填空题.

（1）$\sin(\quad)=\dfrac{1}{2}\Rightarrow\arcsin\dfrac{1}{2}=(\quad)$；　　（2）$\sin(\quad)=\dfrac{\sqrt{2}}{2}\Rightarrow\arcsin\dfrac{\sqrt{2}}{2}=(\quad)$；

（3）$\sin(\quad)=\dfrac{\sqrt{3}}{2}\Rightarrow\arcsin\dfrac{\sqrt{3}}{2}=(\quad)$；　　（4）$\sin(\quad)=1\Rightarrow\arcsin 1=(\quad)$；

（5）$\tan(\quad)=\dfrac{\sqrt{3}}{3}\Rightarrow\arctan\dfrac{\sqrt{3}}{3}=(\quad)$；　　（6）$\tan(\quad)=1\Rightarrow\arctan 1=(\quad)$；

（7）$\tan(\quad)=\sqrt{3}\Rightarrow\arctan\sqrt{3}=(\quad)$；　　（8）$\tan(\quad)=-1\Rightarrow\arctan(-1)=(\quad)$.

1－1－6　复合函数

定义 1－3　设 y 是关于 u 的函数 $y=f(u)$，u 是关于 x 的函数 $u=\varphi(x)$. 如果 $y=f(u)$ 的定义域 D_f 和 $u=\varphi(x)$ 的值域 Z_φ 的交集是非空的 $(Z_\varphi\bigcap D_f\neq\varnothing)$，则称 $y=f[\varphi(x)]$ 是由 $y=f(u)$ 和 $u=\varphi(x)$ 构成的复合函数，其中 x 是自变量，y 是因变量，u 是中间变量.

比如，$y=\sin u$ 和 $u=x^2+1$ 可以构成复合函数 $y=\sin(x^2+1)$；$y=\mathrm{e}^u$ 和 $u=\sqrt{x}$ 可以构成复合函数 $y=\mathrm{e}^{\sqrt{x}}$.

例 1－6　设 $y=f(u)=\sin u$，$u=\varphi(x)=3x+4$，求 $f[\varphi(x)]$.

解：$f[\varphi(x)]=\sin u=\sin(3x+4)$.

例 1 - 7　设 $y = f(u) = \dfrac{1}{u-1}$，$u = \varphi(t) = e^t$，$t = \phi(x) = \sin x$，求 $f\{\varphi[\phi(x)]\}$.

解： $f\{\varphi[\phi(x)]\} = \dfrac{1}{u-1} = \dfrac{1}{e^t - 1} = \dfrac{1}{e^{\sin x} - 1}$.

例 1 - 8　设 $y = f(u) = \log_a u$，$u = \varphi(t) = t^2$，$t = \phi(x) = \arcsin x$，求 $f\{\varphi[\phi(x)]\}$.

解： $f\{\varphi[\phi(x)]\} = \log_a u = \log_a t^2 = \log_a (\arcsin x)^2$.

例 1 - 9　已知 $f(x) = \dfrac{1}{\sqrt{x^2 + 1}}$，求 $f[f(x)]$.

解： $f[f(x)] = \dfrac{1}{\sqrt{f^2(x) + 1}} = \dfrac{1}{\sqrt{\dfrac{1}{x^2+1} + 1}} = \dfrac{\sqrt{x^2+1}}{\sqrt{x^2+2}}$.

例 1 - 10　分析函数 $y = \sin \sqrt[3]{x^2}$ 的复合结构.

解： 所给函数由 $y = \sin u$，$u = \sqrt[3]{x^2}$ 复合而成.

例 1 - 11　分析函数 $y = \tan^2 \dfrac{x^2}{3}$ 的复合结构.

解： 所给函数由 $y = u^2$，$u = \tan t$，$t = \dfrac{x^2}{3}$ 复合而成.

例 1 - 12　分析函数 $y = 3^{\arctan(\ln x^2)}$ 的复合结构.

解： 所给函数由 $y = 3^u$，$u = \arctan t$，$t = \ln v$，$v = x^2$ 复合而成.

例 1 - 13　分析函数 $y = \dfrac{1}{\ln(1 - \sqrt{1 + x^2})}$ 的复合结构.

解： 所给函数由 $y = \dfrac{1}{u}$，$u = \ln t$，$t = 1 - \sqrt{v}$，$v = 1 + x^2$ 复合而成.

定义 1 - 4　由基本初等函数和常数经过有限次四则运算以及有限次复合运算所得到的可以用一个式子表示的函数称为初等函数. 例如：

$$y = \ln \sqrt{\dfrac{1+x}{1-x}}，\quad y = \arcsin e^{x^2-1}，\quad y = \arctan(\sin x)$$

等都是初等函数.

习题 1 - 1

1. 求下列函数的定义域.

(1) $y = \dfrac{1}{x^3 - 7x + 6}$；　　(2) $y = \sqrt{x+1}$；　　(3) $y = \dfrac{x}{\sqrt{x^2 - 1}}$；

(4) $y = \dfrac{1}{\ln\ln x}$；　　(5) $y = \arcsin \dfrac{2x^2 + 1}{x^2 + 5}$；　　(6) $y = \sqrt{\ln(x-1)}$.

2. 已知 $f(x)$ 的定义域为 $(-2, 3)$，求 $f(x+1) + f(x-1)$ 的定义域.

3. 设 $f(x) = \begin{cases} \sqrt{x-1} & x \geqslant 1 \\ x^2 & x < 1 \end{cases}$，作出 $f(x)$ 的图形，并求 $f(5)$、$f(-2)$ 的值.

4. 设 $f(\sin x) = \sin 3x - \sin x$，求 $f(x)$.

5. 设 $f\left(x + \dfrac{1}{x}\right) = \dfrac{1}{x^2} + x^2$，求 $f(x)$.

6. 求下列函数的反函数.

(1) $y = \dfrac{1}{x^2}(x > 0)$；   (2) $y = \dfrac{1-x}{1+x}$；   (3) $y = \dfrac{e^x - e^{-x}}{2}$.

7. 已知 $f(x)$ 在区间 $(-\infty, +\infty)$ 上是奇函数，当 $x > 0$ 时，$f(x) = x^2 + 1$，试写出 $f(x)$ 在 $(-\infty, +\infty)$ 上的函数表达式并作图.

8. 判断下列函数的奇偶性.

(1) $y = \dfrac{1}{x^5}$；   (2) $y = \dfrac{e^x - e^{-x}}{2}$；

(3) $y = \dfrac{x \cos x}{x^2 + 1}$；   (4) $y = \ln(x + \sqrt{1 + x^2})$.

9. 设 $f(x) = \dfrac{1}{1-x}$，求 $f[f(x)]$.

10. 分析下列函数的复合结构.

(1) $y = (1 - x)^3$；   (2) $y = \sin^2 x$；   (3) $y = e^{\sqrt{2 + x^2}}$；

(4) $y = \ln \arcsin \dfrac{1}{1+x}$；   (5) $y = \arcsin \sqrt{\cos x}$；   (6) $y = \arctan \sqrt{\ln(1 + x^2)}$.

1-2　极限的概念及运算

　　极限是微积分的基本概念之一. 微积分的许多概念是用极限表述的，它的一些重要的性质和法则也是通过极限方法推导得到的，因此，掌握极限的概念、性质和计算方法是学好微积分的基础. 下面看一个引例.

　　确定圆的面积就是一个求极限的过程. 我国魏晋时期的数学家刘徽曾用圆内接正多边形的面积来逼近圆的面积(见图 1-27). 若用 S 表示圆的面积，用 S_n 表示圆内接正多边形的面积，显然，随着正多边形边数的增加(n 增加)，正多边形的面积 S_n 就越接近于圆的面积 S. 当边数 n 无限增加时，正多边形的面积 S_n 就无限接近于圆的面积 S. 这种求圆的面积的过程就包含着极限的思想.

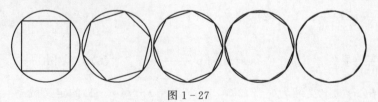

图 1-27

下面引入极限的概念，首先讨论数列的极限，然后将其定义推广到一般函数的极限.

1-2-1　数列的极限

1. 数列极限的概念

观察如下数列 $\{u_n\}$ 的变化趋势.

(1) $2, \dfrac{1}{2}, \dfrac{4}{3}, \dfrac{3}{4}, \cdots, \dfrac{n+(-1)^{n-1}}{n}, \cdots$

(2) $\dfrac{1}{2}, \dfrac{2}{3}, \dfrac{3}{4}, \dfrac{4}{5}, \cdots, \dfrac{n}{n+1}, \cdots$

(3) $1, \dfrac{1}{2}, \dfrac{1}{3}, \dfrac{1}{4}, \cdots, \dfrac{1}{n}, \cdots$

(4) $1, -1, 1, -1, \cdots, (-1)^{n-1}, \cdots$

当 n 无限增大时，数列(1)和(2)无限趋近于 1，数列(3)无限趋近于 0. 此时，我们称常数 1，1，0 分别为前 3 个数列的极限. 数列极限的具体定义如下.

定义 1-5(数列极限的描述性定义)　对于数列 $\{u_n\}$，当 n 无限增大时，如果 u_n 无限接近于某个常数 A，那么称常数 A 是数列 $\{u_n\}$ 当 $n \to \infty$ 时的极限，记作 $\lim\limits_{n\to\infty} u_n = A$ 或 $u_n \to A(n \to \infty)$.

若数列 $\{u_n\}$ 的极限为 A，我们称数列 $\{u_n\}$ 收敛于 A，并称之为收敛数列，否则称之为发散数列. 例如数列(4)就是发散数列，因为当 n 无限增大时，数列(4)不趋近于某一个固定的常数，而是在 1 和 -1 之间来回摆动.

容易看出，**有极限的数列都是有界的**，反之未必，例如数列(4)是有界的，但它没有极限.

按照数列极限的定义，上述数列(1)、(2)、(3)的极限可以分别表示为

$$\lim_{n\to\infty} \frac{n+(-1)^{n-1}}{n} = 1, \quad \lim_{n\to\infty} \frac{n}{n+1} = 1, \quad \lim_{n\to\infty} \frac{1}{n} = 0.$$

定义 1-5 是一种描述性定义，下面我们需要进一步了解其背后的数学逻辑. 首先，定义 1-5 中的"u_n 无限接近于某个常数 A"是指 u_n 与常数 A 的距离 $|u_n - A|$ 可以任意小(见图 1-28)，也就是要多小就有多小. 换句话说，就是对事先任意给定的无论多么小的一个正数 ε，u_n 无限接近于常数 A 意味着不等式 $|u_n - A| < \varepsilon$ 成立. 其次，u_n 无限接近于常数 A 的前提是 n 无限增大. 也就是说，只有 n 充分大以后，不等式 $|u_n - A| < \varepsilon$ 才会成立. 这里的"n 充分大"可以用"存在某个正自然数 N，$n > N$"来刻画. 这样，数列极限的描述性定义就可以表述成下面的精确定义.

图 1-28

定义 1-5′（数列极限的精确定义） 设 $\{u_n\}$ 是一个数列，如果存在常数 A，使得对任意给定的正数 ε（无论它多么小），总存在正整数 N，只要 $n>N$，不等式 $|u_n-A|<\varepsilon$ 就成立，则称常数 A 是数列 $\{u_n\}$ 当 $n\to\infty$ 时的极限，记作 $\lim\limits_{n\to\infty}u_n=A$ 或 $u_n\to A(n\to\infty)$.

数列极限的精确定义

上述定义又称为数列极限的"ε-N"语言. 它可以简化为

$$\forall\varepsilon>0，\exists N\in\mathbf{Z}^+，当 n>N 时，有 |u_n-A|<\varepsilon\Rightarrow\lim\limits_{n\to\infty}u_n=A.$$

其中，符号"$\forall$"表示"任意"，符号"$\exists$"表示"存在"，$\mathbf{Z}^+$ 表示正整数集合. 正整数集合也可以用 $\mathbf{N}^*$ 或 $\mathbf{N}_+$ 表示. 判断数列 $\{u_n\}$ 极限是否存在的关键就是：对任意小的正数 ε，能否找到一个正整数 N，当 $n>N$ 时，使得 $|u_n-A|<\varepsilon$ 成立. 这里可以利用等式 $|u_n-A|=\varepsilon$ 先求出一个 n，再对 n 向上取整得到 N. 下面来看一个利用精确定义证明数列极限的例子.

例 1-14 设数列 $\{x_n\}=\left\{\dfrac{1}{n}\right\}$，证明 $\lim\limits_{n\to\infty}x_n=0$.

证明： 由于 $|x_n-0|=\left|\dfrac{1}{n}-0\right|=\dfrac{1}{n}$，因此对任意给定的 $\varepsilon>0$，要使 $|x_n-0|<\varepsilon$，只需要 n 满足条件 $\dfrac{1}{n}<\varepsilon$，即 $n>\dfrac{1}{\varepsilon}$. 于是可取 $N=\left[\dfrac{1}{\varepsilon}\right]+1$，则当 $n>N$ 时，有 $|x_n-0|<\varepsilon$，故 $\lim\limits_{n\to\infty}x_n=0$.

2. 数列极限的计算

上面我们介绍了数列极限的定义，下面我们来介绍数列极限的计算. 我们不加证明地给出数列极限的四则运算法则.

定理 1-1（数列极限的四则运算法则） 如果 $\lim\limits_{n\to\infty}x_n=a$，$\lim\limits_{n\to\infty}y_n=b$，则

(1) $\lim\limits_{n\to\infty}(x_n\pm y_n)=\lim\limits_{n\to\infty}x_n\pm\lim\limits_{n\to\infty}y_n=a\pm b$；

(2) $\lim\limits_{n\to\infty}(x_n\cdot y_n)=\lim\limits_{n\to\infty}x_n\cdot\lim\limits_{n\to\infty}y_n=a\cdot b$；

(3) $\lim\limits_{n\to\infty}\dfrac{x_n}{y_n}=\dfrac{\lim\limits_{n\to\infty}x_n}{\lim\limits_{n\to\infty}y_n}=\dfrac{a}{b}(b\neq0)$；

(4) $\lim\limits_{n\to\infty}\sqrt{x_n}=\sqrt{\lim\limits_{n\to\infty}x_n}=\sqrt{a}(x_n\geqslant0，a\geqslant0)$.

需要说明 3 点：①该定理成立的前提是参与计算的两个数列的极限都存在；②该定理的结论可以推广到有限多个数列极限的四则运算；③当参与运算的数列有无限多个时，该结论不成立，比如 $\lim\limits_{n\to\infty}\dfrac{1+2+\cdots+n}{n^2}\neq\lim\limits_{n\to\infty}\dfrac{1}{n^2}+\lim\limits_{n\to\infty}\dfrac{2}{n^2}+\cdots+\lim\limits_{n\to\infty}\dfrac{n}{n^2}$.

例 1-15 求下列数列的极限.

(1) $\lim\limits_{n\to\infty}\dfrac{n^2-1}{2n^2+3n}$；

(2) $\lim\limits_{n\to\infty}\dfrac{2^n+1}{3^n-1}$；

(3) $\lim\limits_{n\to\infty}\left(\dfrac{1+2+\cdots+n}{n}-\dfrac{n}{2}\right)$；

(4) $\lim\limits_{n\to\infty}(\sqrt[n^2]{2}\cdot\sqrt[n^2]{2^2}\cdot\sqrt[n^2]{2^3}\cdot\cdots\cdot\sqrt[n^2]{2^n})$；

(5) $\lim\limits_{n\to\infty} n(\sqrt{n^2+1}-n)$；　　(6) $\lim\limits_{n\to\infty}\left[\dfrac{1}{1\cdot 2}+\dfrac{1}{2\cdot 3}+\dfrac{1}{3\cdot 4}+\cdots+\dfrac{1}{(n-1)\cdot n}\right]$.

解：(1)分子、分母同时除以 n^2，则有

$$\lim_{n\to\infty}\frac{n^2-1}{2n^2+3n}=\lim_{n\to\infty}\frac{1-\dfrac{1}{n^2}}{2+\dfrac{3}{n}}=\frac{1-0}{2+0}=\frac{1}{2}.$$

(2)分子、分母同时除以 3^n，则有

$$\lim_{n\to\infty}\frac{2^n+1}{3^n-1}=\lim_{n\to\infty}\frac{\left(\dfrac{2}{3}\right)^n+\left(\dfrac{1}{3}\right)^n}{1-\left(\dfrac{1}{3}\right)^n}=\frac{0+0}{1-0}=0.$$

(3)利用等差数列的前 n 项和公式，则有

$$\lim_{n\to\infty}\left(\frac{1+2+\cdots+n}{n}-\frac{n}{2}\right)=\lim_{n\to\infty}\left[\frac{(1+n)n}{2n}-\frac{n}{2}\right]=\lim_{n\to\infty}\frac{1}{2}=\frac{1}{2}.$$

(4)考虑到 $\sqrt[m]{a^n}=a^{\frac{n}{m}}$，再利用幂的运算性质，则有

$$\lim_{n\to\infty}(\sqrt[n^2]{2}\cdot\sqrt[n^2]{2^2}\cdot\sqrt[n^2]{2^3}\cdots\sqrt[n^2]{2^n})=\lim_{n\to\infty}(2^{\frac{1}{n^2}}\cdot 2^{\frac{2}{n^2}}\cdot 2^{\frac{3}{n^2}}\cdot\cdots\cdot 2^{\frac{n}{n^2}})$$

$$=\lim_{n\to\infty}2^{\frac{1+2+3+\cdots+n}{n^2}}=\lim_{n\to\infty}2^{\frac{(1+n)n}{2n^2}}=2^{\lim\limits_{n\to\infty}\frac{(1+n)n}{2n^2}}=2^{\frac{1}{2}}=\sqrt{2}.$$

(5)将分子有理化，则有

$$\lim_{n\to\infty}n(\sqrt{n^2+1}-n)=\lim_{n\to\infty}\frac{n(\sqrt{n^2+1}-n)(\sqrt{n^2+1}+n)}{(\sqrt{n^2+1}+n)}$$

$$=\lim_{n\to\infty}\frac{n}{(\sqrt{n^2+1}+n)}=\lim_{n\to\infty}\frac{1}{\left(\sqrt{1+\dfrac{1}{n^2}}+1\right)}=\frac{1}{2}.$$

(6)利用拆项相消的方法，则有

$$\lim_{n\to\infty}\left[\frac{1}{1\cdot 2}+\frac{1}{2\cdot 3}+\frac{1}{3\cdot 4}+\cdots+\frac{1}{(n-1)\cdot n}\right]$$

$$=\lim_{n\to\infty}\left(1-\frac{1}{2}+\frac{1}{2}-\frac{1}{3}+\frac{1}{3}-\frac{1}{4}+\cdots+\frac{1}{n-1}-\frac{1}{n}\right)$$

$$=\lim_{n\to\infty}\left(1-\frac{1}{n}\right)=1-0=1.$$

3. 数列极限的性质

下面不加证明地给出数列极限的 3 个性质.

性质 1(唯一性)　如果数列 $\{u_n\}$ 的极限存在，那么它的极限必唯一.

性质 2(有界性)　如果数列 $\{u_n\}$ 的极限存在，那么数列 $\{u_n\}$ 必有界.

性质 3(保号性)　如果 $\lim\limits_{n\to\infty} u_n=A$ 且 $A>0$(或 $A<0$)，那么存在正整数 N，当 $n>N$ 时，有 $u_n>0$(或 $u_n<0$).

1-2-2　函数的极限

1. 自变量趋向于无穷大时函数的极限

数列是一种特殊的函数，通过推广数列极限的定义，可以得到函数极限的定义. 下面先看一个例子. 观察函数 $f(x)=\dfrac{1}{x}$ 当 x 趋向于正无穷大时，函数值的变化趋势（见图 1-29）.

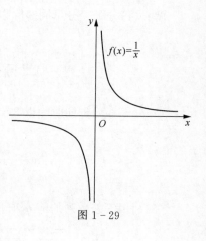

从图 1-29 中可以看出，当 x 趋向于正无穷大时（记 $x\to +\infty$），函数 $f(x)=\dfrac{1}{x}$ 无限趋近于 $0\left(\text{记 }f(x)=\dfrac{1}{x}\to 0\right)$.

图 1-29

此时，称 0 为函数 $f(x)=\dfrac{1}{x}$ 当 x 趋向于正无穷大时的极限. 自变量趋向于正无穷大时函数极限的定义如下.

定义 1-6（自变量趋向于正无穷大时函数极限的描述性定义）　对于函数 $y=f(x)$，如果当自变量 x 趋向于正无穷大时，函数 $f(x)$ 无限接近于某个常数 A，那么常数 A 就叫作函数 $f(x)$ 当 $x\to +\infty$ 时的极限，记作

$$\lim_{x\to +\infty}f(x)=A \quad \text{或} \quad \text{当 }x\to +\infty \text{ 时，}f(x)\to A.$$

自变量趋向于无穷大时函数极限的定义

这是自变量趋向于正无穷大时函数极限的描述性定义，下面我们进一步考虑其背后的数学逻辑. 首先，定义 1-6 中的"函数 $f(x)$ 无限接近于某个常数 A"是指变量 $f(x)$ 与常数 A 的距离 $|f(x)-A|$ 可以任意的小. 换句话说，就是对事先任意给定的无论多么小的一个正数 ε，函数 $f(x)$ 无限接近于常数 A 意味着不等式 $|f(x)-A|<\varepsilon$ 成立. 其次，函数 $f(x)$ 无限接近于常数 A 的前提是自变量 x 趋向于正无穷大. 也就是说，只有 x 充分大，不等式 $|f(x)-A|<\varepsilon$ 才成立. 这里的"x 充分大"可以用"存在某个正数 X，$x>X$"来刻画. 这样，自变量趋向于无穷大时函数极限的描述性定义就可以表述成下面的精确定义.

定义 1-6$'$（自变量趋向于正无穷大时函数极限的精确定义）　设函数 $f(x)$ 在 x 大于某一正数时有定义，如果存在某个常数 A，使得对任意给定的正数 ε（无论它多么小），总存在正数 X，只要 $x>X$，总有 $|f(x)-A|<\varepsilon$ 成立，则称 A 为函数 $f(x)$ 当 $x\to +\infty$ 时的极限，记作 $\lim\limits_{x\to +\infty}f(x)=A$.

上述定义又称为函数极限的"$\varepsilon - X$"语言. 它可以简化为

$$\forall\, \varepsilon >0, \exists\, X>0, \text{当 }x>X \text{ 时，有 }|f(x)-A|<\varepsilon \Rightarrow \lim_{x\to +\infty}f(x)=A.$$

自变量趋向于正无穷大时函数极限的精确定义的几何意义是：对任意给定的正数 ε，总存在正数 M，只要 $x>M$，函数 $f(x)$ 的图像就总介于直线 $y=A-\varepsilon$ 和 $y=A+\varepsilon$ 之间（见图 1-30）.

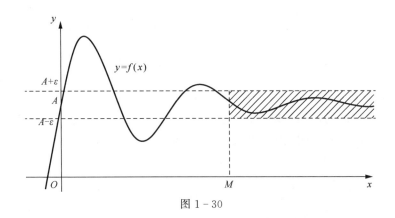

图 1 - 30

类似于定义 1 - 6 和定义 1 - 6′，可以给出 x 趋向于负无穷大时函数极限的描述性定义和精确定义.

定义 1 - 7(自变量趋向于负无穷大时函数极限的描述性定义)　对于函数 $y = f(x)$，如果当自变量 x 趋向于负无穷大时，函数 $f(x)$ 无限接近于某个常数 A，那么常数 A 就叫作函数 $f(x)$ 当 $x \to -\infty$ 时的极限，记作

$$\lim_{x \to -\infty} f(x) = A \quad 或 \quad 当 x \to -\infty 时，f(x) \to A.$$

定义 1 - 7′(自变量趋向于负无穷大时函数极限的精确定义)　设函数 $f(x)$ 在 x 小于某一负数时有定义，如果存在某个常数 A，使得对任意给定的正数 ε(无论它多么小)，总存在正数 X，只要 $x < -X$，就总有 $|f(x) - A| < \varepsilon$ 成立，则称 A 为函数 $f(x)$ 当 $x \to -\infty$ 时的极限，记作 $\lim\limits_{x \to -\infty} f(x) = A$.

上述精确定义可以简化为

$$\forall \varepsilon > 0, \exists X > 0, 当 x < -X 时，有 |f(x) - A| < \varepsilon \Rightarrow \lim_{x \to -\infty} f(x) = A.$$

如果当自变量 x 趋向于正无穷大和负无穷大时，函数 $f(x)$ 的极限都是常数 A，则称常数 A 是函数 $f(x)$ 当 x 趋近于无穷大时的极限，记作 $\lim\limits_{x \to \infty} f(x) = A$.

定理 1 - 2　当 $x \to \infty$ 时函数 $f(x)$ 的极限存在的充要条件是 $f(x)$ 在 $x \to +\infty$ 和 $x \to -\infty$ 时的极限都存在且相等，即 $\lim\limits_{x \to \infty} f(x) = A \Leftrightarrow \lim\limits_{x \to +\infty} f(x) = A$ 且 $\lim\limits_{x \to -\infty} f(x) = A$.

2. 自变量趋向于有限值时函数的极限

上面给出了自变量趋向于无穷大时函数极限的定义，下面来进一步分析自变量趋向于有限值时函数极限的定义. 观察当 x 无限接近于 1 时，函数 $f(x) = \dfrac{x^2 - 1}{x - 1}$ 的值的变化趋势(见图 1 - 31).

从图 1 - 31 中可以看出，当 x 从 1 的左侧趋向于 1(记作 $x \to 1^-$)时，函数 $f(x) = \dfrac{x^2 - 1}{x - 1}$ 无限趋近于 2. 此

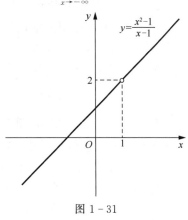

图 1 - 31

时，称 2 为函数 $f(x)=\dfrac{x^2-1}{x-1}$ 在 x 趋向于 1 时的左极限. 当 x 从 1 的右侧趋向于 1（记作 $x\to1^+$）时，函数 $f(x)=\dfrac{x^2-1}{x-1}$ 无限趋近于 2. 此时，称 2 为函数 $f(x)=\dfrac{x^2-1}{x-1}$ 在 x 趋向于 1 时的右极限. 下面分别给出左、右极限的定义.

定义 1-8（左极限的描述性定义） 设函数 $y=f(x)$ 在 x_0 的某去心左邻域内有定义，如果当自变量 x 从 x_0 的左侧无限趋近于 x_0 时，函数 $f(x)$ 无限接近于某个常数 A，那么常数 A 就叫作函数 $f(x)$ 当 $x\to x_0$ 时的**左极限**，记作

$$\lim_{x\to x_0^-}f(x)=A \quad \text{或} \quad \text{当 }x\to x_0^- \text{ 时，}f(x)\to A.$$

注意

开区间 $(x_0-\delta,x_0+\delta)$ 称为 x_0 的 δ 邻域，记作 $U(x_0,\delta)$. 去心邻域是指除去 x_0 点的邻域，即 $(x_0-\delta,x_0)\bigcup(x_0,x_0+\delta)$，记作 $\mathring{U}(x_0,\delta)$. 去心左邻域是指开区间 $(x_0-\delta,x_0)$.

定义 1-8 是自变量趋向于有限值时函数左极限的描述性定义. 下面我们分析一下上述定义如何用数学语言刻画. 首先，函数 $f(x)$ 无限接近于常数 A 意味着不等式 $|f(x)-A|<\varepsilon$ 成立，其中 ε 是一个任意小的正数. 其次，函数 $f(x)$ 无限接近于常数 A 的前提是自变量 x 从 x_0 的左侧无限趋近于 x_0. 也就是说，只有 x 从 x_0 的左侧无限接近 x_0 时，不等式 $|f(x)-A|<\varepsilon$ 才成立. 这里的"x 从 x_0 的左侧无限接近 x_0"可以用"存在某个足够小的正数 $\delta>0$，$-\delta<x-x_0<0$"来刻画. 这样，左极限的描述性定义就可以表述成下面的精确定义.

定义 1-8′（左极限的精确定义） 设函数 $y=f(x)$ 在 x_0 的某去心左邻域内有定义，如果存在常数 A，使得对任意给定的正数 ε（无论它多么小），总存在正数 δ，只要 x 满足 $-\delta<x-x_0<0$，总有 $|f(x)-A|<\varepsilon$ 成立，则称 A 为函数 $f(x)$ 当 $x\to x_0$ 时的**左极限**，记作 $\lim\limits_{x\to x_0^-}f(x)=A$.

上述定义又称为函数极限的"ε-δ"语言. 它可以简化为

$\forall\varepsilon>0,\exists\delta>0$，当 $-\delta<x-x_0<0$ 时，有 $|f(x)-A|<\varepsilon\Rightarrow\lim\limits_{x\to x_0^-}f(x)=A$.

类似于定义 1-8 和定义 1-8′，下面给出右极限的描述性定义和精确定义.

定义 1-9（右极限的描述性定义） 设函数 $y=f(x)$ 在 x_0 的某去心右邻域内有定义，如果当自变量 x 从 x_0 的右侧趋向于 x_0 时，函数 $f(x)$ 无限接近于某个常数 A，那么常数 A 就叫作函数 $f(x)$ 当 $x\to x_0$ 时的**右极限**，记作

$$\lim_{x\to x_0^+}f(x)=A \quad \text{或} \quad \text{当 }x\to x_0^+ \text{ 时，}f(x)\to A.$$

定义 1-9′（右极限的精确定义） 设函数 $y=f(x)$ 在 x_0 的某去心右邻域内有定义，如果存在常数 A，使得对任意给定的正数 ε（无论它多么小），总存在正数 δ，只要 x 满足 $0<x-x_0<\delta$，总有 $|f(x)-A|<\varepsilon$ 成立，则称 A 为函数 $f(x)$ 当 $x\to x_0$ 时的**右极限**，记作 $\lim\limits_{x\to x_0^+}f(x)=A$.

如果当自变量 x 从 x_0 的左侧和 x_0 的右侧分别趋近于 x_0 时，函数 $f(x)$ 的极限都为 A，则称 A 为函数 $f(x)$ 当 x 趋近于 x_0 时的极限，记作 $\lim\limits_{x \to x_0} f(x) = A$.

定理 1 - 3 函数 $f(x)$ 在 x_0 点的极限存在的充要条件是 $f(x)$ 在 x_0 点的左、右极限都存在且相等，即 $\lim\limits_{x \to x_0} f(x) = A \Leftrightarrow \lim\limits_{x \to x_0^-} f(x) = A$ 且 $\lim\limits_{x \to x_0^+} f(x) = A$.

例 1 - 16 讨论函数 $f(x) = \begin{cases} x & x \geqslant 0 \\ x+1 & x < 0 \end{cases}$，

当 $x \to 0$ 时是否存在极限.

解：由于 $\lim\limits_{x \to 0^+} f(x) = \lim\limits_{x \to 0^+} x = 0$，

$\lim\limits_{x \to 0^-} f(x) = \lim\limits_{x \to 0^-} (x+1) = 1$，

因此 $\lim\limits_{x \to 0^+} f(x) \neq \lim\limits_{x \to 0^-} f(x)$，

故 $\lim\limits_{x \to 0} f(x)$ 不存在(见图 1 - 32).

需要说明的是：当 $x \to x_0$ 时，函数 $f(x)$ 在点 x_0 是否有极限与其在点 x_0 是否有定义无关.

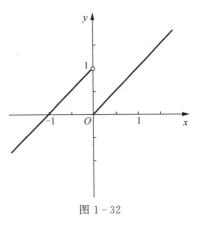

图 1 - 32

3. 函数极限的性质

下面不加证明地给出函数极限的 3 个性质.

性质 1(唯一性) 如果 $\lim\limits_{x \to x_0} f(x)$ 存在，那么该极限必唯一.

性质 2(局部有界性) 如果 $\lim\limits_{x \to x_0} f(x)$ 存在，那么必存在 x_0 的某去心邻域，使得函数 $f(x)$ 在该去心邻域内有界.

性质 3(局部保号性) 如果 $\lim\limits_{x \to x_0} f(x) = A$，且 $A > 0$(或 $A < 0$)，那么必存在 x_0 的某去心邻域，使得函数 $f(x)$ 在该去心邻域内满足 $f(x) > 0$(或 $f(x) < 0$).

> **注意**
> 上述函数极限的性质是以自变量 $x \to x_0$ 为例来介绍的，对于自变量的其他变换过程，如 $x \to x_0^+$，$x \to -\infty$ 等，只需要做相应的修改就可以得到类似的性质. 这里不再一一列举.

1 - 2 - 3 极限的运算

定理 1 - 4(极限的四则运算法则) 若 $\lim\limits_{x \to x_0} f(x)$ 与 $\lim\limits_{x \to x_0} g(x)$ 都存在，则有：

$(1) \lim\limits_{x \to x_0} [f(x) \pm g(x)] = \lim\limits_{x \to x_0} f(x) \pm \lim\limits_{x \to x_0} g(x)$；

$(2) \lim\limits_{x \to x_0} [f(x) \cdot g(x)] = \lim\limits_{x \to x_0} f(x) \cdot \lim\limits_{x \to x_0} g(x)$；

(3) 若 $\lim\limits_{x \to x_0} g(x) \neq 0$，则 $\lim\limits_{x \to x_0} \dfrac{f(x)}{g(x)} = \dfrac{\lim\limits_{x \to x_0} f(x)}{\lim\limits_{x \to x_0} g(x)}$.

特别地,

$$\lim_{x \to x_0}[C \cdot f(x)] = C \cdot \lim_{x \to x_0} f(x),$$

$$\lim_{x \to x_0}[f(x)]^n = [\lim_{x \to x_0} f(x)]^n.$$

该定理对 3 个及 3 个以上函数的极限运算同样成立. 需要强调两点: 一是上述运算法则成立的前提是 $\lim_{x \to x_0} f(x)$ 与 $\lim_{x \to x_0} g(x)$ 都存在, 二是等式两边自变量的变化过程必须是相同的. 此外, 上述极限的四则运算法则中, 自变量的变化过程"$x \to x_0$"可以统一替换成自变量的其他变化过程, 如 $x \to x_0^+$, $x \to -\infty$ 等, 此时上述等式仍然成立.

例 1 - 17 设 $f(x) = 2x^3 + 3x - 5$, 求 $\lim_{x \to 1} f(x)$.

解: 由极限的四则运算法则可知,

$$\lim_{x \to 1} f(x) = \lim_{x \to 1}(2x^3 + 3x - 5) = 2\lim_{x \to 1} x^3 + 3\lim_{x \to 1} x - \lim_{x \to 1} 5$$
$$= 2(\lim_{x \to 1} x)^3 + 3\lim_{x \to 1} x - \lim_{x \to 1} 5 = 2 \times 1^3 + 3 \times 1 - 5 = 0.$$

例 1 - 18 设 $f(x) = \dfrac{x^2 + 3x - 1}{x + 1}$, 求 $\lim_{x \to 1} f(x)$.

解: 由商的极限运算法则可知

$$\lim_{x \to 1} f(x) = \lim_{x \to 1}\frac{x^2 + 3x - 1}{x + 1} = \frac{\lim_{x \to 1}(x^2 + 3x - 1)}{\lim_{x \to 1}(x + 1)} = \frac{3}{2}.$$

在做上述极限运算时, 都直接使用了极限的四则运算法则. 但有些函数在做极限运算时, 不能直接使用极限的四则运算法则, 例如求函数 $f(x) = \dfrac{x - 1}{x^2 - 1}$ 在 $x \to 1$ 时的极限, 因为其分子、分母的极限都为 0, 所以不能直接使用极限的四则运算法则.

在商的极限运算中, 如果函数的分子、分母的极限都为 0, 这种形式的极限称为 $\dfrac{0}{0}$ 型未定式, 类似还有以下几种未定式: $\dfrac{\infty}{\infty}$ 型、$0 \cdot \infty$ 型、$\infty - \infty$ 型、1^∞ 型、0^0 型、∞^0 型未定式. 求未定式, 先要对函数进行化简、整理或变形, 然后才可使用极限的运算法则.

例 1 - 19 求极限 $\lim_{x \to 1}\dfrac{x^2 - 4x + 3}{x^2 + 2x - 3}$.

解: 此极限属 $\dfrac{0}{0}$ 型未定式, 把分式的分子、分母因式分解, 化简, 得

$$\lim_{x \to 1}\frac{x^2 - 4x + 3}{x^2 + 2x - 3} = \lim_{x \to 1}\frac{(x - 1)(x - 3)}{(x - 1)(x + 3)} = \lim_{x \to 1}\frac{x - 3}{x + 3} = -\frac{1}{2}.$$

例 1 - 20 求极限 $\lim_{x \to 0}\dfrac{(2 + x)^3 - 8}{x}$.

解: 此极限属 $\dfrac{0}{0}$ 型未定式, 把分式的分子展开, 化简, 得

$$\lim_{x \to 0}\frac{(2 + x)^3 - 8}{x} = \lim_{x \to 0}\frac{12x + 6x^2 + x^3}{x} = \lim_{x \to 0}(12 + 6x + x^2) = 12.$$

例 1 - 21　求极限 $\lim\limits_{x \to 0} \dfrac{\sqrt{2x+1}-1}{x}$.

解： 此极限属 $\dfrac{0}{0}$ 型未定式，且分子含有根号，对分子进行有理化，化简，得

$$\lim_{x \to 0} \frac{\sqrt{2x+1}-1}{x} = \lim_{x \to 0} \frac{(\sqrt{2x+1}-1)(\sqrt{2x+1}+1)}{x(\sqrt{2x+1}+1)} = \lim_{x \to 0} \frac{2x}{x(\sqrt{2x+1}+1)}$$

$$= \lim_{x \to 0} \frac{2}{\sqrt{2x+1}+1} = 1.$$

例 1 - 22　求极限 $\lim\limits_{x \to \infty} \dfrac{2x^2+x-1}{3x^2+3x-1}$.

解： 此极限属 $\dfrac{\infty}{\infty}$ 型未定式，对分式的分子、分母同除以 x^2，得

$$\lim_{x \to \infty} \frac{2x^2+x-1}{3x^2+3x-1} = \lim_{x \to \infty} \frac{2+\dfrac{1}{x}-\dfrac{1}{x^2}}{3+\dfrac{3}{x}-\dfrac{1}{x^2}} = \frac{2}{3}.$$

例 1 - 23　求极限 $\lim\limits_{x \to \infty} \dfrac{x^2-1}{x^3+2x-1}$.

解： 此极限属 $\dfrac{\infty}{\infty}$ 型未定式，对分式的分子、分母同除以 x^3，得

$$\lim_{x \to \infty} \frac{x^2-1}{x^3+2x-1} = \lim_{x \to \infty} \frac{\dfrac{1}{x}-\dfrac{1}{x^3}}{1+\dfrac{2}{x^2}-\dfrac{1}{x^3}} = 0.$$

一般地，有

$$\lim_{x \to \infty} \frac{a_0 x^m + a_1 x^{m-1} + \cdots + a_m}{b_0 x^n + b_1 x^{n-1} + \cdots + b_n} = \begin{cases} \dfrac{a_0}{b_0} & m = n \\ 0 & m < n \\ \infty & m > n \end{cases}.$$

例 1 - 24　求极限 $\lim\limits_{x \to -1} \left(\dfrac{1}{x+1} - \dfrac{3}{x^3+1} \right)$.

解： 此极限属 $\infty - \infty$ 型未定式，经过通分、化简和因式分解，得

$$\lim_{x \to -1} \left(\frac{1}{x+1} - \frac{3}{x^3+1} \right) = \lim_{x \to -1} \frac{(x^2-x+1)-3}{(x+1)(x^2-x+1)} = \lim_{x \to -1} \frac{x^2-x-2}{(x+1)(x^2-x+1)}$$

$$= \lim_{x \to -1} \frac{(x+1)(x-2)}{(x+1)(x^2-x+1)} = \lim_{x \to -1} \frac{x-2}{x^2-x+1} = -1.$$

例 1 - 25　求极限 $\lim\limits_{x \to +\infty} x(\sqrt{2+x^2}-x)$.

解： 此极限属 $0 \cdot \infty$ 型未定式，且式子含有根号，把因式 $(\sqrt{2+x^2}-x)$ 有理化，得

$$\lim_{x \to +\infty} x(\sqrt{2+x^2}-x) = \lim_{x \to +\infty} \frac{x(\sqrt{2+x^2}-x)(\sqrt{2+x^2}+x)}{\sqrt{2+x^2}+x}$$

$$= \lim_{x \to +\infty} \frac{2x}{\sqrt{2+x^2}+x} = \lim_{x \to +\infty} \frac{2}{\sqrt{\frac{2}{x^2}+1}+1} = 1.$$

定理 1-5(复合函数的极限运算法则)   设函数 $y=f[g(x)]$ 是由函数 $y=f(u)$ 和 $u=g(x)$ 复合而成的，$f[g(x)]$ 在 x_0 点的某去心邻域内有定义，若 $\lim\limits_{x \to x_0} g(x)=u_0$，$\lim\limits_{u \to u_0} f(u)=A$，且在 x_0 的某去心邻域内有 $g(x) \neq u_0$，则

$$\lim_{x \to x_0} f[g(x)] = \lim_{u \to u_0} f(u) = A.$$

例 1-26   求极限 $\lim\limits_{x \to 1} e^{x^2-2x+1}$.

解：令 $u=g(x)=x^2-2x+1$，则 $u_0=\lim\limits_{x \to 1}(x^2-2x+1)=0$，

$$\lim_{x \to 1} e^{x^2-2x+1} = \lim_{u \to 0} e^u = 1.$$

习题 1-2

1. 计算下列极限.

(1) $\lim\limits_{n \to \infty} \dfrac{n(2n+1)}{2n^2+n+5}$;　　　　　(2) $\lim\limits_{n \to \infty} \sqrt{n}(\sqrt{n+1}-\sqrt{n-2})$;

(3) $\lim\limits_{n \to \infty} \dfrac{(-4)^n+5^n}{4^{n+1}+5^{n+1}}$;　　　　　(4) $\lim\limits_{n \to \infty}\left(1+\dfrac{1}{3}+\dfrac{1}{9}+\cdots+\dfrac{1}{3^n}\right)$.

2. 计算下列极限.

(1) $\lim\limits_{x \to 1} \dfrac{x^2+2}{x+2}$;　　(2) $\lim\limits_{x \to 1} \dfrac{x^2-1}{x^2-5x+4}$;　　(3) $\lim\limits_{x \to 1} \dfrac{\sqrt{4-x}-\sqrt{2+x}}{x^3-1}$;

(4) $\lim\limits_{x \to 2}\left(\dfrac{1}{x-2}-\dfrac{12}{x^3-8}\right)$;　(5) $\lim\limits_{h \to 0} \dfrac{(x+h)^3-x^3}{h}$;　(6) $\lim\limits_{x \to \frac{1}{3}} \dfrac{9x^2+3x-2}{9x^2-1}$;

(7) $\lim\limits_{x \to 0} \dfrac{x^3-x^2+4x}{x^2+x}$;　(8) $\lim\limits_{x \to 0} \dfrac{x}{\sqrt{1+x}-\sqrt{1-x}}$;　(9) $\lim\limits_{x \to 4} \dfrac{\sqrt{2x+1}-3}{\sqrt{x-2}-\sqrt{2}}$;

(10) $\lim\limits_{x \to \frac{\pi}{4}} \dfrac{\cos x-\sin x}{\cos 2x}$;　(11) $\lim\limits_{x \to \infty} \dfrac{3x^2+4x+6}{x^2+x}$;　(12) $\lim\limits_{x \to \infty} \dfrac{x^3+4x+1}{x^4+5x+4}$.

3. 画出下列函数的图形并考察当 $x \to 0$ 时函数的极限是否存在.

(1) $f(x)=\begin{cases} 2x+1 & -1 \leqslant x \leqslant 0 \\ 1-x & 0 < x < 1 \end{cases}$;　　(2) $f(x)=\begin{cases} -x+1 & x \geqslant 0 \\ e^x-1 & x < 0 \end{cases}$;

(3) $f(x)=\begin{cases} \sqrt{x} & x \geqslant 0 \\ x^2+1 & x < 0 \end{cases}$;　　(4) $f(x)=\begin{cases} \ln(x+1) & x \geqslant 0 \\ x & x < 0 \end{cases}$.

1-3　极限存在准则及两个重要极限

准则 1(夹逼准则)　如果数列 $\{x_n\}$，$\{y_n\}$，$\{z_n\}$ 满足下面两个条件：

(1)存在正整数 N，当 $n > N$ 时，有 $y_n \leqslant x_n \leqslant z_n$；

(2) $\lim\limits_{n \to \infty} y_n = \lim\limits_{n \to \infty} z_n = A$，

则必有 $\lim\limits_{n \to \infty} x_n = A$.

准则 1′　如果函数 $f(x)$，$g(x)$，$h(x)$ 满足下面两个条件：

(1)在 x_0 的某去心邻域内有 $g(x) \leqslant f(x) \leqslant h(x)$；

(2) $\lim\limits_{x \to x_0} g(x) = \lim\limits_{x \to x_0} h(x) = A$，

则必有 $\lim\limits_{x \to x_0} f(x) = A$.

在准则 1′ 中，自变量的变化过程 "$x \to x_0$" 可以统一替换成自变量的其他变化过程，如 $x \to x_0^+$，$x \to \infty$，$x \to -\infty$ 等，此时上述结论仍然成立.

准则 2　单调有界数列必有极限.

如果数列 $\{x_n\}$ 满足 $x_1 \leqslant x_2 \leqslant \cdots \leqslant x_n \leqslant \cdots$，则称 $\{x_n\}$ 是递增数列；如果数列 $\{x_n\}$ 满足 $x_1 \geqslant x_2 \geqslant \cdots \geqslant x_n \geqslant \cdots$，则称 $\{x_n\}$ 是递减数列. 递增数列和递减数列统称为单调数列.

1. 第一个重要极限

$$\lim\limits_{x \to 0} \frac{\sin x}{x} = 1. \tag{1-1}$$

证明：因为 $\dfrac{\sin(-x)}{-x} = \dfrac{\sin x}{x}$，所以只需要考虑 x 从 0 的右侧(大于 0)趋近于 0 时的极限. 这里我们假设 $0 < x < \dfrac{\pi}{2}$，并作一个半径为 1 的单位圆(见图 1-33).

令 $\angle AOB = x$，过点 B 作 OA 的垂线 BD，过点 A 作单位圆的切线 AC，连接 AB. 容易看出 $\triangle OAB$ 的面积小于扇形 OAB 的面积，而扇形 OAB 的面积又小于 $\triangle OAC$ 的面积，于是有

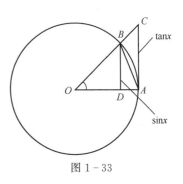

图 1-33

$$\frac{1}{2} \sin x < \frac{1}{2} x < \frac{1}{2} \tan x.$$

同乘 $\dfrac{2}{\sin x}$ 得

$$1 < \frac{x}{\sin x} < \frac{1}{\cos x},$$

所以

$$1 > \frac{\sin x}{x} > \cos x.$$

考虑到

$$\lim\limits_{x \to 0^+} 1 = \lim\limits_{x \to 0^+} \cos x = 1,$$

根据准则 1 可得:

$$\lim_{x \to 0^+} \frac{\sin x}{x} = 1.$$

又因为

$$\frac{\sin(-x)}{-x} = \frac{\sin x}{x},$$

所以

$$\lim_{x \to 0^-} \frac{\sin x}{x} = 1.$$

根据定理 1-3 可知

$$\lim_{x \to 0} \frac{\sin x}{x} = 1.$$

注意

公式(1-1)可以写成更一般的形式:

$$\lim_{\square \to 0} \frac{\sin \square}{\square} = 1. \tag{1-2}$$

其中,□可以是任何一个趋近于 0 的变量. 比如下面这几个等式都成立.

$$\lim_{x \to 0} \frac{\sin 3x}{3x} = 1, \quad \lim_{x \to 0} \frac{\sin x^2}{x^2} = 1, \quad \lim_{x \to 1} \frac{\sin(x-1)}{x-1} = 1, \quad \lim_{x \to \infty} \frac{\sin \frac{1}{x}}{\frac{1}{x}} = 1.$$

例 1-27 求极限 $\lim\limits_{x \to 0} \dfrac{\tan x}{x}$.

解: $\lim\limits_{x \to 0} \dfrac{\tan x}{x} = \lim\limits_{x \to 0} \dfrac{\sin x}{x} \cdot \dfrac{1}{\cos x} = \lim\limits_{x \to 0} \dfrac{\sin x}{x} \cdot \lim\limits_{x \to 0} \dfrac{1}{\cos x} = 1.$

例 1-28 求极限 $\lim\limits_{x \to 0} \dfrac{\sin 3x}{x}$.

解: $\lim\limits_{x \to 0} \dfrac{\sin 3x}{x} = \lim\limits_{x \to 0} \dfrac{\sin 3x}{3x} \cdot 3 = 3 \lim\limits_{x \to 0} \dfrac{\sin 3x}{3x} = 3.$

例 1-29 求极限 $\lim\limits_{x \to 0} \dfrac{1 - \cos x}{x^2}$.

解: $\lim\limits_{x \to 0} \dfrac{1 - \cos x}{x^2} = \lim\limits_{x \to 0} \dfrac{2 \sin^2 \frac{x}{2}}{x^2} = \dfrac{1}{2} \lim\limits_{x \to 0} \dfrac{\sin^2 \frac{x}{2}}{\left(\frac{x}{2}\right)^2}$

$$= \dfrac{1}{2} \lim\limits_{x \to 0} \left(\dfrac{\sin \frac{x}{2}}{\frac{x}{2}}\right)^2 = \dfrac{1}{2} \left(\lim\limits_{x \to 0} \dfrac{\sin \frac{x}{2}}{\frac{x}{2}}\right)^2 = \dfrac{1}{2} \cdot 1^2 = \dfrac{1}{2}.$$

例 1-30 求极限 $\lim\limits_{x \to 0} \dfrac{\arcsin x}{x}$.

解: 令 $t = \arcsin x$, 所以 $x = \sin t$, 当 $x \to 0$ 时, $t \to 0$.

因此, $\lim\limits_{x \to 0} \dfrac{\arcsin x}{x} = \lim\limits_{t \to 0} \dfrac{t}{\sin t} = \lim\limits_{t \to 0} \dfrac{1}{\frac{\sin t}{t}} = 1.$

类似地可以求出：$\lim\limits_{x \to 0} \dfrac{\arctan x}{x} = 1$.

例 1-31   求极限 $\lim\limits_{x \to \pi} \dfrac{\sin 3x}{\tan 5x}$.

解： 注意到当 $x \to \pi$ 时，$3x$ 并不趋近于 0，所以不能直接利用公式(1-1).

令 $x - \pi = t$，当 $x \to \pi$ 时，$t \to 0$，此时有

$$\lim_{x \to \pi} \frac{\sin 3x}{\tan 5x} = \lim_{t \to 0} \frac{\sin 3(\pi + t)}{\tan 5(\pi + t)} = \lim_{t \to 0} \frac{\sin(3\pi + 3t)}{\tan(5\pi + 5t)} = -\lim_{t \to 0} \frac{\sin 3t}{\tan 5t}$$

$$= -\lim_{t \to 0} \frac{\sin 3t}{3t} \cdot \frac{5t}{\tan 5t} \cdot \frac{3}{5} = -\frac{3}{5}.$$

2. 第二个重要极限

$$\lim_{x \to \infty} \left(1 + \frac{1}{x}\right)^x = e \tag{1-3}$$

下面来证明公式(1-3). 首先考虑 x 取正整数 n 的情形. 令 $u_n = \left(1 + \dfrac{1}{n}\right)^n$，接下来证明数列 $\{u_n\}$ 是单调增加且有上界的. 按照二项式展开定理有

$$u_n = \left(1 + \frac{1}{n}\right)^n = 1 + \frac{n}{1!} \cdot \frac{1}{n} + \frac{n(n-1)}{2!} \cdot \frac{1}{n^2} + \frac{n(n-1)(n-2)}{3!} \cdot \frac{1}{n^3} + \cdots + \frac{n(n-1)\cdots 2 \cdot 1}{n!} \cdot \frac{1}{n^n}$$

$$= 1 + 1 + \frac{1}{2!}\left(1 - \frac{1}{n}\right) + \frac{1}{3!}\left(1 - \frac{1}{n}\right)\left(1 - \frac{2}{n}\right) + \cdots + \frac{1}{n!}\left(1 - \frac{1}{n}\right)\left(1 - \frac{2}{n}\right)\cdots\left(1 - \frac{n-1}{n}\right),$$

$$u_{n+1} = 1 + 1 + \frac{1}{2!}\left(1 - \frac{1}{n+1}\right) + \frac{1}{3!}\left(1 - \frac{1}{n+1}\right)\left(1 - \frac{2}{n+1}\right) + \cdots + \frac{1}{n!}\left(1 - \frac{1}{n+1}\right)\left(1 - \frac{2}{n+1}\right)\cdots$$

$$\times \left(1 - \frac{n-1}{n+1}\right) + \frac{1}{(n+1)!}\left(1 - \frac{1}{n+1}\right)\left(1 - \frac{2}{n+1}\right)\cdots\left(1 - \frac{n}{n+1}\right).$$

比较 u_n 和 u_{n+1} 可以看出，除前两项外，u_{n+1} 的每一项都比 u_n 的对应项大，并且 u_{n+1} 还多了一个大于 0 的项(最后一项). 因此，$u_{n+1} > u_n$，这就证明了数列 $\{u_n\}$ 是单调增加的. 下面再证明数列 $\{u_n\}$ 是有界的. 因为

$$u_n = 1 + 1 + \frac{1}{2!}\left(1 - \frac{1}{n}\right) + \frac{1}{3!}\left(1 - \frac{1}{n}\right)\left(1 - \frac{2}{n}\right) + \cdots + \frac{1}{n!}\left(1 - \frac{1}{n}\right)\left(1 - \frac{2}{n}\right)\cdots\left(1 - \frac{n-1}{n}\right)$$

$$< 1 + 1 + \frac{1}{2!} + \frac{1}{3!} + \cdots + \frac{1}{n!} < 1 + 1 + \frac{1}{2} + \frac{1}{2^2} + \cdots + \frac{1}{2^{n-1}} = 1 + \frac{1 - \frac{1}{2^n}}{1 - \frac{1}{2}} = 3 - \frac{1}{2^{n-1}} < 3,$$

所以数列 $\{u_n\}$ 是有界的. 根据准则 2 可知，数列 $\{u_n\}$ 必有极限. 设其极限为 e，即

$$\lim_{n \to \infty} \left(1 + \frac{1}{n}\right)^n = e, \tag{1-4}$$

可以证明 e 是一个无理数，其值为

$$e = 2.71828\cdots.$$

此结果可由图 1-34 直观看出.

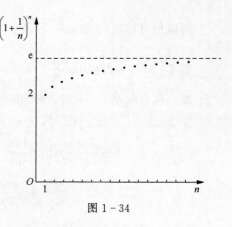

图 1-34

接下来我们考虑 x 取实数时的情形. 证明当 $x \to +\infty$ 时，函数 $y = \left(1 + \dfrac{1}{x}\right)^x$ 的极限为 e. 由上面的证明可知，$\lim\limits_{n \to \infty}\left(1 + \dfrac{1}{n}\right)^n = e$，而 $\lim\limits_{x \to +\infty}\left(1 + \dfrac{1}{x}\right)^x$ 与其相比只是 x 由整数变成了实数. 对任意实数 x，它总会介于两个整数之间，也就是 $n \leqslant x \leqslant n+1$. 当 $x \to +\infty$ 时，有 $n \to \infty$，从而有

$$1 + \frac{1}{n+1} \leqslant 1 + \frac{1}{x} \leqslant 1 + \frac{1}{n},$$

因此，

$$\left(1 + \frac{1}{n+1}\right)^n \leqslant \left(1 + \frac{1}{x}\right)^x \leqslant \left(1 + \frac{1}{n}\right)^{n+1}.$$

又因为

$$\lim_{n \to \infty}\left(1 + \frac{1}{n+1}\right)^n = \lim_{n \to \infty}\left(1 + \frac{1}{n+1}\right)^{n+1} \cdot \lim_{n \to \infty}\left(1 + \frac{1}{n+1}\right)^{-1} = e,$$

$$\lim_{n \to \infty}\left(1 + \frac{1}{n}\right)^{n+1} = \lim_{n \to \infty}\left(1 + \frac{1}{n}\right)^n \cdot \lim_{n \to \infty}\left(1 + \frac{1}{n}\right) = e,$$

根据夹逼准则可知

$$\lim_{x \to +\infty}\left(1 + \frac{1}{x}\right)^x = e. \tag{1-5}$$

最后证明当 $x \to -\infty$ 时，函数 $y = \left(1 + \dfrac{1}{x}\right)^x$ 的极限为 e. 令 $t = -(x+1)$，由 $x \to -\infty$ 可知 $t \to +\infty$. 这样就有

$$\lim_{x \to -\infty}\left(1 + \frac{1}{x}\right)^x = \lim_{t \to +\infty}\left(1 - \frac{1}{1+t}\right)^{-(1+t)} = \lim_{t \to +\infty}\left(\frac{t}{1+t}\right)^{-(1+t)} = \lim_{t \to +\infty}\left(1 + \frac{1}{t}\right)^{(1+t)}$$

$$= \lim_{t \to +\infty}\left(1 + \frac{1}{t}\right)^t \cdot \lim_{t \to +\infty}\left(1 + \frac{1}{t}\right) = e \cdot 1 = e,$$

即

$$\lim_{x \to -\infty}\left(1 + \frac{1}{x}\right)^x = e. \tag{1-6}$$

由公式 (1-5) 和公式 (1-6) 可知

$$\lim_{x \to \infty}\left(1 + \frac{1}{x}\right)^x = e.$$

这样，我们就证明了第二个重要极限. 接下来，令 $\dfrac{1}{x} = t$，则 $x = \dfrac{1}{t}$，当 $x \to \infty$ 时，$t \to 0$. 此时，上式可化为

$$\lim_{t \to 0}(1+t)^{\frac{1}{t}} = e,$$

即

$$\lim_{x \to 0}(1+x)^{\frac{1}{x}} = e. \tag{1-7}$$

公式(1-7)是第二个重要极限的另外一种形式.

注意

公式(1-3)和公式(1-7)可以写成更一般的形式：

$$\lim_{\square \to \infty}\left(1+\frac{1}{\square}\right)^{\square} = e, \tag{1-8}$$

$$\lim_{\triangle \to 0}(1+\triangle)^{\frac{1}{\triangle}} = e. \tag{1-9}$$

其中，□可以是任何一个趋近于∞的变量，△可以是任何一个趋近于 0 的变量. 比如下面这几个等式都成立.

$$\lim_{x \to \infty}\left(1+\frac{2}{x}\right)^{\frac{x}{2}} = e, \quad \lim_{x \to 0}\left(1+\frac{x}{2}\right)^{\frac{2}{x}} = e, \quad \lim_{x \to \infty}\left(1+\frac{1}{3x}\right)^{3x} = e, \quad \lim_{x \to 0}(1+3x)^{\frac{1}{3x}} = e.$$

例 1-32　求极限 $\lim\limits_{x \to \infty}\left(1+\dfrac{2}{x}\right)^{x}$.

解：$\lim\limits_{x \to \infty}\left(1+\dfrac{2}{x}\right)^{x} = \lim\limits_{x \to \infty}\left[\left(1+\dfrac{2}{x}\right)^{\frac{x}{2}}\right]^{2} = e^{2}.$

例 1-33　求极限 $\lim\limits_{x \to 0}(1-2x)^{\frac{1}{x}}$.

解：$\lim\limits_{x \to 0}(1-2x)^{\frac{1}{x}} = \lim\limits_{x \to 0}\{[1+(-2x)]^{-\frac{1}{2x}}\}^{-2} = e^{-2}.$

例 1-34　求极限 $\lim\limits_{x \to 0}\dfrac{\ln(1+x)}{x}$.

解：$\lim\limits_{x \to 0}\dfrac{\ln(1+x)}{x} = \lim\limits_{x \to 0}\ln(1+x)^{\frac{1}{x}} = \ln[\lim\limits_{x \to 0}(1+x)^{\frac{1}{x}}] = \ln e = 1.$

例 1-35　求极限 $\lim\limits_{x \to \infty}\left(\dfrac{x+1}{x-1}\right)^{x}$.

解：$\lim\limits_{x \to \infty}\left(\dfrac{x+1}{x-1}\right)^{x} = \lim\limits_{x \to \infty}\left(\dfrac{x-1+2}{x-1}\right)^{x} = \lim\limits_{x \to \infty}\left(1+\dfrac{2}{x-1}\right)^{x} = \lim\limits_{x \to \infty}\left(1+\dfrac{2}{x-1}\right)^{\frac{x-1}{2} \cdot 2+1}$

$$= \lim_{x \to \infty}\left[\left(1+\dfrac{2}{x-1}\right)^{\frac{x-1}{2}}\right]^{2} \cdot \lim_{x \to \infty}\left(1+\dfrac{2}{x-1}\right) = e^{2} \cdot 1 = e^{2}.$$

定理 1-6　如果 $\lim\limits_{x \to x_0} f(x) = A > 0$，$\lim\limits_{x \to x_0} g(x) = B$，那么

$$\lim_{x \to x_0}[f(x)]^{g(x)} = A^{B}.$$

证明：根据复合函数的极限运算法则以及极限的四则运算法则可知

$$\lim_{x \to x_0}[f(x)]^{g(x)} = \lim_{x \to x_0} e^{g(x)\ln f(x)} = e^{\lim\limits_{x \to x_0} g(x)\ln f(x)} = e^{\lim\limits_{x \to x_0} g(x) \cdot \lim\limits_{x \to x_0} \ln f(x)}$$

$$= e^{\lim\limits_{x \to x_0} g(x) \cdot \ln[\lim\limits_{x \to x_0} f(x)]} = e^{B \cdot \ln A} = A^{B}.$$

上述定理对自变量的其他变化过程仍然成立. 下面我们利用定理 $1-6$ 给出例 $1-35$ 的另外一种解法.

因为 $\quad \lim\limits_{x\to\infty}\left(\dfrac{x+1}{x-1}\right)^{x}=\lim\limits_{x\to\infty}\left(1+\dfrac{2}{x-1}\right)^{x}=\lim\limits_{x\to\infty}\left(1+\dfrac{2}{x-1}\right)^{\frac{x-1}{2}\cdot\frac{2x}{x-1}}$

$$=\lim\limits_{x\to\infty}\left[\left(1+\dfrac{2}{x-1}\right)^{\frac{x-1}{2}}\right]^{\frac{2x}{x-1}},$$

又因为 $\qquad\qquad \lim\limits_{x\to\infty}\left(1+\dfrac{2}{x-1}\right)^{\frac{x-1}{2}}=\mathrm{e},\ \lim\limits_{x\to\infty}\dfrac{2x}{x-1}=2,$

所以 $\qquad\qquad\qquad\qquad \lim\limits_{x\to\infty}\left(\dfrac{x+1}{x-1}\right)^{x}=\mathrm{e}^{2}.$

习题 $1-3$

1. 计算下列极限.

$(1)\lim\limits_{x\to0}\dfrac{\sin 4x}{x}$;

$(2)\lim\limits_{x\to0}\dfrac{1-\cos 2x}{x\sin x}$;

$(3)\lim\limits_{x\to0}\dfrac{\sin 2x}{\sin 5x}$;

$(4)\lim\limits_{x\to\infty}x\cdot\tan\dfrac{1}{x}$;

$(5)\lim\limits_{n\to\infty}2^{n}\sin\dfrac{x}{2^{n}}$;

$(6)\lim\limits_{x\to\pi}\dfrac{\sin x}{\pi-x}$.

2. 计算下列极限.

$(1)\lim\limits_{x\to0}(1+\tan x)^{\cot x}$;

$(2)\lim\limits_{x\to\infty}\left(1+\dfrac{2}{x}\right)^{3x}$;

$(3)\lim\limits_{x\to0}\left(1-\dfrac{1}{2}x\right)^{\frac{5}{x}+1}$;

$(4)\lim\limits_{x\to\infty}\left(1-\dfrac{3}{x}\right)^{2x}$;

$(5)\lim\limits_{x\to\infty}\left(\dfrac{x}{1+x}\right)^{x}$;

$(6)\lim\limits_{x\to\infty}\left(1-\dfrac{1}{x^{2}}\right)^{x}$;

$(7)\lim\limits_{x\to\infty}\left(\dfrac{x+2}{x+1}\right)^{x}$;

$(8)\lim\limits_{x\to0}(1-2x)^{\frac{1}{x}}$;

$(9)\lim\limits_{x\to1}(3-2x)^{\frac{3}{x-1}}$.

$1-4$ 无穷小与无穷大

$1-4-1$ 无穷小

1. 无穷小的概念

定义 $1-10$ 如果 $\lim\limits_{x\to x_{0}}\alpha(x)=0$(或 $\lim\limits_{x\to\infty}\alpha(x)=0$),则称函数 $\alpha(x)$ 为 $x\to x_{0}$(或 $x\to\infty$)时的无穷小量,简称无穷小.

例如,函数 x^{2} 是 $x\to0$ 时的无穷小,函数 $\cos x$ 是 $x\to\dfrac{\pi}{2}$ 时的无穷小,函数 $\dfrac{1}{x}$ 是 $x\to\infty$ 时的无穷小.

注意

(1)无穷小是以 0 为极限的函数，不能将其与很小的常数相混淆；

(2)0 是唯一可以看作无穷小的常数；

(3)无穷小与自变量的变化过程有关，比如当 $x \to 1$ 时，$\sin(x-1)$ 是无穷小，但是当 $x \to 2$ 时，$\sin(x-1)$ 不是无穷小。

无穷小与函数极限有着密切的关系，具体关系如下.

定理 1-7 $\lim\limits_{x \to x_0} f(x) = A (\lim\limits_{x \to \infty} f(x) = A)$ 的充要条件是 $f(x) = A + \alpha(x)$，其中 $\alpha(x)$ 是 $x \to x_0$（或 $x \to \infty$）时的无穷小.

证明：（必要性）

因为 $\lim\limits_{x \to x_0} f(x) = A$，所以可设 $f(x) = A + \alpha(x)$，下面证明 $\alpha(x)$ 是 $x \to x_0$ 时的无穷小即可.

$$\lim\limits_{x \to x_0} \alpha(x) = \lim\limits_{x \to x_0} [f(x) - A] = \lim\limits_{x \to x_0} f(x) - \lim\limits_{x \to x_0} A = A - A = 0,$$

这就证明了 $\alpha(x)$ 是 $x \to x_0$ 时的无穷小.

（充分性）

若 $f(x) = A + \alpha(x)$，其中 $\alpha(x)$ 是 $x \to x_0$ 时的无穷小，则

$$\lim\limits_{x \to x_0} f(x) = \lim\limits_{x \to x_0} [A + \alpha(x)] = \lim\limits_{x \to x_0} A + \lim\limits_{x \to x_0} \alpha(x) = A + 0 = A,$$

即

$$\lim\limits_{x \to x_0} f(x) = A.$$

此定理表明：如果函数的极限存在，那么该函数可以表示成它的极限与无穷小之和；反之，如果该函数可以表示成常数与无穷小之和，则该函数的极限就是这个常数.

2. 无穷小的性质

定理 1-8 在自变量的同一个变化过程中，有下面的结论：

(1)有限个无穷小的代数和仍然是无穷小；

(2)有限个无穷小的乘积仍然是无穷小；

(3)有界函数与无穷小的乘积仍然是无穷小.

例 1-36 求极限 $\lim\limits_{x \to \infty} \dfrac{\arctan x}{x^2 + 1}$.

解： 因为当 $x \to \infty$ 时，$\dfrac{1}{x^2 + 1}$ 是无穷小，又因为 $\arctan x$ 是有界函数，且 $|\arctan x| < \dfrac{\pi}{2}$，所以根据定理 1-8 可知：$\dfrac{1}{x^2 + 1}$ 与 $\arctan x$ 的乘积仍然是无穷小，即

$$\lim\limits_{x \to \infty} \dfrac{\arctan x}{x^2 + 1} = 0.$$

例 1-37 证明 $\lim\limits_{x \to \infty} \dfrac{\sin x}{x} = 0$.

证明： 因为当 $x \to \infty$ 时，$\dfrac{1}{x}$ 是无穷小，又因为 $\sin x$ 是有界函数，所以根据定理 1-8

可知：$\dfrac{1}{x}$ 与 $\sin x$ 的乘积仍然是无穷小，即

$$\lim_{x \to \infty} \frac{\sin x}{x} = \lim_{x \to \infty} \frac{1}{x} \cdot \sin x = 0.$$

3. 无穷小的比较

极限为 0 的变量是无穷小，而不同的无穷小趋近于 0 的"快慢"是不同的．例如，当 $x \to 0$ 时，x^2，x^3 都是无穷小，但 $x^3 \to 0$ 比 $x^2 \to 0$ 快．为了刻画这一现象，下面引入无穷小的比较概念．

定义 1-11　设 α 与 β 是自变量在同一个变化过程中的两个无穷小，$\lim \dfrac{\alpha}{\beta}$ 表示该变化过程中的极限，且 $\beta \neq 0$：

(1)若 $\lim \dfrac{\alpha}{\beta} = 0$，则称 α 是比 β 高阶的无穷小，记作 $\alpha = o(\beta)$；

(2)若 $\lim \dfrac{\alpha}{\beta} = \infty$，则称 α 是比 β 低阶的无穷小；

(3)若 $\lim \dfrac{\alpha}{\beta} = c \neq 0$，则称 α 与 β 是同阶无穷小．

特别地，当 $c = 1$ 时，称 α 与 β 是等价无穷小，记作 $\alpha \sim \beta$．

例 1-38　证明：当 $x \to 0$ 时，$\arctan x$ 与 x 是等价无穷小．

证明：令 $t = \arctan x$，所以 $x = \tan t$，当 $x \to 0$ 时，$t \to 0$．

因此，$\lim\limits_{x \to 0} \dfrac{\arctan x}{x} = \lim\limits_{t \to 0} \dfrac{t}{\tan t} = \lim\limits_{t \to 0} \dfrac{1}{\dfrac{\sin t}{t}} \cdot \lim\limits_{t \to 0} \cos t = 1.$

所以，当 $x \to 0$ 时，$\arctan x \sim x$．

同理可以证明，当 $x \to 0$ 时，$\arcsin x \sim x$．

例 1-39　证明：当 $x \to 0$ 时，$1 - \cos x$ 与 $\dfrac{1}{2} x^2$ 是等价无穷小．

证明：$\lim\limits_{x \to 0} \dfrac{1 - \cos x}{\dfrac{1}{2} x^2} = \lim\limits_{x \to 0} \dfrac{4 \sin^2 \dfrac{x}{2}}{x^2} = \lim\limits_{x \to 0} \left(\dfrac{\sin \dfrac{x}{2}}{\dfrac{x}{2}} \right)^2 = 1.$

所以，当 $x \to 0$ 时，$1 - \cos x \sim \dfrac{1}{2} x^2$．

下面给出几个常用的等价无穷小：当 $x \to 0$ 时，有

$$\sin x \sim x,\ \tan x \sim x,\ \arcsin x \sim x,\ \arctan x \sim x,\ 1 - \cos x \sim \frac{1}{2} x^2,$$

$$(1+x)^\alpha - 1 \sim \alpha x,\ \ln(1+x) \sim x,\ e^x - 1 \sim x,\ a^x - 1 \sim x \ln a.$$

4. 等价无穷小的应用

等价无穷小的一个重要应用就是简化极限的计算，下面给出等价无穷小替换定理.

定理 1-9　设在自变量的同一个变化过程中，$\alpha \sim \alpha'$，$\beta \sim \beta'$，且 $\lim \dfrac{\alpha'}{\beta'}$ 存在，则

$$\lim \frac{\alpha}{\beta} = \lim \frac{\alpha'}{\beta'}.$$

证明：$\lim \dfrac{\alpha}{\beta} = \lim \left(\dfrac{\alpha}{\alpha'} \cdot \dfrac{\alpha'}{\beta'} \cdot \dfrac{\beta'}{\beta} \right) = \lim \dfrac{\alpha}{\alpha'} \cdot \lim \dfrac{\alpha'}{\beta'} \cdot \lim \dfrac{\beta'}{\beta} = 1 \cdot \lim \dfrac{\alpha'}{\beta'} \cdot 1 = \lim \dfrac{\alpha'}{\beta'}.$

例 1-40　求极限 $\lim\limits_{x \to 0} \dfrac{\arcsin 5x}{\tan 3x}$.

解：由于当 $x \to 0$ 时，$\arcsin 5x \sim 5x$，$\tan 3x \sim 3x$，因此

$$\lim_{x \to 0} \frac{\arcsin 5x}{\tan 3x} = \lim_{x \to 0} \frac{5x}{3x} = \frac{5}{3}.$$

例 1-41　求极限 $\lim\limits_{x \to 0} \dfrac{e^{4x} - 1}{\arcsin 2x}$.

解：由于当 $x \to 0$ 时，$\arcsin 2x \sim 2x$，$e^{4x} - 1 \sim 4x$，因此

$$\lim_{x \to 0} \frac{e^{4x} - 1}{\arcsin 2x} = \lim_{x \to 0} \frac{4x}{2x} = \frac{4}{2} = 2.$$

例 1-42　求极限 $\lim\limits_{x \to 1} \dfrac{e^x - e}{\sin(x-1)}$.

解：由于当 $x \to 1$ 时，$x - 1$ 是无穷小，因此

$$\lim_{x \to 1} \frac{e^x - e}{\sin(x-1)} = \lim_{x \to 1} \frac{e(e^{x-1} - 1)}{x - 1} = \lim_{x \to 1} \frac{e(x-1)}{x-1} = e.$$

一般地，若式中含有指数差，需提出一个因子.

例 1-43　求极限 $\lim\limits_{x \to 0} \dfrac{\tan x - \sin x}{x^3}$.

解：$\lim\limits_{x \to 0} \dfrac{\tan x - \sin x}{x^3} = \lim\limits_{x \to 0} \dfrac{\sin x (1 - \cos x)}{x^3 \cdot \cos x} = \lim\limits_{x \to 0} \dfrac{x \cdot \dfrac{1}{2} x^2}{x^3 \cdot \cos x} = \lim\limits_{x \to 0} \dfrac{1}{2 \cos x} = \dfrac{1}{2}.$

但下面的解法是错误的：

$$\lim_{x \to 0} \frac{\tan x - \sin x}{x^3} = \lim_{x \to 0} \frac{x - x}{x^3} = \lim_{x \to 0} \frac{0}{x^3} = 0.$$

一般地，等价无穷小只能用来替换乘积因子，不能用来替换和差项.

1-4-2　无穷大

定义 1-12　如果当 $x \to x_0$（或 $x \to \infty$）时，函数 $f(x)$ 的绝对值 $|f(x)|$ 无限增大，则称 $f(x)$ 为 $x \to x_0$（或 $x \to \infty$）时的无穷大量，简称无穷大，记为 $\lim\limits_{x \to x_0} f(x) = \infty$（或 $\lim\limits_{x \to \infty} f(x) = \infty$）.

例如，函数 $\dfrac{1}{x-1}$ 是 $x \to 1$ 时的无穷大，函数 $\tan x$ 是 $x \to \dfrac{\pi}{2}$ 时的无穷大.

注意

(1)无穷大是指绝对值无限增大的变量，不能将其与很大的常数相混淆；

(2)无穷大与自变量的变化过程有关，比如当 $x \to 1$ 时，$\dfrac{1}{x-1}$ 是无穷大，但是当 $x \to 2$ 时，$\dfrac{1}{x-1}$ 不是无穷大.

无穷小与无穷大有着密切的关系，具体关系如下.

定理 1-10　在自变量的同一个变化过程中，如果 $f(x)$ 为无穷小且 $f(x) \neq 0$，则 $\dfrac{1}{f(x)}$ 为无穷大，反之，如果 $f(x)$ 为无穷大，则 $\dfrac{1}{f(x)}$ 为无穷小.

比如，当 $x \to 1$ 时，$f(x) = \dfrac{1}{x-1} \to \infty$，$\dfrac{1}{f(x)} = x-1 \to 0$. 也就是说，当 $x \to 1$ 时，$f(x) = \dfrac{1}{x-1}$ 是无穷大，$\dfrac{1}{f(x)}$ 是无穷小.

例 1-44　求极限 $\lim\limits_{x \to \infty} \dfrac{x^4 + 2x - 3}{2x^3 + 5}$.

解：因为 $\lim\limits_{x \to \infty} \dfrac{2x^3 + 5}{x^4 + 2x - 3} = \lim\limits_{x \to \infty} \dfrac{\dfrac{2}{x} + \dfrac{5}{x^4}}{1 + \dfrac{2}{x^3} - \dfrac{3}{x^4}} = 0$，

所以根据无穷小与无穷大的关系有：

$$\lim\limits_{x \to \infty} \dfrac{x^4 + 2x - 3}{2x^3 + 5} = \infty.$$

习题 1-4

1. 下列函数中哪些是无穷小？哪些是无穷大？

(1)当 $x \to 0$ 时，$y = \dfrac{x}{1 + \cos x}$；　　　　(2)当 $x \to 0^+$ 时，$y = \ln x$；

(3)当 $x \to 2$ 时，$y = \dfrac{x+1}{x^2 - 4}$；　　　　(4)当 $x \to \infty$ 时，$y = \dfrac{\sin x}{x^4 + 3x^2 + 5}$.

2. 计算下列极限.

(1)$\lim\limits_{x \to \infty} \dfrac{\arctan x}{x}$；　　　　(2)$\lim\limits_{x \to +\infty} \dfrac{\sin x}{\mathrm{e}^x}$；　　　　(3)$\lim\limits_{x \to 0} x \sqrt{1 + \cos \dfrac{1}{x}}$.

3. 计算下列极限.

$(1) \lim\limits_{x \to 0} \dfrac{\arcsin 3x}{5x}$;

$(2) \lim\limits_{x \to 0} \dfrac{\ln(1+2x)}{\sin 3x}$;

$(3) \lim\limits_{x \to 0} \dfrac{\sqrt{1+x\sin x}-1}{x\arctan x}$;

$(4) \lim\limits_{x \to 1} \dfrac{\sin^2(x-1)}{x^2-1}$;

$(5) \lim\limits_{x \to 0} \dfrac{1-\cos 4x}{x\sin x}$;

$(6) \lim\limits_{x \to 0} \dfrac{\cos 4x - \cos 2x}{x^2}$.

4. 比较下列各题中两个无穷小的关系.

(1) 当 $x \to 0$ 时,$\sqrt{1+x}-1$ 与 x^2+x;

(2) 当 $x \to 0$ 时,$x^2\sin\dfrac{1}{x}$ 与 x;

(3) 当 $x \to 1$ 时,$\tan(x-1)$ 与 x^3-x;

(4) 当 $x \to 0$ 时,$\sqrt{1+x^2}-\sqrt{1-x^2}$ 与 $\arctan x^2$.

1-5 函数的连续性

回顾图 $1-31$,可以看到直线在 $x=1$ 处是断开的,这时称函数 $f(x)$ 在 $x=1$ 处不连续. 函数在一点处是否连续应该如何判断呢?下面给出函数连续的定义.

1-5-1 函数连续的定义

定义 1-13 设函数 $f(x)$ 在 x_0 点的某个邻域内有定义,若极限 $\lim\limits_{x \to x_0} f(x)$ 存在,并且等于 x_0 点的函数值 $f(x_0)$,即

$$\lim\limits_{x \to x_0} f(x) = f(x_0),$$

函数连续的定义

则称函数 $f(x)$ 在 $x=x_0$ 处**连续**,此时 x_0 点称为函数 $f(x)$ 的**连续点**.

上述定义中,若将极限等式替换为 $\lim\limits_{x \to x_0^+} f(x) = f(x_0)$,则称 $f(x)$ 在 $x=x_0$ 处**右连续**;若将极限等式替换为 $\lim\limits_{x \to x_0^-} f(x) = f(x_0)$,则称 $f(x)$ 在 $x=x_0$ 处**左连续**. 函数 $f(x)$ 在 $x=x_0$ 处连续当且仅当 $f(x)$ 在 $x=x_0$ 处既左连续又右连续. 若令 $\Delta x = x - x_0$,$\Delta y = f(x) - f(x_0)$,则定义 $1-13$ 又可表述如下.

定义 1-14 设函数 $f(x)$ 在 x_0 点的某个邻域内有定义,若

$$\lim\limits_{\Delta x \to 0} \Delta y = \lim\limits_{\Delta x \to 0} [f(x_0 + \Delta x) - f(x_0)] = 0,$$

则称函数 $f(x)$ 在 $x=x_0$ 处**连续**.

若函数在区间 (a,b) 内每一点都连续,则称此函数在 (a,b) 内连续. 如果函数在 (a,b) 内连续,同时在 a 点右连续,在 b 点左连续,则称此函数在 $[a,b]$ 上连续.

函数的连续性可以通过函数的图像——曲线的连续性表示出来,即若 $f(x)$ 在 $[a,b]$ 上连续,则 $f(x)$ 在 $[a,b]$ 上的图像就是一条连绵不断的曲线(见图 $1-35$).

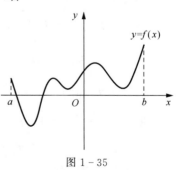

图 $1-35$

1-5-2　函数的间断点

根据定义 1-13 可知，函数在一点连续，必须同时满足以下 3 个条件：

① 函数 $f(x)$ 在点 x_0 有定义；② 极限 $\lim\limits_{x \to x_0} f(x)$ 存在；③ $\lim\limits_{x \to x_0} f(x) = f(x_0)$.

上述 3 个条件中只要有一个不满足，就称函数 $f(x)$ 就在 x_0 处间断，并称 x_0 为 $f(x)$ 的**间断点**.

假设 x_0 为 $f(x)$ 的间断点，按照函数 $f(x)$ 在 x_0 点的左、右极限是否存在，可将间断点分成第一类间断点和第二类间断点.

（1）**第一类间断点**：$\lim\limits_{x \to x_0^-} f(x)$、$\lim\limits_{x \to x_0^+} f(x)$ 都存在，则 x_0 称为第一类间断点. 第一类间断点又可分为可去间断点和跳跃间断点.

①若 $\lim\limits_{x \to x_0^-} f(x) = \lim\limits_{x \to x_0^+} f(x) \neq f(x_0)$，则 x_0 称为可去间断点（见图 1-36）.

②若 $\lim\limits_{x \to x_0^-} f(x) \neq \lim\limits_{x \to x_0^+} f(x)$，则 x_0 称为跳跃间断点（见图 1-37）.

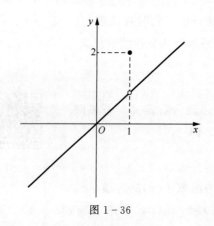

图 1-36

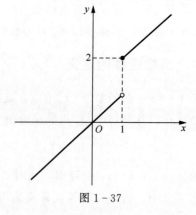

图 1-37

例 1-45　指出函数 $f(x) = \begin{cases} x & x \neq 1 \\ 2 & x = 1 \end{cases}$ 的间断点，并作出函数的图像.

解：因为 $\lim\limits_{x \to 1} f(x) = 1$，而 $f(1) = 2$，

所以 $\lim\limits_{x \to 1} f(x) \neq f(1)$，故 $f(x)$ 在 $x = 1$ 处间断（见图 1-36）.

按照间断点的分类可知，$x = 1$ 是函数 $f(x)$ 的第一类间断点（可去间断点）.

例 1-46　指出函数 $f(x) = \begin{cases} x & x < 1 \\ x+1 & x \geqslant 1 \end{cases}$ 的间断点，并作出函数的图像.

解：因为 $\lim\limits_{x \to 1^+} f(x) = \lim\limits_{x \to 1^+} (x+1) = 2$，$\lim\limits_{x \to 1^-} f(x) = \lim\limits_{x \to 1^-} x = 1$，

所以 $\lim\limits_{x \to 1^+} f(x) \neq \lim\limits_{x \to 1^-} f(x)$，故 $\lim\limits_{x \to 1} f(x)$ 不存在.

因此，$f(x)$ 在 $x = 1$ 处间断（见图 1-37）.

按照间断点的分类可知，$x = 1$ 是函数 $f(x)$ 的第一类间断点（跳跃间断点）.

(2)**第二类间断点**：$\lim\limits_{x \to x_0^-} f(x)$ 和 $\lim\limits_{x \to x_0^+} f(x)$ 至少有一个不存在，则 x_0 为第二类间断点. 第二类间断点包括无穷间断点(见图 1-38)和振荡间断点(见图 1-39).

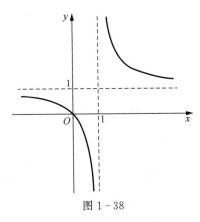

图 1-38

例 1-47 指出函数 $f(x) = \dfrac{x}{x-1}$ 的间断点，并作出函数的图像.

解：因为 $f(x)$ 在 $x=1$ 处没有定义，所以 $f(x)$ 在 $x=1$ 处间断. 显然 $\lim\limits_{x \to 1} f(x) = \infty$，按照间断点的分类可知，$x=1$ 是函数 $f(x)$ 的第二类间断点(无穷间断点). 用坐标平移的方法作出函数的图像(见图 1-38).

例 1-48 指出函数 $f(x) = \sin\dfrac{1}{x}$ 的间断点，并作出函数的图像.

解：因为 $f(x)$ 在 $x=0$ 处没有定义，所以 $f(x)$ 在 $x=0$ 处间断. 显然 $\lim\limits_{x \to 0} \sin\dfrac{1}{x}$ 不存在，所以 $x=0$ 是函数 $f(x)$ 的第二类间断点. 并且当 $x \to 0$ 时，函数 $f(x) = \sin\dfrac{1}{x}$ 在 -1 到 1 之间无限次地振荡，故称 $x=0$ 是函数 $f(x) = \sin\dfrac{1}{x}$ 的振荡间断点(见图 1-39).

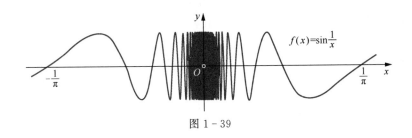

图 1-39

1-5-3 初等函数的连续性

由极限的四则运算法则和函数在某点连续的定义，容易得到下面的定理.

定理 1-11(连续函数的四则运算法则) 假设 $f(x)$ 与 $g(x)$ 在 x_0 点连续，则 $f(x) + g(x)$，$f(x) - g(x)$，$f(x) \cdot g(x)$，$\dfrac{f(x)}{g(x)}(g(x_0) \neq 0)$ 在 x_0 点连续.

由上述定理可知，连续函数的和、差、积、商(分母不为 0 处)仍然是连续函数.

定理 1-12(反函数的连续性) 假设函数 $y = f(x)$ 的定义域为 D，值域为 M. 如果函数 $y = f(x)$ 在 D 上单调增加(或单调减少)且连续，那么它的反函数 $y = f^{-1}(x)$ 在 M 上单调增加(或单调减少)且连续.

上述定理中的定义域可以换成区间 $I_x(I_x \subseteq D)$，值域相应地可以换成区间 $f(I_x)(f(I_x) \subseteq M)$，结论仍然成立. 由该定理可知，连续函数的反函数仍然是连续函数. 结合定理 1-11

和定理 1-12 可知，基本初等函数在定义域内是连续的.

定理 1-13(复合函数的连续性) 设函数 $y=f(u)$ 在 u_0 处连续，函数 $u=g(x)$ 在 x_0 处连续，且 $u_0=g(x_0)$，则复合函数 $y=f[g(x)]$ 在 x_0 处连续，即

$$\lim_{x\to x_0}f[g(x)]=f[g(x_0)].$$

由上述 3 个定理和基本初等函数的连续性可知，一切初等函数在其定义域内的任一区间上都是连续的. 需要注意的是，分段函数不是初等函数. 因此，分段函数在分段点处的连续性一般需要按照连续性的定义进行讨论.

根据初等函数的连续性可知，若函数 $f(x)$ 是初等函数，且 x_0 点是它定义域内的点，则当 $x\to x_0$ 时，函数 $f(x)$ 的极限值就是 $f(x)$ 在点 x_0 处的函数值，即

$$\lim_{x\to x_0}f(x)=f(x_0)=f(\lim_{x\to x_0}x).$$

上式为计算初等函数的极限提供了一个实用而又简便的方法. 例如，

$$\lim_{x\to 0}\sqrt{x^2-2x+5}=\sqrt{0^2-2\times 0+5}=\sqrt{5}.$$

例 1-49 求极限 $\lim\limits_{x\to\infty}\sin(\sqrt{x+1}-\sqrt{x})$.

解： $\lim\limits_{x\to\infty}\sin(\sqrt{x+1}-\sqrt{x})=\lim\limits_{x\to\infty}\sin\left[\dfrac{(\sqrt{x+1}-\sqrt{x})(\sqrt{x+1}+\sqrt{x})}{(\sqrt{x+1}+\sqrt{x})}\right]$

$=\lim\limits_{x\to\infty}\sin\left[\dfrac{1}{(\sqrt{x+1}+\sqrt{x})}\right]=\sin\left[\lim\limits_{x\to\infty}\dfrac{1}{(\sqrt{x+1}+\sqrt{x})}\right]=\sin 0=0.$

例 1-50 求极限 $\lim\limits_{x\to +\infty}[\ln(2x^2+3x)-\ln(x^2-3)]$.

解： $\lim\limits_{x\to +\infty}[\ln(2x^2+3x)-\ln(x^2-3)]=\lim\limits_{x\to +\infty}\ln\dfrac{2x^2+3x}{x^2-3}$

$=\ln\left(\lim\limits_{x\to +\infty}\dfrac{2x^2+3x}{x^2-3}\right)=\ln\left(\lim\limits_{x\to +\infty}\dfrac{2+\dfrac{3}{x}}{1-\dfrac{3}{x^2}}\right)=\ln 2.$

例 1-51 求极限 $\lim\limits_{x\to 0}(1+\sin x)^{3\csc x}$.

解： $\lim\limits_{x\to 0}(1+\sin x)^{3\csc x}=\lim\limits_{x\to 0}(1+\sin x)^{\frac{3}{\sin x}}=\lim\limits_{x\to 0}[(1+\sin x)^{\frac{1}{\sin x}}]^3=e^3.$

1-5-4 闭区间上连续函数的性质

定理 1-14 设函数 $f(x)$ 在闭区间 $[a,b]$ 上连续，则

(1) $f(x)$ 在 $[a,b]$ 上有最大值和最小值，该结论又称为闭区间上连续函数的**最值定理**；

(2) $f(x)$ 在 $[a,b]$ 上是有界的，该结论又称为闭区间上连续函数的**有界定理**.

定理 1-15(零点定理) 设函数 $f(x)$ 在闭区间 $[a,b]$ 上连续，且 $f(a)$ 与 $f(b)$ 异号，则在 (a,b) 内至少存在一点 ξ，使得 $f(\xi)=0$.

推论 1 设函数 $f(x)$ 在闭区间 $[a,b]$ 上连续，$f(a)\neq f(b)$，则对介于 $f(a)$ 与 $f(b)$ 之间的任一实数 C，在开区间 (a,b) 内至少存在一点 ξ，使得 $f(\xi)=C$.

推论 2　设 $f(x)$ 在闭区间 $[a,b]$ 上连续，其最大值和最小值分别为 M 和 m，则对介于 M 和 m 之间的任一实数 C，在开区间 (a,b) 内至少存在一点 ξ，使得 $f(\xi)=C$.

定理 1-15 又称为**根的存在定理**，推论 1、2 又称为**介值定理**.

注意
(1) 若函数不是在闭区间上连续而是在开区间内连续，则以上结论不一定正确；
(2) 若函数在闭区间上有间断点，则以上结论不一定正确.

例如，函数 $y=\dfrac{1}{x}$ 在 $(0,+\infty)$ 上连续，但在 $(0,+\infty)$ 上无界，因为当 $x\to0^+$ 时，$\dfrac{1}{x}\to+\infty$（见图 1-40）.

再如，函数 $y=\begin{cases} x^2+x+1 & -1.5\leqslant x<-0.5 \\ 2 & x=-0.5 \\ -0.5x^2-0.5x+3 & -0.5<x\leqslant1 \end{cases}$ 在闭区间 $[-1.5,1]$ 上有间断

点 $x=-0.5$，显然它既取不到最大值也取不到最小值（见图 1-41）.

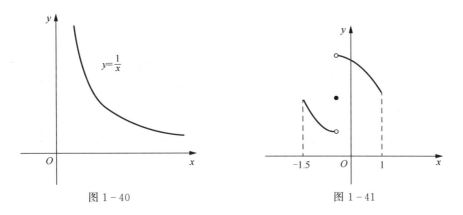

图 1-40　　　　　　　　　　图 1-41

例 1-52　试证方程 $e^{2x}-x-2=0$ 至少有一个小于 1 的正根.

证明：设 $f(x)=e^{2x}-x-2$，因为 $f(x)$ 在 $[0,1]$ 上连续，且
$$f(0)=-1<0,$$
$$f(1)=e^2-3>0,$$

所以，由零点定理知，在 $(0,1)$ 内至少存在一点 ξ，使 $f(\xi)=0$.

因此，方程至少存在一个小于 1 的正根 ξ.

习题 1-5

1. 设 $f(x)=\begin{cases} x^2\sin\dfrac{1}{x} & x>0 \\ a+e^x & x\leqslant0 \end{cases}$，问 a 为何值时，$f(x)$ 在 $x=0$ 处连续.

2. 下列函数在 $x=0$ 处无定义，试定义 $f(0)$ 的值，使 $f(x)$ 在 $x=0$ 处连续.

(1) $f(x)=\dfrac{\sqrt{1+x^2}-1}{x^2}$;　　(2) $f(x)=\dfrac{1-\cos 4x}{x^2}$.

3. 求下列函数的极限.

(1) $\lim\limits_{x\to\frac{\pi}{2}}\dfrac{\sqrt{2}+\cos\dfrac{x}{2}}{1+\sin x}$;　　(2) $\lim\limits_{x\to 0}\arcsin\dfrac{1-x}{2+x}$;　　(3) $\lim\limits_{x\to 0}e^{\frac{\ln(2+x)}{1+x}}$;

(4) $\lim\limits_{x\to\frac{\pi}{4}}\dfrac{\cos 2x}{\sin x-\cos x}$;　　(5) $\lim\limits_{x\to +\infty}x[\ln(x+1)-\ln x]$;　　(6) $\lim\limits_{x\to 0}(1+3\tan x)^{4\cot x}$.

4. 证明方程 $x\ln(2+x)=1$ 至少有一个小于 1 的正根.

5. 证明方程 $x^3-x-2=0$ 在区间 $(0,2)$ 内至少有一个根.

6. 设 $f(x)$ 在 $[0,2]$ 上连续，$f(0)=f(2)$，证明方程 $f(x)=f(x+1)$ 在 $[0,1]$ 上至少有一个实根.

数学建模案例 1

椅子能在凹凸不平的地面上放稳吗

把椅子放在凹凸不平的地面上时，椅子通常 3 只椅脚着地，一只椅脚不着地. 但只要将椅子稍微挪动几下就能放稳，也就是 4 只椅脚同时着地. 如何用所学数学知识来解释这个现象呢？姜启源等在《数学模型》[9] 一书中利用连续函数零点定理对该现象进行了解释. 下面对该书中的数学建模过程进行介绍，同时让同学们体会一下数学建模的大致过程.

1. 模型假设

对椅子和地面做一些必要的假设.

(1) 假设 1：椅子 4 只椅脚一样长，椅脚与地面接触处可看成一个点，4 只椅脚的连线呈正方形.

(2) 假设 2：地面高度是连续变化的，沿任何方向都不会出现间断，即地面可看成连续曲面.

(3) 假设 3：地面相对平坦，椅子在地面上的任何位置至少有 3 只椅脚同时着地.

假设 2 给出了椅子能放稳的条件. 事实上，如果地面不连续，比如有台阶，是无法使 4 只椅脚同时着地的. 假设 3 是要排除这样的情况：在椅脚间距和椅脚长度的尺寸大小相当的范围内，地面上出现深沟或凸峰（即使是连续变化的），致使 3 只椅脚无法同时着地.

2. 模型建立

用数学语言把椅子 4 只椅脚同时着地的条件和结论表示出来.

首先要用变量表示椅子的位置. 注意到椅脚连线呈正方形，以中心点为对称点，正方形绕中心点的旋转正好代表了椅子位置的改变，于是可以用旋转角度这一变量表示椅子的位置．在图 1-42 中椅脚连线为正方形 $ABCD$，对角线 AC 与 x 轴重合．椅子绕中心点 O 旋转角度 θ 后，正方形 $ABCD$ 转至 $A'B'C'D'$ 的位置，所以对角线 $A'C'$ 与 x 轴的夹角 θ 表示了椅子的位置．

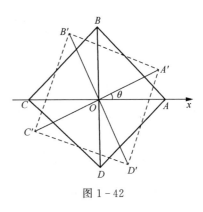

图 1-42

其次要把椅脚着地用数学符号表示出来．如果用某个变量表示椅脚与地面的垂直距离，那么当这个距离为 0 时就表示椅脚着地了．椅子在不同位置时椅脚与地面的距离不同，所以这个距离是关于椅子位置变量 θ 的函数．

虽然椅子有 4 只椅脚，因而有 4 个距离，但是由于正方形的中心对称性，只设两个距离函数就行了．记 A，C 两脚与地面距离之和为 $f(\theta)$，B，D 两脚与地面距离之和为 $g(\theta)$（$f(\theta) \geqslant 0$，$g(\theta) \geqslant 0$）．由假设 2 知，$f(\theta)$ 和 $g(\theta)$ 都是连续函数．由假设 3 知，椅子在任何位置至少有 3 只椅脚着地，所以对于任意的 θ，$f(\theta)$ 和 $g(\theta)$ 中至少有一个为 0．当 $\theta = 0$ 时不妨设 $g(\theta) = 0$，$f(\theta) > 0$．这样，改变椅子的位置使 4 只椅脚同时着地，就归结为证明如下的数学命题．

命题　已知 $f(\theta)$ 和 $g(\theta)$ 是关于 θ 的连续函数，对任意 θ，$f(\theta) \cdot g(\theta) = 0$，且 $g(0) = 0$，$f(0) > 0$．证明存在 θ_0，使 $f(\theta_0) = g(\theta_0) = 0$．

3. 模型求解

命题 1 有多种证明方法，这里介绍其中比较简单，但是有些粗糙的一种．

将椅子旋转 90°（或 $\pi/2$），对角线 AC 与 BD 互换．由 $g(0) = 0$ 和 $f(0) > 0$ 可知 $g(\pi/2) > 0$ 和 $f(\pi/2) = 0$．

令 $h(\theta) = f(\theta) - g(\theta)$，则有 $h(0) > 0$ 和 $h(\pi/2) < 0$．由 $f(\theta)$ 和 $g(\theta)$ 的连续性知 h 也是连续函数．根据连续函数零点定理可知，必存在 θ_0（$0 < \theta_0 < \pi/2$）使 $h(\theta_0) = 0$，即 $f(\theta_0) = g(\theta_0)$．又因为 $f(\theta_0) \cdot g(\theta_0) = 0$，所以 $f(\theta_0) = g(\theta_0) = 0$．

上述证明告诉我们，在凹凸不平的地面上，如果椅子不稳，只要将椅子绕中心轴稍微旋转、挪动几下，旋转角度小于 90°（或 $\pi/2$），椅子就能放稳，此时，4 只脚就能同时着地．

4. 模型评价

这个模型的巧妙之处在于用一个变量 θ 表示椅子的位置，用 θ 的两个函数表示椅子的 4 只椅脚与地面的距离，进而把模型假设和椅脚同时着地的结论用简单、精确的数学语言表达出来，构成了这个实际问题的数学模型．

如果模型假设中"4 只脚的连线呈正方形"换成长方形、等边梯形，或者更一般的四边形，上述结论是否还成立呢？有兴趣的同学可以查阅文献[12]．

复习题一

一、填空题

1. 设 $f(x)=\dfrac{\ln(1-x)}{\sqrt{16-x^2}}$，则 $f(x)$ 的定义域是_____.

2. 设 $f(x)=\dfrac{1}{x}$，则 $f[f(x)]=$_____.

3. $\lim\limits_{x\to0}\dfrac{\sqrt{4+x}-2}{x}=$_____.

4. $\lim\limits_{x\to0}\dfrac{x\ln(1+x)}{\sqrt{1+x^2}-1}=$_____.

5. $\lim\limits_{x\to0}\dfrac{\sin ax}{2x}=\dfrac{2}{3}$，则 $a=$_____.

6. $\lim\limits_{x\to\infty}\left(1+\dfrac{a}{x}\right)^x=e^2$，则 $a=$_____.

7. $\lim\limits_{x\to2}\dfrac{x^2-3x+a}{x-2}=1$，则 $a=$_____.

8. 当 $x\to8$ 时，$a(\sqrt{2x}-4)$ 与 $x-8$ 是等价无穷小，则 $a=$_____.

9. 设 $f(x)=\begin{cases}ax & x<2\\ x^2-1 & x\geqslant2\end{cases}$ 在 $x=2$ 处连续，则 $a=$_____.

10. 函数 $f(x)=\dfrac{x^2-x}{x-1}$ 在 $x=1$ 处为第_____类即_____间断点.

二、选择题

1. 设函数 $y=1+x$，$x<2$，则其反函数为（　　）.

A. $y=x-1$，$x<2$ 　　　　　　　B. $y=x-1$，$x<3$

C. $y=1-x$，$x<2$ 　　　　　　　D. $y=1-x$，$x<3$

2. 已知 $u_n=\dfrac{1}{3}+\dfrac{1}{15}+\cdots+\dfrac{1}{4n^2-1}$，则 $\lim\limits_{n\to\infty}u_n=$（　　）.

A. $\dfrac{1}{2}$ 　　　　　B. 2 　　　　　C. 1 　　　　　D. -1

3. 已知 $f(x)=\dfrac{1}{(x-1)\ln(x^2+1)}$，则该函数的不连续点（　　）.

A. 仅有一点 $x=1$ 　　　　　B. 仅有一点 $x=0$

C. 仅有一点 $x=-1$ 　　　　　D. 有两点 $x=0$ 和 $x=1$

4. $\lim\limits_{x\to\infty}\left(1-\dfrac{1}{2x}\right)^x$ 的值为（　　）.

A. e^2 　　　　　B. $e^{-\frac{1}{2}}$ 　　　　　C. $e^{\frac{1}{2}}$ 　　　　　D. e^{-2}

5. $\lim\limits_{x\to 0}\dfrac{f(x)}{x}=2$，则 $\lim\limits_{x\to 0}\dfrac{\sin 4x}{f(3x)}=$（　　）.

A. 1　　　　　　B. $\dfrac{1}{2}$　　　　　　C. $\dfrac{2}{3}$　　　　　　D. $\dfrac{4}{3}$

6. 当 $x\to 0$ 时，函数 $y=\tan 2x$ 与 $y=\ln(1+3x)$ 相比是（　　）.

A. 高阶无穷小　　B. 低阶无穷小　C. 等价无穷小　　D. 同阶无穷小

7. 设 $f(x)=\begin{cases}\dfrac{\mathrm{e}^{2x}-1}{x} & x>0 \\ 2+\cos x & x\leqslant 0\end{cases}$，则 $x=0$ 是 $f(x)$ 的（　　）.

A. 连续点　　　　B. 可去间断点　C. 跳跃间断点　　D. 无穷间断点

8. 设 $f(x)=\begin{cases}\dfrac{x^2-9}{x-3} & x\neq 3 \\ a & x=3\end{cases}$ 在 $x=3$ 处连续，则 $a=$（　　）.

A. 0　　　　　　B. 3　　　　　　C. 6　　　　　　D. 9

9. 函数 $f(x)=\begin{cases}x & x\geqslant 0 \\ -x+1 & x<0\end{cases}$，则 $\lim\limits_{x\to 0}f(x)=$（　　）.

A. 1　　　　　　B. 0　　　　　　C. -1　　　　　　D. 不存在

10. 当 $x\to 1$ 时，函数 $f(x)=\dfrac{x^2-1}{x-1}\mathrm{e}^{\frac{1}{x-1}}$ 的极限为（　　）.

A. 等于 2　　　　B. 等于 0　　　　C. 无穷大　　　　D. 不存在但不是无穷大

三、解答题

1. 计算下列极限.

(1) $\lim\limits_{x\to 0}\dfrac{\mathrm{e}^{\cos x}-\mathrm{e}}{\cos x-1}$；　　　　　(2) $\lim\limits_{x\to 3}\dfrac{x^2-10x+21}{x^2-4x+3}$；　　　　　(3) $\lim\limits_{x\to 5}\dfrac{x-5}{\sqrt{3x+1}-4}$；

(4) $\lim\limits_{x\to 0}\dfrac{(2^x-3^x)^2}{x^2}$；　　　　(5) $\lim\limits_{x\to 0}\dfrac{\csc x-\cot x}{x}$；　　　　(6) $\lim\limits_{x\to 0}\left(\dfrac{1+x}{1-2x}\right)^{\frac{1}{x}}$；

(7) $\lim\limits_{x\to 0}\dfrac{x^2}{\sin^2\dfrac{x}{3}}$；　　　　(8) $\lim\limits_{x\to 1}\dfrac{\sin(x^2-1)}{x^2+x-2}$；　　　　(9) $\lim\limits_{x\to\infty}\dfrac{x^2+3x+1}{3x^2+2}$；

(10) $\lim\limits_{n\to\infty}(\sqrt{n+3\sqrt{n}}-\sqrt{n-\sqrt{n}})$；　　　　(11) $\lim\limits_{n\to\infty}(n^2+1)\ln\left(1+\dfrac{2}{n}\right)\ln\left(1+\dfrac{3}{n}\right)$.

2. 已知 $\lim\limits_{x\to+\infty}(\sqrt{1+x+4x^2}-ax-b)=0$，求 a 与 b 的值.

3. 设 $f(x)=x^2+2x\lim\limits_{x\to 1}f(x)$，其中 $\lim\limits_{x\to 1}f(x)$ 存在，求 $f(x)$.

4. 已知 $f(x)$ 在 $x=0$ 处连续，且 $\lim\limits_{x\to 0}\dfrac{f(x)}{x}=1$，求 $f(0)$.

5. 讨论函数 $f(x)=\lim\limits_{n\to\infty}\dfrac{1-x^{2n}}{1+x^{2n}}$ 的连续性，若有间断点，指出其类型.

拓展阅读 1

祖冲之与圆周率[13]

祖冲之(429—500 年)，字文远，范阳郡逎县(今河北省保定市涞水县)人，是我国南北朝时期著名的数学家、天文学家．

在青年时代，祖冲之便对数学有着浓厚的兴趣，他把前人的各种文献资料搜罗来研究，同时亲自进行精密的测量和仔细的推算．研究中，他不局限于前人的思路，勇于提出自己的新见解．

祖冲之关于圆周率有两大贡献．其一是，求得圆周率：3.141 592 6＜π＜3.141 592 7．其二是，得到 π 的两个近似分数：约率为 22/7；密率为 355/113．

祖冲之曾编写过一部数学著作《缀术》，其中记录了他对圆周率的研究和成果．但当时"学官莫能究其深奥，故废而不理"，以致后来失传．

祖冲之对圆周率的求索，邻先于世界水平 1 000 年左右！直到 16 世纪德国人 V. 奥托才发现了圆周率的密率 355/113．但是"祖率"的妙处和给今人留下的困惑，不少人却说不出来．祖率(密率)是圆周率十分精确的近似值，且很好记，只要将"113 355"一分为二，便是它的分母和分子了．张景中院士在《数学家的眼光》一书中指出：它与 π 精确值的误差不超过 0.000 000 267．在数学家看来，好的近似分数，既要精确，分母最好又不要太大．现今数学上已不难证明，在所有分母不超 16 500 的分数中，密率 355/113 是当之无愧的"冠军"．

为了纪念祖冲之对数学和天文学的贡献，1967 年 11 月 9 日，紫金山天文台将 1964 年发现的小行星 1888(1964 VO1)命名为"祖冲之星"．1967 年国际天文学家联合会将月球上的一座环形山命名为"祖冲之环形山"．

第 2 章 导数与微分

微分学是高等数学的核心内容之一，它的研究内容包括一元函数微分学和多元函数微分学. 本章将以一元函数为研究对象，利用极限理论研究一元函数的导数、微分等内容，并在此基础上推导、总结、归纳出基本求导公式、复合函数求导法则、隐函数和参数方程求导法则等.

2-1 导数的概念

2-1-1 引例

下面我们从两个实际问题入手，引入导数的概念.

1. 变速直线运动的速度模型

假设一辆汽车在 $[0,t]$ 时间段内做变速直线运动（见图 2-1），在上述时间段内行驶过的路程 s 与时间 t 的函数关系为 $s=s(t)$. 求该汽车在某一时刻 $t_0(t_0 \in [0,t])$ 的瞬时速度.

图 2-1

为了求汽车在 t_0 时刻的瞬时速度，我们先求汽车在 t_0 时刻附近一小段时间内的平均速度. 设汽车从 t_0 时刻到 $t_0+\Delta t$ 时刻这一小段时间内所行驶过的路程为 Δs，则

$$\Delta s = s(t_0+\Delta t) - s(t_0),$$

因此，汽车在 $[t_0, t_0+\Delta t]$ 这一段时间内的平均速度为

$$\bar{v} = \frac{\Delta s}{\Delta t} = \frac{s(t_0+\Delta t) - s(t_0)}{\Delta t}.$$

当时间间隔 Δt 很小时，可以认为汽车在 $[t_0, t_0+\Delta t]$ 这一段时间内近似地做匀速运动. 此时，可以用 $\bar{v}$ 近似地表示汽车在 t_0 时刻的瞬时速度. 显然，时间间隔 Δt 越小，汽车在 $[t_0, t_0+\Delta t]$ 这一段时间内的平均速度越接近于它在 t_0 时刻的瞬时速度. 特别地，当 $\Delta t \to 0$ 时，如果极限 $\lim\limits_{\Delta t \to 0} \dfrac{\Delta s}{\Delta t}$ 存在，则此极限为汽车在 t_0 时刻的瞬时速度，即

$$v(t_0) = \lim_{\Delta t \to 0} \frac{\Delta s}{\Delta t} = \lim_{\Delta t \to 0} \frac{s(t_0+\Delta t) - s(t_0)}{\Delta t}.$$

2. 切线及其斜率模型

我们知道，平面中与圆只有一个交点的直线称为圆的切线. 显然，这种定义不适用于一般的曲线. 那么，平面中一般的曲线在某点处的切线该如何来定义呢?

设图 2-2 所示的是函数 $y=f(x)$ 所对应的曲线，M (x_0, y_0) 点是该曲线上的一个点，在该曲线上另取一动点 $N(x_0+\Delta x, y_0+\Delta y)$，连接直线 MN，直线 MN 称为曲线 $y=f(x)$ 的一条割线. 当 N 点沿曲线 $y=f(x)$ 向 M 点移动时，割线 MN 的位置也随之变动. 特别地，当 N 点沿曲线无限逼近 M 点时，割线 MN 无限逼近于它的极限位置 MT，直线 MT 称为曲线 $y=f(x)$ 在 M 点处的切线.

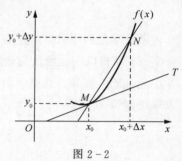

图 2-2

从图 2-2 可以看出，割线 MN 的斜率为

$$k_{MN}=\frac{\Delta y}{\Delta x}=\frac{f(x_0+\Delta x)-f(x_0)}{\Delta x}.$$

当 $\Delta x \to 0$ 时，N 点沿曲线 $y=f(x)$ 无限逼近 M 点，此时割线 MN 无限接近于切线 MT 的位置，所以切线的斜率为

$$k_{MT}=\lim_{\Delta x \to 0}\frac{\Delta y}{\Delta x}=\lim_{\Delta x \to 0}\frac{f(x_0+\Delta x)-f(x_0)}{\Delta x}.$$

上面两个例子虽然一个是物理问题，一个是几何问题，但从数学公式上来看，它们都是当自变量增量趋于 0 时，函数值增量与自变量增量之比的极限，我们把这种形式的极限称为函数的导数.

2-1-2 导数概念

1. 导数的定义

定义 2-1 设函数 $y=f(x)$ 在点 x_0 的某个邻域内有定义，当自变量 x 在点 x_0 处取得增量 Δx(点 $x_0+\Delta x$ 仍然在该邻域内)时，函数 $f(x)$ 取得相应的增量 $\Delta y=f(x_0+\Delta x)-f(x_0)$，如果极限 $\lim\limits_{\Delta x \to 0}\dfrac{\Delta y}{\Delta x}$ 存在，则称函数 $y=f(x)$ 在点 x_0 处**可导**，并且称该极限值为函数 $y=f(x)$ 在点 x_0 处的**导数**，记作

导数的定义

$$f'(x_0), \quad \text{或} \ y'|_{x=x_0}, \quad \text{或} \ \frac{dy}{dx}\Big|_{x=x_0}, \quad \text{或} \ \frac{df(x)}{dx}\Big|_{x=x_0},$$

即

$$f'(x_0)=\lim_{\Delta x \to 0}\frac{\Delta y}{\Delta x}=\lim_{\Delta x \to 0}\frac{f(x_0+\Delta x)-f(x_0)}{\Delta x}. \tag{2-1}$$

如果极限 $\lim\limits_{\Delta x \to 0}\dfrac{\Delta y}{\Delta x}$ 不存在，则称 $y=f(x)$ 在点 x_0 处**不可导**. 如果极限 $\lim\limits_{\Delta x \to 0}\dfrac{\Delta y}{\Delta x}$ 为无穷大，方便起见，也称函数在点 x_0 处的导数为无穷大.

除了公式(2-1)，还可以采用下面两种形式来表示导数.

在公式(2-1)中，令 $\Delta x = h$，则有

$$f'(x_0) = \lim_{h \to 0} \frac{f(x_0 + h) - f(x_0)}{h}.$$

在公式(2-1)中，令 $x = x_0 + \Delta x$，则有

$$f'(x_0) = \lim_{x \to x_0} \frac{f(x) - f(x_0)}{x - x_0}.$$

有了导数的定义，前面所讨论的两个实际问题就可以阐述为以下内容.

(1)做变速直线运动的汽车在 t_0 时刻的瞬时速度 $v(t_0)$ 就是路程函数 $s = s(t)$ 在点 t_0 处的导数，即

$$v(t_0) = s'(t_0).$$

(2)曲线 $y = f(x)$ 在点 $(x_0, f(x_0))$ 处的切线的斜率就是函数 $y = f(x)$ 在点 x_0 处的导数，即

$$k = \tan\alpha = f'(x_0).$$

如果函数 $y = f(x)$ 在开区间 (a, b) 内的每一点都可导，则称函数 $y = f(x)$ 在开区间 (a, b) 内可导. 此时，对于区间 (a, b) 内的每一点 x，都有一个确定的导数 $f'(x)$ 与之对应，这样就构成了一个新的函数，该函数称为 $f(x)$ 的导函数，记作 $f'(x)$，或 y'，或 $\dfrac{\mathrm{d}y}{\mathrm{d}x}$，或 $\dfrac{\mathrm{d}f(x)}{\mathrm{d}x}$. 通常导函数也简称导数.

2. 左、右导数

结合导数和左、右极限的概念，我们给出左、右导数的概念. 如果

$$\lim_{\Delta x \to 0^-} \frac{\Delta y}{\Delta x} = \lim_{\Delta x \to 0^-} \frac{f(x_0 + \Delta x) - f(x_0)}{\Delta x} = \lim_{x \to x_0^-} \frac{f(x) - f(x_0)}{x - x_0}$$

和

$$\lim_{\Delta x \to 0^+} \frac{\Delta y}{\Delta x} = \lim_{\Delta x \to 0^+} \frac{f(x_0 + \Delta x) - f(x_0)}{\Delta x} = \lim_{x \to x_0^+} \frac{f(x) - f(x_0)}{x - x_0}$$

存在，则称上述两个极限分别为函数 $y = f(x)$ 在点 x_0 处的**左导数**和**右导数**，记为 $f'_-(x_0)$ 和 $f'_+(x_0)$，即

$$f'_-(x_0) = \lim_{\Delta x \to 0^-} \frac{\Delta y}{\Delta x} = \lim_{\Delta x \to 0^-} \frac{f(x_0 + \Delta x) - f(x_0)}{\Delta x} = \lim_{x \to x_0^-} \frac{f(x) - f(x_0)}{x - x_0},$$

$$f'_+(x_0) = \lim_{\Delta x \to 0^+} \frac{\Delta y}{\Delta x} = \lim_{\Delta x \to 0^+} \frac{f(x_0 + \Delta x) - f(x_0)}{\Delta x} = \lim_{x \to x_0^+} \frac{f(x) - f(x_0)}{x - x_0}.$$

基于极限和左、右极限之间的关系，下面不加证明地给出以下定理.

定理 2-1　函数 $y = f(x)$ 在点 x_0 处可导的充要条件是函数 $y = f(x)$ 在该点处的左、右导数均存在且相等.

上述定理常用于判断分段函数在分段点处是否可导. 接下来，我们

可导的充要条件

看下面两个例子.

例 2-1 讨论函数 $f(x)=\begin{cases} x^2 & x\leqslant 1 \\ 4x-3 & x>1 \end{cases}$ 在 $x=1$ 处是否可导.

解：$f'_+(1)=\lim\limits_{x\to 1^+}\dfrac{f(x)-f(1)}{x-1}=\lim\limits_{x\to 1^+}\dfrac{4x-3-1}{x-1}=4$，

$f'_-(1)=\lim\limits_{x\to 1^-}\dfrac{f(x)-f(1)}{x-1}=\lim\limits_{x\to 1^-}\dfrac{x^2-1}{x-1}=\lim\limits_{x\to 1^-}(x+1)=2$.

因为 $f'_+(1)\neq f'_-(1)$，故函数 $f(x)$ 在 $x=1$ 处不可导.

例 2-2 求函数 $f(x)=\begin{cases} \sin x & x<0 \\ x & x\geqslant 0 \end{cases}$ 在 $x=0$ 处的导数.

解：$f'_+(0)=\lim\limits_{\Delta x\to 0^+}\dfrac{\Delta y}{\Delta x}=\lim\limits_{\Delta x\to 0^+}\dfrac{f(0+\Delta x)-f(0)}{\Delta x}=\lim\limits_{\Delta x\to 0^+}\dfrac{0+\Delta x-0}{\Delta x}=1$，

$f'_-(0)=\lim\limits_{\Delta x\to 0^-}\dfrac{\Delta y}{\Delta x}=\lim\limits_{\Delta x\to 0^-}\dfrac{f(0+\Delta x)-f(0)}{\Delta x}=\lim\limits_{\Delta x\to 0^-}\dfrac{\sin(0+\Delta x)-0}{\Delta x}=1$.

因为 $f'_+(0)=f'_-(0)$，故函数 $f(x)$ 在 $x=0$ 处可导，且 $f'(0)=f'_+(0)=f'_-(0)=1$.

如果函数 $y=f(x)$ 在开区间 (a,b) 内可导，且 $f'_+(a)$ 和 $f'_-(b)$ 均存在，那么称函数 $y=f(x)$ 在闭区间 $[a,b]$ 上可导.

2-1-3 利用导数的定义计算导数

本小节，我们利用导数的定义求常数、幂函数、对数函数和正弦函数的导数. 在此之前，我们提炼出利用定义法求导的 3 个步骤.

(1)求增量：$\Delta y=f(x+\Delta x)-f(x)$.

(2)算比值：$\dfrac{\Delta y}{\Delta x}=\dfrac{f(x+\Delta x)-f(x)}{\Delta x}$.

(3)取极限：$f'(x)=\lim\limits_{\Delta x\to 0}\dfrac{\Delta y}{\Delta x}$.

例 2-3 求函数 $f(x)=C$（C 是常数）的导数.

解：(1)$\Delta y=f(x+\Delta x)-f(x)=C-C=0$.

(2)$\dfrac{\Delta y}{\Delta x}=0$.

(3)$\lim\limits_{\Delta x\to 0}\dfrac{\Delta y}{\Delta x}=0$，即

$$C'=0.$$

例 2-4 求函数 $f(x)=x^n$（$n\in N$）的导数.

解：(1)$\Delta y=(x+\Delta x)^n-x^n$

$=C_n^0 x^n+C_n^1 x^{n-1}\Delta x+C_n^2 x^{n-2}(\Delta x)^2+\cdots+C_n^n(\Delta x)^n-x^n$

$=C_n^1 x^{n-1}\Delta x+C_n^2 x^{n-2}(\Delta x)^2+\cdots+(\Delta x)^n$.

(2)$\dfrac{\Delta y}{\Delta x}=C_n^1 x^{n-1}+C_n^2 x^{n-2}(\Delta x)+\cdots+(\Delta x)^{n-1}$.

(3) $\lim\limits_{\Delta x \to 0} \dfrac{\Delta y}{\Delta x} = C_n^1 x^{n-1} = nx^{n-1}$，即

$$(x^n)' = nx^{n-1}.$$

一般地，当指数 α 为任意实数时，$(x^\alpha)' = \alpha x^{\alpha-1}$ 仍然成立.

利用上述公式，完成下面 4 道填空题.

$x' = $ _____；$(x^2)' = $ _____；$(\sqrt{x})' = $ _____；$\left(\dfrac{1}{x}\right)' = $ _____.

例 2-5　求函数 $f(x) = \log_a x \, (a > 0, a \neq 1)$ 的导数.

解：（1）$\Delta y = \log_a(x + \Delta x) - \log_a x = \log_a\left(1 + \dfrac{\Delta x}{x}\right)$.

（2）$\dfrac{\Delta y}{\Delta x} = \dfrac{1}{\Delta x}\log_a\left(1 + \dfrac{\Delta x}{x}\right) = \dfrac{1}{x}\log_a\left(1 + \dfrac{\Delta x}{x}\right)^{\frac{x}{\Delta x}}$.

（3）$\lim\limits_{\Delta x \to 0} \dfrac{\Delta y}{\Delta x} = \dfrac{1}{x}\log_a e = \dfrac{1}{x \cdot \ln a}$，即

$$(\log_a x)' = \dfrac{1}{x \cdot \ln a}.$$

例 2-6　求函数 $f(x) = \sin x$ 的导数.

解：（1）$\Delta y = \sin(x + \Delta x) - \sin x = 2\sin\dfrac{\Delta x}{2}\cos\left(x + \dfrac{\Delta x}{2}\right)$.

（2）$\dfrac{\Delta y}{\Delta x} = \dfrac{\sin\dfrac{\Delta x}{2}}{\dfrac{\Delta x}{2}}\cos\left(x + \dfrac{\Delta x}{2}\right)$.

（3）$\lim\limits_{\Delta x \to 0} \dfrac{\Delta y}{\Delta x} = \cos x$，即

$$(\sin x)' = \cos x.$$

以上 4 道例题的结果可以作为公式在今后的导数计算中直接使用. 另外，大家可以仿照上面例题中的求解过程，计算指数函数和余弦函数的导数.

2-1-4　导数的几何意义

根据前面引例的讨论可知，函数 $f(x)$ 在点 x_0 处的导数 $f'(x_0)$ 在几何上表示曲线 $y = f(x)$ 在点 $M(x_0, f(x_0))$ 处的切线的斜率（见图 2-3），即

$$k = \tan\alpha = f'(x_0).$$

其中，α 表示曲线 $y = f(x)$ 在点 M 处的切线的倾斜角.

因此，由直线的点斜式方程可知，曲线 $y = f(x)$ 在点 (x_0, y_0) 处的切线方程为

$$y - y_0 = f'(x_0)(x - x_0). \qquad (2\text{-}2)$$

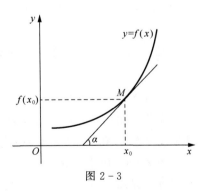

图 2-3

经过切点且与切线垂直的直线称为曲线在该点处的**法线**. 再由中学所学知识可知：两条相互垂直的直线，其斜率乘积为 -1（斜率都存在时）. 因此，当 $f'(x_0)\neq 0$ 时，曲线在点 (x_0,y_0) 处的法线方程为

$$y-y_0=-\frac{1}{f'(x_0)}(x-x_0). \tag{2-3}$$

需要注意的是，若 $f'(x_0)=\tan\alpha=\infty$，则 $\alpha=\frac{\pi}{2}$，即切线垂直于 x 轴，所以切线方程为 $x=x_0$.

例 2-7 求曲线 $f(x)=x^2$ 在点 $(2,4)$ 处的切线方程和法线方程.

解：设切线的斜率为 k，由导数的几何意义可知：

$$k=f'(2)=2x\big|_{x=2}=4.$$

所以切线方程为

$$y-4=4(x-2)，即\ 4x-y-4=0.$$

法线方程为

$$y-4=-\frac{1}{4}(x-2)，即\ x+4y-18=0.$$

2-1-5 可导与连续的关系

通过前面的学习，我们知道函数在一点处可导与连续是两个不同的概念. 但是这两个概念都是利用极限来定义的，并且又都涉及自变量增量和函数值增量. 那么这两个概念之间到底有什么联系呢？下面的定理和例题将会告诉我们答案.

可导与连续的关系

定理 2-2 如果函数 $y=f(x)$ 在点 x_0 处可导，则函数 $y=f(x)$ 在点 x_0 处连续.

证明：因为函数 $y=f(x)$ 在点 x_0 处可导，所以

$$f'(x_0)=\lim_{\Delta x\to 0}\frac{\Delta y}{\Delta x},$$

由极限和无穷小的关系可知，

$$\frac{\Delta y}{\Delta x}=f'(x_0)+\alpha.$$

其中，α 是 $\Delta x\to 0$ 时的无穷小. 对上式两边同乘 Δx，有

$$\Delta y=f'(x_0)\Delta x+\alpha\Delta x.$$

对上式两边再取极限，从而有

$$\lim_{\Delta x\to 0}\Delta y=\lim_{\Delta x\to 0}[f'(x_0)\Delta x+\alpha\Delta x]=0.$$

由连续性的定义可知，函数 $y=f(x)$ 在点 x_0 处连续.

需要指出的是，这个定理的逆命题不一定成立，即函数 $y=f(x)$ 在点 x_0 处连续，但函数 $y=f(x)$ 在点 x_0 处未必可导.

例 2-8 讨论函数 $f(x)=|x|$（见图 2-4）在 $x=0$ 处的连续性和可导性.

解：显然 $f(x)=|x|$ 在 $x=0$ 处是连续的. 事实上，

$$\lim_{\Delta x \to 0} \Delta y = \lim_{\Delta x \to 0} \left[f(0+\Delta x) - f(0) \right] = \lim_{\Delta x \to 0} \left[|0+\Delta x| - |0| \right] = \lim_{\Delta x \to 0} |\Delta x| = 0,$$

由连续性的定义可知，函数 $f(x) = |x|$ 在 $x=0$ 处连续.

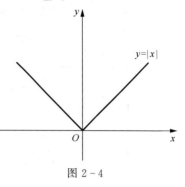

下面讨论 $f(x) = |x|$ 在 $x=0$ 处的可导性.

因为　$\lim_{\Delta x \to 0} \dfrac{\Delta y}{\Delta x} = \lim_{\Delta x \to 0} \dfrac{|0+\Delta x| - |0|}{\Delta x} = \lim_{\Delta x \to 0} \dfrac{|\Delta x|}{\Delta x},$

所以　$f'_+(0) = \lim_{\Delta x \to 0^+} \dfrac{\Delta y}{\Delta x} = \lim_{\Delta x \to 0^+} \dfrac{|\Delta x|}{\Delta x} = \lim_{\Delta x \to 0^+} \dfrac{\Delta x}{\Delta x} = 1,$

$f'_-(0) = \lim_{\Delta x \to 0^-} \dfrac{\Delta y}{\Delta x} = \lim_{\Delta x \to 0^-} \dfrac{|\Delta x|}{\Delta x} = \lim_{\Delta x \to 0^-} \dfrac{-\Delta x}{\Delta x} = -1.$

图 2-4

因此 $f'_+(0) \neq f'_-(0)$，所以 $f(x) = |x|$ 在 $x=0$ 处
不可导. 在图 2-4 上"不可导"表现为曲线 $f(x) = |x|$ 在点 $x=0$ 处有一个"尖点"，没有切线.

例 2-9　讨论函数 $f(x) = \sqrt[3]{x}$（见图 2-5）在 $x=0$ 处的连续性和可导性.

解：显然 $f(x)$ 在 $x=0$ 处是连续的. 事实上

$$\begin{aligned}
\lim_{\Delta x \to 0} \Delta y &= \lim_{\Delta x \to 0} \left[f(0+\Delta x) - f(0) \right] \\
&= \lim_{\Delta x \to 0} \left(\sqrt[3]{0+\Delta x} - \sqrt[3]{0} \right) \\
&= \lim_{\Delta x \to 0} \sqrt[3]{\Delta x} = 0,
\end{aligned}$$

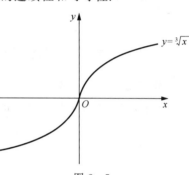

由连续性的定义可知，函数 $f(x) = \sqrt[3]{x}$ 在 $x=0$ 处
连续.

图 2-5

下面讨论 $f(x) = \sqrt[3]{x}$ 在 $x=0$ 处的可导性.

因为　$\lim_{\Delta x \to 0} \dfrac{\Delta y}{\Delta x} = \lim_{\Delta x \to 0} \dfrac{\sqrt[3]{0+\Delta x} - \sqrt[3]{0}}{\Delta x} = \lim_{\Delta x \to 0} \dfrac{\sqrt[3]{\Delta x}}{\Delta x} = \lim_{\Delta x \to 0} \dfrac{1}{\sqrt[3]{(\Delta x)^2}} = +\infty.$

因此，上述极限不存在，所以 $f(x) = \sqrt[3]{x}$ 在 $x=0$ 处不可导. 在图 2-5 上"不可导"表现为曲线 $f(x) = \sqrt[3]{x}$ 在点 $x=0$ 处有垂直于 x 轴的切线.

以上两例都说明定理 2-2 的逆命题不成立，即连续不一定可导.

习题 2-1

1. 求下列函数的导数.

　(1) $y = x^4$；　　(2) $y = x\sqrt{x}$；　　(3) $y = \dfrac{1}{\sqrt{x}}$；　　(4) $y = \dfrac{\sqrt[3]{x^2}}{\sqrt{x^3}}$.

2. 已知 $f(0) = 0$ 且 $f'(0) = 1$，求 $\lim\limits_{x \to 0} \dfrac{f(x)}{x}$ 和 $\lim\limits_{x \to 0} \dfrac{f(x)}{\ln(1+3x)}$.

3. 讨论函数 $f(x) = \begin{cases} x & x < 0 \\ \ln(1+x) & x \geqslant 0 \end{cases}$ 在点 $x=0$ 处是否可导.

4. 求抛物线 $y = x^2 - x + 2$ 在点 $(1,2)$ 处的切线方程和法线方程.

5. 曲线 $y = \sqrt[3]{x}$ 上哪一点的切线垂直于直线 $3x + y + 1 = 0$?

6. 设 $f'(x_0)$ 存在，利用导数定义求下列极限.

(1) $\lim\limits_{\Delta x \to 0} \dfrac{f(x_0 - \Delta x) - f(x_0)}{\Delta x}$;

(2) $\lim\limits_{\Delta x \to 0} \dfrac{f(x_0 + \Delta x) - f(x_0 - \Delta x)}{\Delta x}$;

(3) $\lim\limits_{h \to 0} \dfrac{f(x_0 + h) - f(x_0)}{-h}$;

(4) $\lim\limits_{h \to 0} \dfrac{f(x_0 + 2h) - f(x_0 - 3h)}{h}$.

2-2 基本求导公式和导数运算法则

前面已经学习了导数的概念，以及如何利用导数的定义求解一些常见函数的导数. 需要指出的是，如果对每一个函数都利用导数的定义来求导，其计算将会比较烦琐，甚至有时候是很困难的. 本节将会介绍一些基本求导公式与导数运算法则，借助它们将能大大简化求导过程.

2-2-1 导数的四则运算法则

定理 2-3 设函数 $u = u(x)$ 和 $v = v(x)$ 在点 x 处均可导，则它们的和、差、积、商（当分母不为 0 时）在点 x 处也可导，且有

$$(u \pm v)' = u' \pm v', \tag{2-4}$$

$$(uv)' = u'v + uv'. \tag{2-5}$$

$$\left(\frac{u}{v}\right)' = \frac{u'v - uv'}{v^2} \quad (v \neq 0). \tag{2-6}$$

该定理可以利用定义法求导的 3 个步骤来进行证明. 证明过程这里省略.

需要指出的是，公式(2-4)和公式(2-5)均可以推广到有限多个函数的情形. 比如，设 $u = u(x)$，$v = v(x)$ 和 $w = w(x)$ 在点 x 处均可导，则

$$(u \pm v \pm w)' = u' \pm v' \pm w',$$

$$(uvw)' = u'vw + uv'w + uvw'.$$

此外，由公式(2-5)还可以得到 $[Cu(x)]' = Cu'(x)$，其中 C 是常数.

例 2-10 求函数 $f(x) = x^3 + \sin x + \cos \pi$ 的导数.

解：$f'(x) = (x^3)' + (\sin x)' + (\cos \pi)' = 3x^{3-1} + \cos x + 0 = 3x^2 + \cos x$.

例 2-11 求函数 $f(x) = e^x \cdot \sin x$ 的导数.

解：$f'(x) = (e^x)' \sin x + e^x (\sin x)' = e^x \sin x + e^x \cos x$.

例 2-12 求函数 $f(x) = \dfrac{1-x}{1+x}$ 的导数.

解：$f'(x) = \dfrac{(1-x)'(1+x) - (1-x)(1+x)'}{(1+x)^2} = \dfrac{-(1+x) - (1-x)}{(1+x)^2} = \dfrac{-2}{(1+x)^2}$.

例 2 – 13　求函数 $f(x) = \tan x$ 的导数.

解： $f'(x) = (\tan x)' = \left(\dfrac{\sin x}{\cos x} \right)'$

$$= \frac{(\sin x)' \cos x - \sin x (\cos x)'}{\cos^2 x}$$

$$= \frac{\cos^2 x + \sin^2 x}{\cos^2 x}$$

$$= \frac{1}{\cos^2 x} = \sec^2 x,$$

即　　　　　　　　　　　　　　　　$(\tan x)' = \sec^2 x.$

类似有　　　　　　　　　　　　　　$(\cot x)' = -\csc^2 x.$

例 2 – 14　求函数 $f(x) = \sec x$ 的导数.

解： $f'(x) = (\sec x)' = \left(\dfrac{1}{\cos x} \right)'$

$$= \frac{1' \cos x - 1 \cdot (\cos x)'}{\cos^2 x}$$

$$= \frac{\sin x}{\cos^2 x} = \sec x \cdot \tan x,$$

即　　　　　　　　　　　　　　　　$(\sec x)' = \sec x \cdot \tan x.$

类似有　　　　　　　　　　　　　　$(\csc x)' = -\csc x \cdot \cot x.$

2 – 2 – 2　复合函数的求导法则

定理 2 – 4　设函数 $u = g(x)$ 在点 x 处可导，$y = f(u)$ 在点 $u = g(x)$ 处可导，则复合函数 $y = f[g(x)]$ 在点 x 处可导，且

$$\frac{\mathrm{d}y}{\mathrm{d}x} = \frac{\mathrm{d}y}{\mathrm{d}u} \cdot \frac{\mathrm{d}u}{\mathrm{d}x} \text{或} y'_x = y'_u \cdot u'_x. \tag{2-7}$$

证明： 因为 $y = f(u)$ 在点 u 处可导，所以

$$f'(u) = \lim_{\Delta u \to 0} \frac{\Delta y}{\Delta u},$$

根据极限和无穷小的关系可知

$$\frac{\Delta y}{\Delta u} = f'(u) + \alpha.$$

其中，α 是 $\Delta u \to 0$ 时的无穷小. 对上式两边同时乘 Δu，有

$$\Delta y = f'(u) \Delta u + \alpha \Delta u,$$

即　　　　　　　　　　　　　　$\Delta y = \dfrac{\mathrm{d}y}{\mathrm{d}u} \Delta u + \alpha \Delta u.$

对上式两边同时除以 Δx，于是有

$$\frac{\Delta y}{\Delta x} = \frac{\mathrm{d}y}{\mathrm{d}u} \frac{\Delta u}{\Delta x} + \alpha \frac{\Delta u}{\Delta x}.$$

因为 $u=g(x)$ 在点 x 处可导，所以 $u=g(x)$ 在点 x 处连续. 因此，当 $\Delta x \to 0$ 时，$\Delta u \to 0$，故 $\lim\limits_{\Delta x \to 0}\alpha = \lim\limits_{\Delta u \to 0}\alpha = 0$，从而有

$$\frac{\mathrm{d}y}{\mathrm{d}x} = \lim_{\Delta x \to 0}\frac{\Delta y}{\Delta x} = \lim_{\Delta x \to 0}\left(\frac{\mathrm{d}y}{\mathrm{d}u} \cdot \frac{\Delta u}{\Delta x} + \alpha \frac{\Delta u}{\Delta x}\right) = \frac{\mathrm{d}y}{\mathrm{d}u} \cdot \lim_{\Delta x \to 0}\frac{\Delta u}{\Delta x} = \frac{\mathrm{d}y}{\mathrm{d}u} \cdot \frac{\mathrm{d}u}{\mathrm{d}x},$$

即

$$\frac{\mathrm{d}y}{\mathrm{d}x} = \frac{\mathrm{d}y}{\mathrm{d}u} \cdot \frac{\mathrm{d}u}{\mathrm{d}x}.$$

上述定理又称为链式法则. 该定理指出，复合函数的导数等于外层函数对中间变量的导数乘中间变量对自变量的导数. 应该指出的是，链式法则还可以推广到有限多个中间变量的情形，如 $y=f(u)$，$u=\varphi(t)$，$t=s(x)$，则复合函数 $y=f\{\varphi[s(x)]\}$ 的导数为

$$\frac{\mathrm{d}y}{\mathrm{d}x} = \frac{\mathrm{d}y}{\mathrm{d}u} \cdot \frac{\mathrm{d}u}{\mathrm{d}t} \cdot \frac{\mathrm{d}t}{\mathrm{d}x} \text{ 或 } y'_x = y'_u \cdot u'_t \cdot t'_x. \tag{2-8}$$

例 2-15 求函数 $y=\mathrm{e}^{x^2+1}$ 的导数.

解：设 $y=\mathrm{e}^u$，$u=x^2+1$，所以

$$y'_x = y'_u \cdot u'_x = (\mathrm{e}^u)'_u \cdot (x^2+1)'_x = \mathrm{e}^u \cdot 2x = 2x\mathrm{e}^{x^2+1}.$$

例 2-16 求函数 $y=\ln\cos x^2$ 的导数.

解：设 $y=\ln u$，$u=\cos t$，$t=x^2$，所以

$$y'_x = y'_u \cdot u'_t \cdot t'_x$$

$$= (\ln u)'_u \cdot (\cos t)'_t \cdot (x^2)'_x = \frac{1}{u} \cdot (-\sin t) \cdot 2x$$

$$= -\frac{2x\sin t}{\cos t} = -2x\tan t = -2x\tan x^2.$$

例 2-17 求函数 $y=\sin^2[\cos(3x+2)]$ 的导数.

解：设 $y=u^2$，$u=\sin t$，$t=\cos v$，$v=3x+2$，所以

$$y'_x = y'_u \cdot u'_t \cdot t'_v \cdot v'_x$$

$$= (u^2)'_u \cdot (\sin t)'_t \cdot (\cos v)'_v \cdot (3x+2)'_x$$

$$= 2u \cdot \cos t \cdot (-\sin v) \cdot 3$$

$$= 2\sin t \cdot \cos t \cdot (-\sin v) \cdot 3 = -3\sin 2t \cdot \sin v$$

$$= -3\sin(2\cos v) \cdot \sin v$$

$$= -3\sin[2\cos(3x+2)] \cdot \sin(3x+2).$$

熟练以后，可不必设中间变量，直接由外往里、逐层求导再相乘即可.

例 2-18 求函数 $y=\sin\sqrt{x+1}$ 的导数.

解：$y' = (\sin\sqrt{x+1})' = \cos\sqrt{x+1} \cdot (\sqrt{x+1})' = \cos\sqrt{x+1} \cdot \dfrac{1}{2\sqrt{x+1}} = \dfrac{\cos\sqrt{x+1}}{2\sqrt{x+1}}$.

例 2-19 求函数 $y=\mathrm{e}^{\sin(\ln x)}$ 的导数.

解：$y' = \mathrm{e}^{\sin(\ln x)} \cdot [\sin(\ln x)]' = \mathrm{e}^{\sin(\ln x)} \cdot [\cos(\ln x)] \cdot (\ln x)'$

$$= \mathrm{e}^{\sin(\ln x)} \cdot [\cos(\ln x)] \cdot \frac{1}{x} = \frac{\cos(\ln x)}{x}\mathrm{e}^{\sin(\ln x)}.$$

例 2-20　求函数 $y = x^x (x > 0)$ 的导数.

解： $y = x^x = \mathrm{e}^{\ln x^x} = \mathrm{e}^{x \ln x}$.

由复合函数的求导法则，可知

$$y' = (\mathrm{e}^{x \ln x})' = \mathrm{e}^{x \ln x} \cdot (x \ln x)'$$
$$= \mathrm{e}^{x \ln x} \cdot (\ln x + 1) = x^x (\ln x + 1).$$

例 2-21　求函数 $y = \mathrm{e}^{\sin \frac{1}{x}} + \dfrac{1+x}{1-x} \mathrm{e}^{\sqrt{x}}$ 的导数.

解： $y' = \mathrm{e}^{\sin \frac{1}{x}} \cdot \cos \dfrac{1}{x} \cdot \left(-\dfrac{1}{x^2} \right) + \dfrac{2}{(1-x)^2} \mathrm{e}^{\sqrt{x}} + \dfrac{1+x}{1-x} \mathrm{e}^{\sqrt{x}} \cdot \dfrac{1}{2\sqrt{x}}$.

若复合函数中包含抽象函数，求导时仍是逐层求导再相乘，并且把抽象函数看成其中的一层即可.

例 2-22　设函数 $f(x)$ 在 $(-\infty, +\infty)$ 上可导，且 $f(1) = 4$，$f'(1) = 1$，$f'(4) = 2$，求函数 $y = f[f(x)]$ 在点 $x = 1$ 处的导数.

解： 根据题意可知

$$y' = f'[f(x)] \cdot f'(x),$$

所以　　　　　$y'(1) = f'[f(1)] \cdot f'(1) = f'(4) \cdot f'(1) = 2 \times 1 = 2.$

例 2-23　已知 $f'(x) = \dfrac{1}{x}$，$y = f(\sin x)$，求 $\dfrac{\mathrm{d}y}{\mathrm{d}x}$.

解： 因为 $y = f(\sin x)$，所以

$$\frac{\mathrm{d}y}{\mathrm{d}x} = f'(\sin x) \cdot (\sin x)' = f'(\sin x) \cdot \cos x.$$

又因为　　　　　$f'(x) = \dfrac{1}{x}$，所以 $f'(\sin x) = \dfrac{1}{\sin x}$，

故　　　　　$\dfrac{\mathrm{d}y}{\mathrm{d}x} = \dfrac{1}{\sin x} \cdot \cos x = \cot x.$

例 2-24　函数 $f(x)$ 与 $g(x)$ 在 $(-\infty, +\infty)$ 上可导，且 $f(2) = 1$，$g(2) = 1$，$f'(2) = 3$，$g'(2) = 2$，求函数 $y = f(x) \cdot \ln[g(x)]$ 在点 $x = 2$ 处的导数.

解： 因为 $y' = f'(x) \cdot \ln[g(x)] + f(x) \cdot \{\ln[g(x)]\}'$

$$= f'(x) \cdot \ln[g(x)] + f(x) \cdot \frac{1}{g(x)} \cdot g'(x),$$

所以　　　　　$y'(2) = 3 \cdot \ln 1 + 1 \cdot \dfrac{1}{1} \cdot 2 = 2.$

2-2-3　反函数的导数

定理 2-5　设函数 $x = \varphi(y)$ 在某区间 I_y 内单调、可导，且 $\varphi'(y) \neq 0$，则其反函数 $y = f(x)$ 在对应的区间 $I_x = \{x \mid x = \varphi(y), y \in I_y\}$ 内也可导，并且

$$f'(x) = \frac{1}{\varphi'(y)}. \tag{2-9}$$

证明：因为函数 $x=\varphi(y)$ 在区间 I_y 内单调、可导，所以函数 $x=\varphi(y)$ 在区间 I_y 内单调、连续，从而其反函数 $y=f(x)$ 在区间 I_x 内也单调、连续.

在区间 I_x 内任取一点 x，设自变量在点 x 处有增量 Δx，相应地，函数值 y 的增量为
$$\Delta y=f(x+\Delta x)-f(x).$$

又因为 $y=f(x)$ 是连续函数，所以当 $\Delta x\to0$ 时，$\Delta y\to0$，从而有
$$f'(x)=\lim_{\Delta x\to0}\frac{\Delta y}{\Delta x}=\lim_{\Delta x\to0}\frac{1}{\dfrac{\Delta x}{\Delta y}}=\frac{1}{\lim\limits_{\Delta y\to0}\dfrac{\Delta x}{\Delta y}}=\frac{1}{\varphi'(y)},$$
即
$$f'(x)=\frac{1}{\varphi'(y)}.$$

该定理表明，反函数的导数等于原函数导数的倒数. 下面利用该结论求解反正弦函数和指数函数的导数.

例 2-25 证明 $(\arcsin x)'=\dfrac{1}{\sqrt{1-x^2}}$.

证明：因为 $y=\arcsin x(-1<x<1)$ 的反函数是 $x=\sin y\left(-\dfrac{\pi}{2}<y<\dfrac{\pi}{2}\right)$，而
$$(\sin y)'=\cos y\neq0\left(-\frac{\pi}{2}<y<\frac{\pi}{2}\right),$$
所以
$$y'=(\arcsin x)'=\frac{1}{(\sin y)'}=\frac{1}{\cos y}=\frac{1}{\sqrt{1-\sin^2 y}}=\frac{1}{\sqrt{1-x^2}}.$$

上述第四个等式成立是因为 $\cos y$ 在 $\left(-\dfrac{\pi}{2},\dfrac{\pi}{2}\right)$ 内恒为正值，因此上述根式前取正号. 由此得到
$$(\arcsin x)'=\frac{1}{\sqrt{1-x^2}}.$$

类似有
$$(\arccos x)'=-\frac{1}{\sqrt{1-x^2}}.$$

例 2-26 证明 $(a^x)'=a^x\cdot\ln a$ $(a>0,\ a\neq1)$.

证明：因为 $y=a^x$ 的反函数是 $x=\log_a y$ $(a>0,\ a\neq1)$，而
$$(\log_a y)'=\frac{1}{y\ln a}\neq0\quad(a>0,\ a\neq1),$$
所以
$$y'=(a^x)'=\frac{1}{(\log_a y)'}=y\ln a=a^x\cdot\ln a,$$
即
$$(a^x)'=a^x\cdot\ln a.$$

2-2-4 初等函数的求导公式

前面已经给出了大部分基本初等函数的求导公式，还有少部分基本初等函数的求导公式也可以类似得到. 为方便查阅，我们将这些基本初等函数的求导公式汇集如下：

(1) $C'=0$ (C 为常数)；　　　　　(2) $(x^{\alpha})'=\alpha x^{\alpha-1}$ (α 为实数)；

(3) $(a^x)'=a^x\cdot\ln a$；　　　　　(4) $(\mathrm{e}^x)'=\mathrm{e}^x$；

(5) $(\log_a x)'=\dfrac{1}{x\cdot\ln a}$；　　　(6) $(\ln x)'=\dfrac{1}{x}$；

(7) $(\sin x)'=\cos x$；　　　　　(8) $(\cos x)'=-\sin x$；

(9) $(\tan x)'=\sec^2 x$；　　　　(10) $(\cot x)'=-\csc^2 x$；

(11) $(\sec x)'=\sec x\cdot\tan x$；　　(12) $(\csc x)'=-\csc x\cdot\cot x$；

(13) $(\arcsin x)'=\dfrac{1}{\sqrt{1-x^2}}$；　(14) $(\arccos x)'=-\dfrac{1}{\sqrt{1-x^2}}$；

(15) $(\arctan x)'=\dfrac{1}{1+x^2}$；　　(16) $(\text{arccot}\,x)'=-\dfrac{1}{1+x^2}$.

以上公式又称为**基本求导公式**，在今后的学习中会经常用到，要求大家熟练掌握.

习题 2－2

1. 求下列函数的导数.

(1) $y=5x^4+\dfrac{1}{x^3}$；　　　(2) $y=\sqrt{x}+\dfrac{1}{\sqrt{x}}$；　　(3) $y=\sqrt[3]{x}\,(7x+11\sqrt{x}+4)$；

(4) $y=x^5+3^x+\ln 2$；　(5) $y=\dfrac{\sin x}{\cos x+1}$；　　(6) $y=x\cos x-\sin x$；

(7) $y=x\tan x-2\sec x$；　(8) $y=\sin x\cos x$；　　(9) $y=x^2\ln x+x\mathrm{e}^x$.

2. 求下列函数的导数.

(1) $y=(3x+2)^{10}$；　　　(2) $y=\sqrt{2x^2+x}$；　　(3) $y=\mathrm{e}^{\sin^2(1-x)}$；

(4) $y=\cos\dfrac{1}{x}$；　　　　(5) $y=\ln\sqrt{\dfrac{1-\sin x}{1+\sin x}}$；　(6) $y=\tan^2(\mathrm{e}^{2x}+1)$；

(7) $y=\ln[\tan^2(3x)]$；　(8) $y=\sin^2\left(\dfrac{x}{3}\right)$；　　(9) $y=\arctan\dfrac{2x}{1-x^2}$.

3. 计算下列函数在指定点处的导数.

(1) 设 $f(x)=\dfrac{3}{3-x}+\dfrac{x^2}{3}$，求 $f'(0)$；　　　(2) 设 $y=\dfrac{\ln x}{x}$，求 $\dfrac{\mathrm{d}y}{\mathrm{d}x}\Big|_{x=\mathrm{e}}$；

(3) 设 $y=\sin x-\dfrac{1}{3}\sin^3 x$，求 $y'|_{x=\frac{\pi}{3}}$；　(4) 设 $y=\dfrac{1-\sqrt{x}}{1+\sqrt{x}}$，求 $y'(4)$.

4. 已知 $y=f(\sin x)$，$f'(x)=2x$，求 $\dfrac{\mathrm{d}y}{\mathrm{d}x}$.

5. 设 $f(x)$ 可导，求 $\dfrac{\mathrm{d}y}{\mathrm{d}x}$.

(1) $y=f(x^3)$；　　　　　(2) $y=f(\sin^3 x)$；　　(3) $y=\sin[f(x^3)]$.

6. 函数 $f(x)$ 与 $g(x)$ 在 $(-\infty,+\infty)$ 上可导，且 $f(1)=1$，$g(1)=-1$，$f'(1)=2$，$g'(1)=-2$，求下列函数在点 $x=1$ 处的导数.

(1) $f(x)+g(x)$；   (2) $f(x) \cdot g(x)$；   (3) $\dfrac{f(x)}{g(x)}$；   (4) $\sqrt{f^2(x)+g^2(x)}$.

2-3   高阶导数

一般地，函数 $y=f(x)$ 的导数 $f'(x)$ 也是关于 x 的函数，我们称 $f'(x)$ 为 $y=f(x)$ 的一阶导函数，简称**一阶导数**. 对一阶导数 $f'(x)$ 再求导，就可得到一阶导数的导数 $[f'(x)]'$，称其为 $f(x)$ 的**二阶导数**，记作 $f''(x)$、y'' 或 $\dfrac{\mathrm{d}^2 y}{\mathrm{d}x^2}$，即 $f''(x)=[f'(x)]'$ 或 $\dfrac{\mathrm{d}^2 y}{\mathrm{d}x^2}=\dfrac{\mathrm{d}}{\mathrm{d}x}\left(\dfrac{\mathrm{d}y}{\mathrm{d}x}\right)$.

二阶导数有明确的物理意义. 由 2-1 节的引例可知，小汽车做变速直线运动的瞬时速度 $v(t)$ 就是路程函数 $s=s(t)$ 关于时间 t 的导数，即 $v(t)=s'(t)$. 再由物理学知识可知，加速度 $a(t)$ 就是速度函数 $v=v(t)$ 关于时间 t 的导数，即 $a(t)=v'(t)=s''(t)$. 也就是说，加速度 $a(t)$ 是路程函数 $s=s(t)$ 关于时间 t 的二阶导数.

类似于二阶导数的定义. 对二阶导数再求导就可得到二阶导数的导数，我们称其为**三阶导数**，记为 y'''. 对三阶导数还可以继续求导得到三阶导数的导数，称其为**四阶导数**，记为 $y^{(4)}$. 依此类推，我们把 $n-1$ 阶导数的导数称为 n **阶导数**，记为 $y^{(n)}$. 一般地，二阶及二阶以上的导数统称**高阶导数**.

由上述定义可知，求高阶导数只需要利用基本求导公式和求导法则对一阶导数进行连续多次求导即可. 下面举例说明.

例 2-27 已知 $y=4x^3+\mathrm{e}^{3x}+\sin x$，求 y'、y'' 及 y'''.

解：$y'=12x^2+3\mathrm{e}^{3x}+\cos x$，

$\quad\quad y''=24x+9\mathrm{e}^{3x}-\sin x$，

$\quad\quad y'''=24+27\mathrm{e}^{3x}-\cos x$.

例 2-28 已知 $y=\ln(x-\sqrt{x^2-1})$，求 $y''(2)$.

解：$y'=\dfrac{1}{x-\sqrt{x^2-1}} \cdot (x-\sqrt{x^2-1})'$

$\quad\quad =\dfrac{1}{x-\sqrt{x^2-1}} \cdot \left(1-\dfrac{1}{2\sqrt{x^2-1}} \cdot 2x\right)$

$\quad\quad =\dfrac{1}{x-\sqrt{x^2-1}} \cdot \dfrac{\sqrt{x^2-1}-x}{\sqrt{x^2-1}}$

$\quad\quad =-\dfrac{1}{\sqrt{x^2-1}}$，

$$y'' = \frac{1}{2}(x^2 - 1)^{-\frac{3}{2}} \cdot (2x) = \frac{x}{\sqrt{(x^2 - 1)^3}},$$

所以
$$y''(2) = \frac{2\sqrt{3}}{9}.$$

例 2 - 29 求 $y = a_n x^n + a_{n-1} x^{n-1} + a_{n-2} x^{n-2} + \cdots + a_1 x + a_0$ 的 n 阶导数 $y^{(n)}$.

解： $y' = na_n x^{n-1} + (n-1)a_{n-1} x^{n-2} + (n-2)a_{n-2} x^{n-3} + \cdots + a_1$,

$y'' = n(n-1)a_n x^{n-2} + (n-1)(n-2)a_{n-1} x^{n-3} + (n-2)(n-3)a_{n-2} x^{n-4} + \cdots + 2a_2$,

$y''' = n(n-1)(n-2)a_n x^{n-3} + (n-1)(n-2)(n-3)a_{n-1} x^{n-4} + (n-2)(n-3)(n-4)$
$$\times a_{n-2} x^{n-5} + \cdots + 3 \cdot 2 \cdot 1 \cdot a_3,$$

...

$y^{(n)} = n(n-1)(n-2)\cdots 2 \cdot 1 \cdot a_n = n! \, a_n$,

即
$$(a_n x^n + a_{n-1} x^{n-1} + a_{n-2} x^{n-2} + \cdots + a_1 x + a_0)^{(n)} = n! \, a_n. \tag{2-10}$$

显然，n 次多项式的 $n+1$ 阶及以上阶导数为 0，即多项式函数的最高次方若低于所求导的阶数，则其结果为 0. 例如，$(x^4 + 2x^3 + x^2 + 3)^{(5)} = 0$.

例 2 - 30 求 $y = \sin x$ 的 n 阶导数 $y^{(n)}$.

解： $y' = \cos x = \sin\left(x + \frac{\pi}{2}\right)$,

$$y'' = \cos\left(x + \frac{\pi}{2}\right) = \sin\left(x + 2 \cdot \frac{\pi}{2}\right),$$

$$y''' = \cos\left(x + 2 \cdot \frac{\pi}{2}\right) = \sin\left(x + 3 \cdot \frac{\pi}{2}\right),$$

...

$$y^{(n)} = \sin\left(x + n \cdot \frac{\pi}{2}\right),$$

即
$$(\sin x)^{(n)} = \sin\left(x + n \cdot \frac{\pi}{2}\right). \tag{2-11}$$

同理可得，$y = \cos x$ 的 n 阶导数为
$$(\cos x)^{(n)} = \cos\left(x + n \cdot \frac{\pi}{2}\right).$$

例 2 - 31 求 $y = a^x$ 的 n 阶导数 $y^{(n)}$.

解： $y' = a^x \cdot \ln a$,

$y'' = (a^x)' \cdot \ln a = a^x \cdot (\ln a)^2$,

$y''' = (a^x)' \cdot (\ln a)^2 = a^x \cdot (\ln a)^3$,

...

$y^{(n)} = a^x \cdot (\ln a)^n$,

即

$$(a^x)^{(n)} = a^x \cdot (\ln a)^n. \tag{2-12}$$

特别地，$(e^x)^{(n)} = e^x$.

例 2-32 求 $y = \dfrac{1}{ax+b}$ 的 n 阶导数 $y^{(n)}$.

解： $y' = [(ax+b)^{-1}]' = -(ax+b)^{-2} \cdot a$,

$y'' = 1 \cdot 2 (ax+b)^{-3} \cdot a^2$,

$y''' = -1 \cdot 2 \cdot 3 (ax+b)^{-4} \cdot a^3$,

$y^{(4)} = 1 \cdot 2 \cdot 3 \cdot 4 (ax+b)^{-5} \cdot a^4$,

$y^{(5)} = -1 \cdot 2 \cdot 3 \cdot 4 \cdot 5 (ax+b)^{-6} \cdot a^5$,

$\cdots$

$$y^{(n)} = (-1)^n n! \ (ax+b)^{-(n+1)} \cdot a^n = \frac{(-1)^n n! \ a^n}{(ax+b)^{n+1}},$$

即

$$\left(\frac{1}{ax+b}\right)^{(n)} = \frac{(-1)^n n! \ a^n}{(ax+b)^{n+1}}. \tag{2-13}$$

特别地，当 $a=1$，$b=0$ 时，有

$$\left(\frac{1}{x}\right)^{(n)} = \frac{(-1)^n n!}{x^{n+1}}.$$

定理 2-6（高阶导数的运算法则） 设函数 $u=u(x), v=v(x)$ 在点 x 处具有 n 阶导数，则有

(1) $(u \pm v)^{(n)} = u^{(n)} \pm v^{(n)}$;

(2) $(uv)^{(n)} = u^{(n)} \cdot v + C_n^1 u^{(n-1)} \cdot v' + \cdots + C_n^k u^{(n-k)} \cdot v^{(k)} + \cdots + u \cdot v^{(n)}$

$$= \sum_{k=0}^{n} C_n^k u^{(n-k)} \cdot v^{(k)}.$$

其中，$C_n^k = \dfrac{n(n-1)\cdots(n-k+1)}{k!}$.

例 2-33 设 $y = x^2 e^{2x}$，求 $y^{(20)}$.

解： 设 $u(x) = e^{2x}, v(x) = x^2$，由定理 2-6 可知

$$y^{(20)} = (e^{2x})^{(20)} \cdot x^2 + 20 (e^{2x})^{(19)} \cdot (x^2)' + \frac{20(20-1)}{2!}(e^{2x})^{(18)} \cdot (x^2)'' + 0$$

$$= 2^{20} e^{2x} \cdot x^2 + 20 \cdot 2^{19} \cdot e^{2x} \cdot 2x + \frac{20 \cdot 19}{2!} 2^{18} \cdot e^{2x} \cdot 2$$

$$= 2^{20} e^{2x}(x^2 + 20x + 95).$$

习题 2-3

1. 求下列函数的二阶导数.

(1) $y = x^3 + 3x^2 + 2$;   (2) $y = x^2 - \ln x$;   (3) $y = \ln\cos x$;

(4) $y = x^3 \ln x$；　　　　　(5) $y = x e^{x^2}$；　　　　　(6) $y = x \sec^2 x - \tan x$；

(7) $y = e^{-x} \sin x$；　　　　(8) $y = \ln(1 + x^2)$；　　　(9) $y = \sqrt{1 + x^2}$.

2. 求下列函数的 n 阶导数.

(1) $y = e^{3x-2}$；　　　　　(2) $y = x e^x$；　　　　　(3) $y = \dfrac{x-1}{x+1}$.

3. 已知物体的运动规律为 $s = A \sin \omega t$（A，ω 是常数），求物体运动的加速度，并验证：

$$\frac{\mathrm{d}^2 s}{\mathrm{d} t^2} + \omega^2 s = 0.$$

2 - 4　隐函数和由参数方程所确定的函数的导数

2 - 4 - 1　隐函数的导数

1. 隐函数求导法

定义 2 - 2　由方程 $F(x, y) = 0$ 所确定的自变量 x 与因变量 y 之间　隐函数的定义及导数
关系的函数称为**隐函数**.

例如，$x^2 + y - 1 = 0$ 和 $x + y + \sin(xy) = 0$ 均是隐函数. 另外，由方程 $x^2 + y - 1 = 0$
可以解出 $y = -x^2 + 1$，这个过程称为隐函数的显化. 对于显化后的函数，我们可以很方
便地利用前面所学的基本求导公式或求导法则进行求导. 然而，大部分隐函数是不能显化
的，例如上面提到的函数 $x + y + \sin(xy) = 0$. 对于这些不能显化的隐函数，该如何求导
呢？下面给出一般的求导过程.

对隐函数 $F(x, y) = 0$ 求导数，首先对等式两边同时关于自变量 x 求导，在求导的过
程中，注意把 y 看成关于 x 的函数，并利用复合函数的求导法则进行求导. 最后从所得的
关系式中解出 y'，该结果就是所求的隐函数的导数.

例 2 - 34　求 $x^2 - y^2 + 2 = 0$ 所确定的隐函数的导数 y'.

解：对等式两边关于 x 求导，得

$$2x - 2yy' = 0,$$

即

$$2yy' = 2x.$$

解得

$$y' = \frac{x}{y}.$$

例 2 - 35　求 $x^2 y - e^y - e^x = 0$ 所确定的隐函数的导数 y'.

解：对等式两边关于 x 求导，得

$$2xy + x^2 y' - e^y y' - e^x = 0,$$

即

$$y'(x^2 - e^y) = e^x - 2xy.$$

解得

$$y' = \frac{e^x - 2xy}{x^2 - e^y} \ (x^2 - e^y \neq 0).$$

例 2 - 36 求曲线 $y=\cos(x+y)$ 在点 $\left(\dfrac{\pi}{2},0\right)$ 处的切线方程.

解：因为 $y'=-\sin(x+y)(1+y')$，所以

$$y'=-\frac{\sin(x+y)}{\sin(x+y)+1},\quad k=y'\Big|_{x=\frac{\pi}{2},y=0}=-\frac{1}{2}.$$

故切线方程为

$$y=-\frac{1}{2}\left(x-\frac{\pi}{2}\right),$$

即

$$2x+4y-\pi=0.$$

对隐函数也可以求高阶导数，在求导的过程中只需要把一阶导数、二阶导数等看成关于 x 的函数即可.

例 2 - 37 求由方程 $y=1+x\mathrm{e}^y$ 所确定的隐函数 $y=f(x)$ 的二阶导数.

解：对等式两边关于 x 求导，得

$$y'=\mathrm{e}^y+x\mathrm{e}^y y',$$

即

$$y'=\frac{\mathrm{e}^y}{1-x\mathrm{e}^y}=\frac{\mathrm{e}^y}{1-(y-1)}=\frac{\mathrm{e}^y}{2-y}.$$

再对上式两边关于 x 求导，得

$$y''=\frac{\mathrm{e}^y y'(2-y)-\mathrm{e}^y(-y')}{(2-y)^2}=\frac{\mathrm{e}^y(3-y)y'}{(2-y)^2}=\frac{\mathrm{e}^{2y}(3-y)}{(2-y)^3},$$

即

$$y''=\frac{\mathrm{e}^{2y}(3-y)}{(2-y)^3}.$$

2. 对数求导法

形如 $y=[f(x)]^{g(x)}$ 的函数称为**幂指函数**，例如 $y=x^x$. 对于这一类函数，我们无法利用前面所学的基本求导公式或求导法则进行求导. 为此，我们介绍一种新的求导方法——**对数求导法**.

对数求导法步骤如下：第一步，对等式两边取对数，并利用对数运算法则对其进行简化；第二步，对第一步得到的等式两边同时关于自变量 x 求导（求导的过程中注意把 y 看成关于 x 的函数，并利用复合函数的求导法则进行求导）；第三步，解出 y'.

例 2 - 38 求函数 $y=x^x$ 的导数.

解：先对等式两边取对数，得

$$\ln y=\ln x^x=x\ln x;$$

再对上式两边关于 x 求导，得

$$\frac{1}{y}\cdot y'=\ln x+x\cdot\frac{1}{x}=\ln x+1;$$

最后，对上式两边同乘 y，得

$$y' = y(\ln x + 1) = x^x(\ln x + 1).$$

对数求导法除了可以用于上述幂指函数的求导，还可以用于有限多个因式相乘/相除情形下的导数计算.

例 2 - 39　求函数 $y = \dfrac{x^{\frac{3}{4}}\sqrt{x^2+1}}{(3x+2)^5}$ 的导数.

解：先对等式两边取对数，得

$$\ln y = \frac{3}{4}\ln x + \frac{1}{2}\ln(x^2+1) - 5\ln(3x+2).$$

再对上式两边关于 x 求导，得

$$\frac{1}{y} \cdot y' = \frac{3}{4} \cdot \frac{1}{x} + \frac{1}{2} \cdot \frac{2x}{x^2+1} - 5 \cdot \frac{3}{3x+2}.$$

最后，对上式两边同乘 y，得

$$y' = y\left(\frac{3}{4x} + \frac{x}{x^2+1} - \frac{15}{3x+2}\right) = \frac{x^{\frac{3}{4}}\sqrt{x^2+1}}{(3x+2)^5}\left(\frac{3}{4x} + \frac{x}{x^2+1} - \frac{15}{3x+2}\right).$$

2 - 4 - 2　由参数方程所确定的函数的导数

一般地，如果参数方程

$$\begin{cases} x = \varphi(t) \\ y = \psi(t) \end{cases} \tag{2-14}$$

确定了 y 与 x 之间的函数关系，则称相应函数为**由参数方程所确定的函数**.

如果 $x = \varphi(t)$ 具有单调连续的反函数 $t = \varphi^{-1}(x)$，且 $t = \varphi^{-1}(x)$ 和 $y = \psi(t)$ 可以复合，那么将 $t = \varphi^{-1}(x)$ 代入 $y = \psi(t)$，就可得到复合函数 $y = \psi[\varphi^{-1}(x)]$. 下面求由参数方程所确定的函数的导数，也就是求复合函数 $y = \psi[\varphi^{-1}(x)]$ 关于 x 的导数. 为此，我们假设 $x = \varphi(t)$ 和 $y = \psi(t)$ 均可导，且 $\varphi'(t) \neq 0$. 由复合函数和反函数的求导法则可知

$$\frac{dy}{dx} = \frac{dy}{dt} \cdot \frac{dt}{dx} = \frac{dy}{dt} \cdot \frac{1}{\frac{dx}{dt}} = \psi'(t) \cdot \frac{1}{\varphi'(t)} = \frac{\psi'(t)}{\varphi'(t)},$$

即

$$\frac{dy}{dx} = \frac{\psi'(t)}{\varphi'(t)}. \tag{2-15}$$

公式(2-15)就是由参数方程所确定的函数的一阶导数公式. 为了方便记忆，该式还可以表示成

$$\frac{dy}{dx} = \frac{\frac{dy}{dt}}{\frac{dx}{dt}} = \frac{\psi'(t)}{\varphi'(t)}.$$

如果 $x=\varphi(t)$ 和 $y=\psi(t)$ 还具有二阶导数，那么由公式 $(2-15)$，得

$$\frac{\mathrm{d}^2 y}{\mathrm{d}x^2}=\frac{\mathrm{d}}{\mathrm{d}x}\left(\frac{\mathrm{d}y}{\mathrm{d}x}\right)=\frac{\dfrac{\mathrm{d}}{\mathrm{d}t}\left(\dfrac{\mathrm{d}y}{\mathrm{d}x}\right)}{\dfrac{\mathrm{d}x}{\mathrm{d}t}}=\frac{\dfrac{\mathrm{d}}{\mathrm{d}t}\left[\dfrac{\psi'(t)}{\varphi'(t)}\right]}{\dfrac{\mathrm{d}x}{\mathrm{d}t}}$$

$$=\frac{\dfrac{\psi''(t)\varphi'(t)-\psi'(t)\varphi''(t)}{[\varphi'(t)]^2}}{\varphi'(t)}$$

$$=\frac{\psi''(t)\varphi'(t)-\psi'(t)\varphi''(t)}{[\varphi'(t)]^3},$$

即

$$\frac{\mathrm{d}^2 y}{\mathrm{d}x^2}=\frac{\psi''(t)\varphi'(t)-\psi'(t)\varphi''(t)}{[\varphi'(t)]^3}, \tag{2-16}$$

此为由参数方程所确定的函数的二阶导数公式.

例 2 - 40 求由参数方程 $\begin{cases}x=a(t-\sin t)\\y=a(1-\cos t)\end{cases}$ 所确定的函数 $y=f(x)$ 的一阶导数和二阶导数.

解： $\dfrac{\mathrm{d}y}{\mathrm{d}x}=\dfrac{\dfrac{\mathrm{d}y}{\mathrm{d}t}}{\dfrac{\mathrm{d}x}{\mathrm{d}t}}=\dfrac{[a(1-\cos t)]'}{[a(t-\sin t)]'}=\dfrac{\sin t}{1-\cos t},$

$$\frac{\mathrm{d}^2 y}{\mathrm{d}x^2}=\frac{\mathrm{d}}{\mathrm{d}x}\left(\frac{\mathrm{d}y}{\mathrm{d}x}\right)=\frac{\dfrac{\mathrm{d}}{\mathrm{d}t}\left(\dfrac{\mathrm{d}y}{\mathrm{d}x}\right)}{\dfrac{\mathrm{d}x}{\mathrm{d}t}}=\frac{\dfrac{\mathrm{d}}{\mathrm{d}t}\left(\dfrac{\sin t}{1-\cos t}\right)}{[a(t-\sin t)]'}=-\frac{1}{a(1-\cos t)^2}.$$

例 2 - 41 求曲线 $\begin{cases}x=\sin t\\y=\cos 2t\end{cases}$ 在 $t=\dfrac{\pi}{6}$ 处的切线方程及法线方程.

解： 当 $t=\dfrac{\pi}{6}$ 时，$x=\dfrac{1}{2}$，$y=\dfrac{1}{2}$.

因为 $\dfrac{\mathrm{d}y}{\mathrm{d}x}=\dfrac{(\cos 2t)'}{(\sin t)'}=\dfrac{-\sin 2t\cdot 2}{\cos t}=-4\sin t$，$\left.\dfrac{\mathrm{d}y}{\mathrm{d}x}\right|_{t=\frac{\pi}{6}}=-2$，

所以切线方程为　　$y-\dfrac{1}{2}=-2\left(x-\dfrac{1}{2}\right)$，即 $2y+4x-3=0$，

法线方程为　　　$y-\dfrac{1}{2}=\dfrac{1}{2}\left(x-\dfrac{1}{2}\right)$，即 $4y-2x-1=0$.

习题 2 - 4

1. 求下列函数的导数.

(1) $x+xy-y^2=0$；　　　　　(2) $x^2+y+\ln(xy)=0$；　　　(3) $xe^y+y=0$；

(4) $x^3+y^3+\cos(x+y)=0$；　(5) $\ln\sqrt{x^2+y^2}=\arctan\dfrac{y}{x}$；　(6) $y=x+\dfrac{1}{2}\ln y$；

(7) $xy+x\ln y=y\ln x$；　　　(8) $x\cos y=\sin(x+y)$；　　　(9) $y^2=x^2+ye^y$.

2. 求曲线 $x^2+\dfrac{y^2}{4}=1$ 在点 $\left(\dfrac{1}{2},\sqrt{3}\right)$ 处的切线方程及法线方程.

3. 用对数求导法求下列函数的导数.

(1) $y=\dfrac{\sqrt{x+2}\,(3-x)^4}{(x+1)^5}$；　　　(2) $y=(\ln x)^x$；　　(3) $y=\sqrt{(x^2+1)(3x-4)}$.

4. 求由下列参数方程确定的函数的导数 $\dfrac{\mathrm{d}y}{\mathrm{d}x}$.

(1) $\begin{cases}x=\ln(1+t^2)\\ y=t-\arctan t\end{cases}$；　　　(2) $\begin{cases}x=t\sin t\\ y=t\cos t\end{cases}$；　　(3) $\begin{cases}x=t^2+\ln 2\\ y=\sin t-t\cos t\end{cases}$.

5. 求曲线 $\begin{cases}x=t^2\\ y=2t-1\end{cases}$ 在 $t=2$ 处的切线方程及法线方程.

2 - 5　微分

实际中，有时需要计算当自变量有微小变化时函数的改变量. 通常直接计算函数的改变量比较困难，因此有必要建立一个简单且便于计算的数学模型，这就是本节将要讨论的内容.

2 - 5 - 1　微分的概念

下面我们通过一个例子引入微分的概念.

引例　设有一块边长为 x 的正方形金属薄片，受热膨胀后它的边长变为 $x+\Delta x$，问该金属薄片的面积增加了多少？

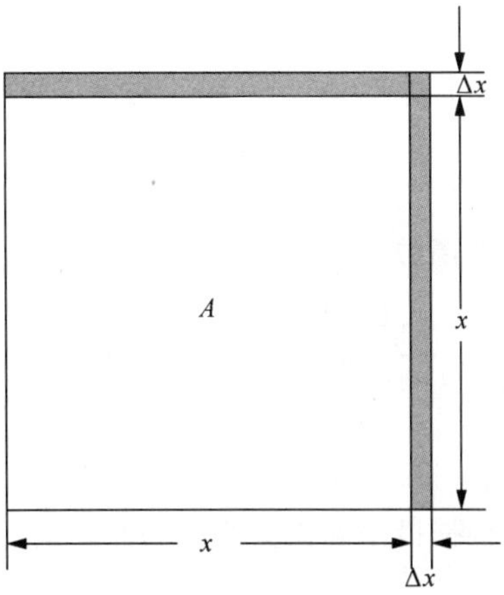

解：设正方形的面积为 A，当边长由 x 变到 $x+\Delta x$ 时，面积 A 有相应的改变量 ΔA，即图 2 - 6 所示阴影部分的面积，则

图 2 - 6

$$\Delta A=(x+\Delta x)^2-x^2=2x\Delta x+(\Delta x)^2.$$

上式右端包括两部分：第一部分 $2x\Delta x$ 是关于 Δx 的线性函数，当 $\Delta x\to 0$ 时，它是

Δx 的同阶无穷小；第二部分 $(\Delta x)^2$ 是比 Δx 高阶的无穷小，因此，当 $|\Delta x|$ 很小时，$(\Delta x)^2$ 可以忽略不计，这时

$$\Delta A \approx 2x\Delta x,$$

这就是面积增量的近似值.

通过本例我们发现，面积增量 ΔA 可以表示成一个线性函数 $2x\Delta x$（又称线性主部）与一个高阶无穷小 $(\Delta x)^2$ 的和. 这里的线性主部就是我们下面将要讨论的微分.

微分的定义

定义 2-3 设函数 $y=f(x)$ 在某区间 I 内有定义，x_0 及 $x_0+\Delta x$ 也在该区间内. 如果函数增量 $\Delta y=f(x_0+\Delta x)-f(x_0)$ 可以表示成

$$\Delta y=A\Delta x+o(\Delta x),$$

其中 A 是与 Δx 无关的常数，$o(\Delta x)$ 是 $\Delta x \to 0$ 时的高阶无穷小，则称函数 $y=f(x)$ 在点 x_0 处**可微**，并且称 $A\Delta x$ 为函数 $y=f(x)$ 在点 x_0 处相应于自变量增量 Δx 的微分，记作 $\mathrm{d}y|_{x=x_0}$，即 $\mathrm{d}y|_{x=x_0}=A\Delta x$.

2-5-2 函数可微的条件

定理 2-7 函数 $y=f(x)$ 在点 x_0 处可微当且仅当函数 $y=f(x)$ 在点 x_0 处可导，且 $A=f'(x_0)$.

证明：（必要性）

设函数 $y=f(x)$ 在点 x_0 处可微，则有

$$\Delta y=A\Delta x+o(\Delta x),$$

对上式两边同时除以 Δx，得

$$\frac{\Delta y}{\Delta x}=A+\frac{o(\Delta x)}{\Delta x}.$$

于是，当 $\Delta x \to 0$ 时，对上式两边取极限，得

$$A=\lim_{\Delta x \to 0}\frac{\Delta y}{\Delta x}=f'(x_0),$$

即函数 $y=f(x)$ 在点 x_0 处可导，且 $A=f'(x_0)$.

（充分性）

设函数 $y=f(x)$ 在点 x_0 处可导，则有

$$\lim_{\Delta x \to 0}\frac{\Delta y}{\Delta x}=f'(x_0),$$

根据极限与无穷小的关系，有

$$\frac{\Delta y}{\Delta x}=f'(x_0)+\alpha.$$

其中 α 是 $\Delta x \to 0$ 时的无穷小. 对上式两边同时乘 Δx，得

$$\Delta y=f'(x_0)\Delta x+\alpha\Delta x.$$

因为 $\alpha\Delta x=o(\Delta x)$，$f'(x_0)\Delta x$ 是关于 Δx 的线性函数. 由微分的定义可知，函数 $y=f(x)$ 在点 x_0 处可微，且 $A=f'(x_0)$. 证毕.

由上述定理可知，函数 $y=f(x)$ 在点 x_0 处的微分可以表示为

$$\mathrm{d}y\,|_{x=x_0}=f'(x_0)\Delta x. \tag{2-17}$$

如果函数 $y=f(x)$ 在某区间 I 内的每一点处都可微，则称函数 $y=f(x)$ 在区间 I 内可微，或者称函数 $y=f(x)$ 是区间 I 内的可微函数. 此时，函数 $y=f(x)$ 在区间 I 内任意一点 x 处的微分称为函数的微分，记为 $\mathrm{d}y$，且 $\mathrm{d}y=f'(x)\Delta x$.

特别地，如果 $y=x$，则 $\mathrm{d}y=\mathrm{d}x=(x)'\Delta x=\Delta x$，即 $\mathrm{d}x=\Delta x$. 因此，自变量的微分等于自变量的改变量. 于是，$\mathrm{d}y=f'(x)\Delta x$ 可以进一步表示成

$$\mathrm{d}y=f'(x)\mathrm{d}x. \tag{2-18}$$

对上式两边同时除以自变量的微分 $\mathrm{d}x$，得

$$\frac{\mathrm{d}y}{\mathrm{d}x}=f'(x),$$

即函数的导数等于函数的微分与自变量的微分之商. 因此，导数又称为微商.

值得注意的是，微分与导数虽然有着密切的联系，但它们是有区别的：导数是函数在一点处的变化率，因此，导数只与 x 点有关；而微分是函数在一点处由自变量改变量所引起的函数改变量的近似值，所以，微分与 x 和 Δx 都有关.

例 2 - 42　求当 $x=1$，$\Delta x=0.1$ 时函数 $y=x^2$ 的微分.

解：因为 $\mathrm{d}y=f'(x)\mathrm{d}x=2x\mathrm{d}x=2x\Delta x$，所以

$$\mathrm{d}y\,|_{x=1,\Delta x=0.1}=2\times1\times0.1=0.2.$$

例 2 - 43　求函数 $y=\dfrac{\ln x}{x}$ 的微分.

解：$\mathrm{d}y=f'(x)\mathrm{d}x=\left(\dfrac{\ln x}{x}\right)'\mathrm{d}x=\dfrac{1-\ln x}{x^2}\mathrm{d}x.$

2 - 5 - 3　微分的几何意义

设点 $M(x,y)$ 是曲线 $y=f(x)$ 上的一个点，过点 M 作曲线的切线 MT（见图 2 - 7），设 MT 的倾斜角为 α，根据导数的几何意义，可知

$$\tan\alpha=f'(x).$$

当自变量在点 x 处取得增量 Δx 时，相应地，函数取得增量 Δy. $MN=\Delta x$，$NM_1=\Delta y$. 此时，切线 MT 取得纵坐标的增量为

$$NT=\tan\alpha\cdot MN=f'(x)\Delta x=\mathrm{d}y.$$

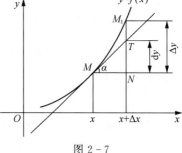

图 2 - 7

由此可见，当自变量在点 x 处取得增量 Δx 时，Δy 表示曲线 $y=f(x)$ 在点 M 处的纵坐标的增量. 相应地，微分 $\mathrm{d}y$ 就表示曲线 $y=f(x)$ 在点 M 处的切线对应的纵坐标的增量，此为微分的几何意义. 当 Δx 很小时，$\Delta y\approx\mathrm{d}y$. 此时，可以用切线 MT 来近似代替弧线 MM_1.

2-5-4 微分的基本公式和运算法则

因为 $dy=f'(x)dx$，所以求微分的问题可以归结为求导数的问题. 根据导数的基本公式和运算法则，可以得到微分的基本公式和运算法则.

1. 微分的基本公式

(1)$dC=0(C$ 为常数); (2)$d(x^a)=ax^{a-1}dx$ (a 为实数);

(3)$d(a^x)=a^x\ln a\,dx$; (4)$d(e^x)=e^x\,dx$;

(5)$d(\log_a x)=\dfrac{1}{x\ln a}dx$; (6)$d(\ln x)=\dfrac{1}{x}dx$;

(7)$d(\sin x)=\cos x\,dx$; (8)$d(\cos x)=-\sin x\,dx$;

(9)$d(\tan x)=\sec^2 x\,dx$; (10)$d(\cot x)=-\csc^2 x\,dx$;

(11)$d(\sec x)=\sec x\tan x\,dx$; (12)$d(\csc x)=-\csc x\cot x\,dx$;

(13)$d(\arcsin x)=\dfrac{1}{\sqrt{1-x^2}}dx$; (14)$d(\arccos x)=-\dfrac{1}{\sqrt{1-x^2}}dx$;

(15)$d(\arctan x)=\dfrac{1}{1+x^2}dx$; (16)$d(\operatorname{arccot}x)=-\dfrac{1}{1+x^2}dx$.

2. 微分的运算法则

(1)$d(u\pm v)=du\pm dv$;

(2)$d(uv)=v\cdot du+u\cdot dv$，特别地，$d(Cu)=C\,du$;

(3)$d\left(\dfrac{u}{v}\right)=\dfrac{v\,du-u\,dv}{v^2}$.

其中 $u=u(x)$，$v=v(x)$，C 为常数.

3. 微分的形式不变性

设 $y=f(u)$ 和 $u=\varphi(x)$ 都是可导函数，则复合函数 $y=f[\varphi(x)]$ 也是可导函数，且该复合函数的微分为

$$dy=y'_x dx=f'(u)\varphi'(x)dx.$$

又因为 $\varphi'(x)dx=d[\varphi(x)]=du$，所以上述复合函数的微分还可以写成

$$dy=f'(u)du.$$

由此可见，无论 u 是自变量还是中间变量，$y=f(u)$ 的微分 dy 总可以写成 $dy=f'(u)du$ 的形式，这一性质称为**微分形式不变性**. 利用这一性质可以方便地计算一些复合函数的微分.

例 2-44 求函数 $y=\ln(1+x^2)$ 的微分.

解：设 $u=1+x^2$，所以

$$dy = d(\ln u) = \frac{1}{u}du = \frac{1}{1+x^2}d(1+x^2) = \frac{2x}{1+x^2}dx.$$

例 2 - 45　求函数 $y = \tan(\sin x)$ 的微分.

解：令 $u = \sin x$，则

$$\begin{aligned}
dy &= d(\tan u) = \sec^2 u \, du = \sec^2(\sin x)d(\sin x) \\
&= \sec^2(\sin x) \cdot \cos x \, dx \\
&= \cos x \, \sec^2(\sin x)dx.
\end{aligned}$$

熟练掌握求微分的方法之后，中间变量 u 可以不用写出来.

例 2 - 46　求函数 $y = \cos\sqrt{e^x - 1}$ 的微分.

解 1：

$$\begin{aligned}
dy &= d(\cos\sqrt{e^x - 1}) = -\sin\sqrt{e^x - 1}\,d(\sqrt{e^x - 1}) \\
&= -\sin\sqrt{e^x - 1} \cdot \frac{1}{2\sqrt{e^x - 1}}d(e^x - 1) \\
&= -\sin\sqrt{e^x - 1} \cdot \frac{1}{2\sqrt{e^x - 1}} \cdot e^x \, dx \\
&= -\frac{e^x \sin\sqrt{e^x - 1}}{2\sqrt{e^x - 1}}dx.
\end{aligned}$$

当然，本题也可以先直接求出复合函数的导数，然后乘自变量的微分.

解 2：

$$\begin{aligned}
dy &= (\cos\sqrt{e^x - 1})' dx = -\sin\sqrt{e^x - 1} \cdot \frac{1}{2\sqrt{e^x - 1}} \cdot e^x \, dx \\
&= -\frac{e^x \sin\sqrt{e^x - 1}}{2\sqrt{e^x - 1}}dx.
\end{aligned}$$

2 - 5 - 5　微分的应用

1. 计算函数的近似值

由微分的定义可知，当函数 $y = f(x)$ 在点 x_0 处的导数 $f'(x_0) \neq 0$，且 $|\Delta x|$ 很小时有
$$\Delta y \approx dy = f'(x_0)\Delta x,$$

于是　　　　　　　$$f(x_0 + \Delta x) - f(x_0) \approx f'(x_0)\Delta x,$$

即　　　　　　　　$$f(x_0 + \Delta x) \approx f(x_0) + f'(x_0)\Delta x. \qquad (2 - 19)$$

令 $x = x_0 + \Delta x$，则公式$(2 - 19)$可以改写为

$$f(x) \approx f(x_0) + f'(x_0)(x - x_0). \qquad (2 - 20)$$

特别地，当 $x_0 = 0$ 时，有

$$f(x) \approx f(0) + f'(0) \cdot x. \qquad (2 - 21)$$

公式$(2 - 19)$和公式$(2 - 20)$可以用来计算函数 $y = f(x)$ 在某点处的近似值. 当 $|x|$ 很小时，由公式$(2 - 21)$可以得到下面一些常用的近似公式：

(1) $\sqrt[n]{1+x} \approx 1 + \dfrac{1}{n}x$;

(2) $\sin x \approx x$;

(3) $\tan x \approx x$;

(4) $e^x \approx 1 + x$;

(5) $\ln(1+x) \approx x$.

求函数的近似值,应先找到合适的函数 $f(x)$,再选取 x_0、Δx,然后将其代入公式 (2-19) 或公式 (2-20).

例 2-47 求 $\sqrt[4]{1.02}$ 的近似值.

解:设 $f(x) = \sqrt[4]{1+x}$,由近似公式 $\sqrt[n]{1+x} \approx 1 + \dfrac{1}{n}x$,得

$$\sqrt[4]{1.02} = \sqrt[4]{1+0.02} \approx 1 + \frac{1}{4} \times 0.02 = 1.005.$$

例 2-48 求 $\cos 60°30'$ 的近似值.

解:设 $f(x) = \cos x$,故 $f'(x) = -\sin x$.

因为 $60°30' = \dfrac{\pi}{3} + \dfrac{\pi}{360}$,所以取 $x_0 = \dfrac{\pi}{3}$,$\Delta x = \dfrac{\pi}{360}$.

根据近似公式 (2-19),有

$$\cos(60°30') = \cos\left(\frac{\pi}{3} + \frac{\pi}{360}\right) \approx \cos\frac{\pi}{3} - \sin\frac{\pi}{3} \cdot \frac{\pi}{360}$$

$$= \frac{1}{2} - \frac{\sqrt{3}}{2} \cdot \frac{\pi}{360} \approx 0.4924.$$

2. 估计误差

在实际中,有时候需要测量一些数据. 然而测得的这些数据因为仪器的精度、测量方法不同等往往带有误差,再利用这些数据进行计算得到的结果也会有误差. 下面利用本节所学的微分知识来估计这种误差.

设某个量 x 可以直接测量,而依赖于 x 的量 y 由函数 $y = f(x)$ 确定,若 x 的测量误差为 Δx,则 y 相应的误差为

$$\Delta y = f(x + \Delta x) - f(x).$$

称量 y 的绝对误差为 $|\Delta y|$,相对误差为 $\left|\dfrac{\Delta y}{y}\right|$. 为了便于计算这两种误差,通常用 $|\mathrm{d}y|$ 代替 $|\Delta y|$,用 $\left|\dfrac{\mathrm{d}y}{y}\right|$ 代替 $\left|\dfrac{\Delta y}{y}\right|$,这样求出的误差称为误差的估计值.

例 2-49 有一立方体,它的边长为 $70\text{cm} \pm 0.1\text{cm}$,试估计其体积的绝对误差和相对误差.

解:设立方体的边长为 l,体积为 V.

因为 $\qquad\qquad\qquad\qquad V = l^3$,

所以
$$dV = 3l^2 \, dl ,$$

$$\frac{dV}{V} = \frac{3l^2 \, dl}{l^3} = \frac{3 \, dl}{l} .$$

已知
$$l = 70\text{cm} , \quad dl = \pm 0.1\text{cm} ,$$

故
$$|dV| = 3 \times (70\text{cm})^2 \times 0.1\text{cm} = 1\,470\text{cm}^3 ,$$

$$\left| \frac{dV}{V} \right| = \frac{3 \times 0.1}{70} \approx 0.43\% .$$

因此立方体体积的绝对误差为 $1\,470\text{cm}^3$，相对误差为 0.43%．

习题 2-5

1. 设 x 的值从 $x = 1$ 变到 $x = 1.01$，试求函数 $y = 2x^2 - x$ 的改变量和微分．

2. 求当 $x = 1$，$\Delta x = 0.2$ 时函数 $y = \arctan\sqrt{x}$ 的微分．

3. 求下列函数的微分．

(1) $y = x\sin x$；　　　(2) $y = \dfrac{x}{1+x}$；　　　(3) $y = \cos(x^2)$；　　　(4) $y = \dfrac{1}{\sqrt{1+x^2}}$．

4. 利用微分的近似计算公式，求下列各式的近似值．

(1) $\sqrt[4]{626}$；　　　(2) $\cos 29°$；　　　(3) $\arctan 1.003$．

5. 有一金属圆管，它的内半径为 10cm，当管壁厚为 0.05cm 时，利用微分来计算这个圆管截面面积的近似值．

6. 已知测量球体的直径 D 有 1% 的相对误差，问球体的体积的相对误差是多少？

7. 已知圆锥的高为 4cm，底半径为 $10\text{cm} \pm 0.02\text{cm}$，求圆锥的体积的相对误差．

数学建模案例 2

航空母舰上液压式阻拦系统的数学建模[24]

舰载机在航空母舰甲板上的着舰过程危险且复杂，为了在有限长度的飞行甲板上安全着舰，必须通过阻拦系统强制舰载机在有限的距离内拦停．一方面航母阻拦系统通过阻拦索提供阻拦力使舰载机减速，其阻拦力主要由液压装置提供；另一方面阻拦系统通过定长冲跑控制装置来使舰载机在小于甲板最大长度的距离内拦停．因此，液压装置和定长冲跑控制装置是航母阻拦系统的核心部分．下面我们对阻拦系统进行数学建模．

1. 建模假设

(1) 为了建模方便，将舰载机尾钩挂阻拦索的模型简化成单质点撞击阻拦索的模型，且仅考虑舰载机阻拦为理想对中阻拦的情况；

(2) 假设阻拦索没有弹性变形，舰载机对阻拦索的拉力无延迟地直接作用在主液压缸上，忽略了滑轮缓冲器及末端缓冲器的影响；

（3）假定液压缸内的温度变化可以忽略，管道内的摩擦损失、流体质量忽略不计，液压缸工作腔内各处压力相同，油液温度和体积弹性模量认为是常数；

（4）忽略舰载机刹车力的作用，忽略舰载机轮胎和地面产生的滑动摩擦力的影响.

2. 模型建立

仅考虑理想对中阻拦的情况，舰载机尾钩正落于阻拦索中点处，且此时舰载机速度垂直于阻拦索. 阻拦时舰载机及阻拦索的受力及运动关系如图 2-8 所示.

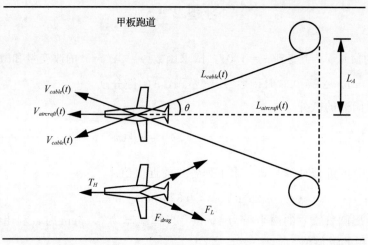

图 2-8

其中，$V_{aircraft}(t)$ 为 t 时刻舰载机的速度，$V_{cable}(t)$ 为 t 时刻阻拦索的线速度，$L_{aircraft}(t)$ 为 t 时刻的舰载机的冲跑距离，$L_{cable}(t)$ 为 t 时刻单侧阻拦索被拉出的总长度，$L_{drag}(t)$ 为 t 时刻单侧从动滑轮组拉出阻拦索的长度，L_A 为未冲索前甲板阻拦索一半的长度，θ 为 t 时刻舰载机的冲跑角度. 可得公式如下：

$$L_{cable}(t) = \sqrt{L_{aircraft}^2(t) + L_A^2}, \qquad (2-22)$$

$$L_{cable}(t) = L_{cable}(t-1) + V_{cable}(t)\Delta t, \qquad (2-23)$$

$$L_{drag}(t) = L_{cable}(t) - L_A = 2ny, \qquad (2-24)$$

$$\cos\theta = \frac{L_{aircraft}(t)}{L_{cable}(t)}, \qquad (2-25)$$

$$V_{cable}(t) = V_{aircraft}(t)\cos\theta. \qquad (2-26)$$

式中 $L_{cable}(t-1)$ 表示 $L_{cable}(t)$ 前一时刻的状态，y 表示 t 时刻液压缸活塞的行程，n 表示动滑轮组的动滑轮的个数，以 Mark7 Mod1 型阻拦系统为例，取 $n=9$.

因篇幅有限，舰载机及阻拦索动力学分析、液压式阻拦系统模型和定长冲跑控制装置模型等在这里省略，有兴趣的读者请查阅参考文献[24].

复习题二

一、填空题

1. $f(x) = \arcsin x$，则 $f'(0) =$ _____.

2. 隐函数 $x^2 y + y^2 x - 2 = 0$ 在 $(1,1)$ 处的切线方程为 _____.

3. 已知 $y = x^2 + 2^x + x \ln x$，则 $y''' =$ _____.

4. 若 $y = -\dfrac{1}{2x^2}$，则 $\mathrm{d}y =$ _____.

5. 设 $f(x) = \begin{cases} \arctan x & x > 0 \\ ax + b & x \leqslant 0 \end{cases}$ 在点 $x = 0$ 处可导，则 $a =$ _____，$b =$ _____.

6. 设 $y = f(x)$ 在点 $x = 0$ 处连续，且 $\lim\limits_{x \to 0} \dfrac{f(x)}{x^2} = 1$，则 $f'(0) =$ _____.

7. 当常数 $b =$ _____ 时，直线 $y = 3x + b$ 是曲线 $y = x^2$ 的一条切线.

8. 设 $f(t) = \lim\limits_{x \to \infty} \left[t \left(1 + \dfrac{1}{x} \right)^{2tx} \right]$，则 $f'(t) =$ _____.

9. 设 $y = f(x^2)$，其中 $f(x)$ 具有二阶连续导数，则 $y'' =$ _____.

10. 函数 $f(x)$ 在可导点 $x = 0$ 处有增量 $\Delta x = 0.2$，对应的函数值增量的线性主部为 0.8，则 $f'(0) =$ _____.

二、选择题

1. $y = \sin^2 x$，则 $y'' = ($ 　　 $)$.

A. $2\sin x$ 　　　　 B. $\sin 2x$ 　　　　 C. $2\cos 2x$ 　　　　 D. $\cos 2x$

2. 若 $f'(x_0) = 2$，则 $\lim\limits_{h \to 0} \dfrac{f(x_0 + h) - f(x_0 - 2h)}{h} = ($ 　　 $)$.

A. -2 　　　　 B. 1 　　　　 C. 6 　　　　 D. 3

3. 设 $y = f[\ln(-x)]$，则 $y' = ($ 　　 $)$.

A. $f'[\ln(-x)]$ 　　 B. $\dfrac{f'[\ln(-x)]}{x}$ 　　 C. $-\dfrac{f'[\ln(-x)]}{x}$ 　　 D. $-f'[\ln(-x)]$

4. 若参数方程为 $\begin{cases} x = 1 + 2t \\ y = \ln(1 + t^2) \end{cases}$，则 $\dfrac{\mathrm{d}y}{\mathrm{d}x} \bigg|_{t=1} = ($ 　　 $)$.

A. 4 　　　　 B. $\dfrac{1}{4}$ 　　　　 C. 2 　　　　 D. $\dfrac{1}{2}$

5. 设 $f(x) = \begin{cases} \sin x + 1 & x \geqslant 0 \\ \sqrt{2x + 1} & x < 0 \end{cases}$，则在 $x = 0$ 处 $f(x)($ 　　 $)$.

A. 不连续 　　 B. 连续但不可导 　　 C. 可导但不连续 　　 D. 连续且可导

6. 设 $\lim\limits_{x \to 0} \dfrac{x f(x)}{1 - \cos 2x} = 1$，其中 $f(0) = 0$，则 $f'(0) = ($ 　　 $)$.

A. 0 　　　　 B. 1 　　　　 C. 2 　　　　 D. 4

7. 曲线 $y=2x-x^3$ 上与 x 轴平行的切线方程为（　　）.

A. $y=-\dfrac{2\sqrt{6}}{3}$

B. $y=\dfrac{4\sqrt{6}}{9}$

C. $y=\dfrac{2\sqrt{6}}{3}$ 和 $y=-\dfrac{2\sqrt{6}}{3}$

D. $y=\dfrac{4\sqrt{6}}{9}$ 和 $y=-\dfrac{4\sqrt{6}}{9}$

8. 设曲线 $y=x^2+ax+b$ 和 $2y=-1+xy^3$ 在点 $(1,-1)$ 处相切，其中 a，b 是常数，则（　　）.

A. $a=0$，$b=2$

B. $a=1$，$b=-3$

C. $a=-3$，$b=1$

D. $a=-1$，$b=-1$

9. 下列函数的导数计算正确的有（　　）.

①$(\arcsin x)'=-\dfrac{1}{\sqrt{1-x^2}}$；

②$(\log_a x)'=\dfrac{1}{a\ln x}$；

③$(\ln\sin x)'=\cot x$；

④$[(x^2+1)^{10}]'=20x\,(x^2+1)^9$.

A. 1 个 　　　　　　 B. 2 个 　　　　　　 C. 3 个 　　　　　　 D. 4 个

10. 设 $y=x^{\sin x}$ $(x>0)$，则 $\mathrm{d}y=$（　　）.

A. $x^{\cos x}\left(\sin x\ln x+\dfrac{\sin x}{x}\right)\mathrm{d}x$

B. $x^{\sin x}\left(\cos x\ln x+\dfrac{\sin x}{x}\right)\mathrm{d}x$

C. $x^{\sin x}\left(\cos x\ln x+\dfrac{\cos x}{x}\right)\mathrm{d}x$

D. $x^{\sin x}\left(\cos x+\dfrac{\sin x}{x}\right)\mathrm{d}x$

三、解答题

1. 求下列函数的导数.

(1) $y=x^2\ln x\cos x$；　　　(2) $y=\arcsin(1-2x)$；　　　(3) $y=\dfrac{1-\ln x}{1+\ln x}$；

(4) $y=\arcsin\sqrt{\dfrac{1-x}{1+x}}$；　　　(5) $y=\sqrt{1+\ln^2 x}$；　　　(6) $y=\dfrac{\sqrt{1+x}-\sqrt{1-x}}{\sqrt{1+x}+\sqrt{1-x}}$；

(7) $y=\ln\cos\dfrac{1}{x}$；　　　(8) $y=\dfrac{\mathrm{e}^t-\mathrm{e}^{-t}}{\mathrm{e}^t+\mathrm{e}^{-t}}$；　　　(9) $y=\sqrt{x+\sqrt{x}}$.

2. 求下列函数的二阶导数.

(1) $y=x\arctan x$；　　　(2) $y=\mathrm{e}^{2x-1}$；　　　(3) $y=x[\sin(\ln x)+\cos(\ln x)]$；

(4) $y=\sqrt{a^2-x^2}$；　　　(5) $y=\dfrac{\mathrm{e}^x}{x}$；　　　(6) $y=\ln(x+\sqrt{1+x^2})$.

3. 求由下列方程所确定的隐函数的导数.

(1) $y^2-2xy+9=0$；　　　(2) $y=1-x\mathrm{e}^y$；　　　(3) $y\sin x-\cos(x-y)=0$；

(4) $xy+\ln y=1$；　　　(5) $x^y=y^x$；　　　(6) $y=\arctan(x+2y)$.

4. 求由下列参数方程所确定的函数的导数 $\dfrac{\mathrm{d}y}{\mathrm{d}x}$.

(1) $\begin{cases} x=t(1-\sin t) \\ y=t\cos t \end{cases}$；　　　(2) $\begin{cases} x=1-t^2 \\ y=t-t^3 \end{cases}$；　　　(3) $\begin{cases} x=\ln\sqrt{1+t^2} \\ y=\arctan t \end{cases}$.

5. 如果半径为 15cm 的气球的半径膨胀 1cm，问气球的体积约增大多少？

6. 现有一边长为 r_0 的正方形冰块，假设冰块在融化的过程中保持形状不变，并设冰块融化时体积的变化率与冰块的表面积成正比，比例系数为 $k(k>0，k$ 与环境的相对湿度、空气温度以及阳光的强弱等因素有关）. 已知两小时内，冰块融化了其体积的 1/64，问冰块的其余部分在多长时间内全部融化.

拓展阅读 2

伟大的科学巨匠——牛顿

艾萨克·牛顿(Isaac Newton)是伟大的物理学家和数学家. 他出生于英国林肯郡伍尔索普的一个农村家庭. 牛顿上小学时，性格腼腆，但他意志坚强，有不服输的劲头.

牛顿在 12 岁时进入金格斯中学读书. 那时他喜欢自己设计风筝、风车等玩具. 他制作的一架精巧的风车，别出心裁，在其内放老鼠一只，名曰"老鼠开磨坊"，连大人看了都赞不绝口.

1656 年牛顿的继父去世，母亲让牛顿停学务农，但他沉迷学习，经常因看书思考而误活. 在他舅舅的关怀下，1661 年，他进入剑桥大学三一学院学习，得到数学家巴罗的赏识和指导. 他先后钻研了开普勒的《光学》、欧几里得的《几何学原本》等名著. 1665 年牛顿大学毕业，成绩平平. 这年夏天伦敦发生鼠疫，牛顿暂时离开剑桥，回到伍耳索普乡下待了 18 个月. 这 18 个月竟为牛顿一生科学的重大发现奠定了坚实的基础. 1667 年牛顿返回剑桥大学，进三一学院攻读研究生，1668 年获得硕士学位. 次年巴罗教授主动让贤，推荐牛顿继任"卢卡斯自然科学讲座"数学教授. 牛顿时年 27 岁，从此在剑桥一待就是 30 年. 牛顿于 1672 年入选英国皇家学会会员；1689 年当选为英国国会议员；1696 年出任皇家造币厂厂长；1703 年当选为英国皇家学会会长；1705 年被英国女王加封为艾萨克爵士.

牛顿是 17 世纪伟大的科学巨匠. 他的成就遍及物理学、数学、天体力学等各个领域. 牛顿在物理学上最主要的成就是发现了万有引力定律，综合并表述了经典力学的 3 个基本定律——惯性定律、力与加速度成正比的定律、作用力和反作用力定律. 此外他还引入了质量、动量、力、加速度、向心力等基本概念，从而建立了经典力学的公理体系，完成了物理发展史上的第一次大综合，奠定了自然科学发展史上的里程碑. 其重要标志是他于 1687 年所发表的《自然哲学的数学原理》这一巨著. 在光学上，他做了用棱镜把白光分解为七色光（色散）的实验研究；发现了色差；研究了光的干涉和衍射现象，发现了牛顿环；制造了以凹面反射镜替代透镜的"牛顿望远镜". 1704 年他的《光学》专著出版，他在其中阐述了自己的光学研究的成果.

在数学方面，牛顿从二项式定理到微积分，从代数和数论到古典几何和解析几何、有限差分、曲线分类、计算方法和逼近论，甚至在概率论等方面，都有创造性的成就和贡献，特别是他与德国数学家莱布尼茨各自独立创建的"微积分学"，被誉为人类思维的伟大成果之一.

第 3 章 微分中值定理与导数的应用

在第 2 章中我们介绍了函数的导数及相关运算，本章将介绍微分中值定理，并以此为基础，利用导数研究函数的性态，包括函数的单调性、极值问题、曲线的凹凸性、函数图形的描绘等，进而利用这些知识解决一些日常生活、科学实践领域中的实际问题.

3-1 微分中值定理

微分中值定理的核心是拉格朗日中值定理，罗尔定理可以看作它的特例，柯西中值定理可以看作它的推广. 下面我们先来看罗尔定理.

定理 3-1(罗尔定理) 如果函数 $f(x)$ 满足

(1)在闭区间 $[a,b]$ 上连续；

(2)在开区间 (a,b) 内可导；

(3) $f(a)=f(b)$，

则在 (a,b) 内至少存在一点 $\xi(a<\xi<b)$，使
$$f'(\xi)=0.$$

几何意义：若连续曲线 $y=f(x)$ 在 (a,b) 内处处有不垂直于 x 轴的切线，且两端点的纵坐标相等，那么，在曲线弧上至少有一点 $M(\xi,f(\xi))$，使曲线在 M 点的切线平行于 x 轴(见图 3-1，图中有两点 M_1 和 M_2).

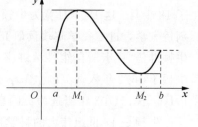

图 3-1

例 3-1 设 $f(x)=x(x^2-1)$，证明方程 $f'(x)=0$ 至少有两个实根.

证明： 因为 $f(x)=x(x^2-1)$ 在闭区间 $[-1,0]$，$[0,1]$ 上连续，在开区间 $(-1,0)$，$(0,1)$ 内可导，且 $f(-1)=0$，$f(0)=0$，$f(1)=0$，所以由罗尔定理可知，$f'(x)=0$ 在 $(-1,0)$，$(0,1)$ 内分别至少有 1 个实根，即 $f'(x)=0$ 至少有两个实根.

> **注意**
>
> 罗尔定理的 3 个条件缺一不可. 下面 3 个例子足以说明.
>
> (1)函数 $f(x)=\begin{cases} 0 & 0\leqslant x<1 \\ 2 & x=1 \end{cases}$ 在 $x=1$ 处不连续，所以在 $[-1,1]$ 不满足在闭区间上连续的条件. 显然，曲线 $f(x)$ 没有水平切线.

（2）函数 $f(x)=|x|$ 在 $x=0$ 处不可导，所以在 $[-1,1]$ 不满足罗尔定理的条件．显然曲线 $f(x)$ 也没有水平切线．

（3）函数 $f(x)=x$ 在 $x=1$ 和 $x=-1$ 的函数值不同，所以在 $[-1,1]$ 不满足罗尔定理的条件．显然曲线 $f(x)$ 也没有水平切线．

定理 3-2（拉格朗日中值定理）　如果函数 $f(x)$ 满足

（1）在闭区间 $[a,b]$ 上连续；

（2）在开区间 (a,b) 内可导，

则在 (a,b) 内至少存在一点 $\xi(a<\xi<b)$，使

拉格朗日中值定理

$$\frac{f(b)-f(a)}{b-a}=f'(\xi) \quad 或 \quad f(b)-f(a)=f'(\xi)(b-a).$$

几何意义：设 $y=f(x)$ 在区间 $[a,b]$ 上的图像是一条连续曲线（见图 3-2），可以看出线段 AB 的斜率为 $\tan\alpha=\dfrac{f(b)-f(a)}{b-a}$．如果除端点外，曲线 $y=f(x)$ 上每一点都有不垂直于 x 轴的切线，那么，在区间 (a,b) 内至少能找到一点 $C(\xi,f(\xi))$，过 C 点的切线与线段 AB 平行．也就是说，曲线在点 $C(\xi,f(\xi))$ 处的切线的斜率 $f'(\xi)$ 与线段 AB 的斜率相等，即 $f'(\xi)=\dfrac{f(b)-f(a)}{b-a}$．

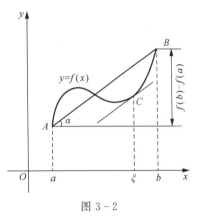

图 3-2

由拉格朗日中值定理可以得出以下两个很重要的推论．

推论 1　设函数 $f(x)$ 在区间 (a,b) 内的导数恒为 0，则 $f(x)$ 在 (a,b) 内是一个常数．

证明： 在 (a,b) 内任取两点 x_1，x_2，不妨设 $x_1<x_2$．显然 $f(x)$ 在 $[x_1,x_2]$ 上满足拉格朗日中值定理，即存在 $\xi\in(x_1,x_2)$，使

$$f(x_2)-f(x_1)=f'(\xi)(x_2-x_1).$$

因为 $f'(\xi)=0$，所以 $f(x_2)-f(x_1)=0$，即 $f(x_2)=f(x_1)$．由点 x_1，x_2 的任意性可知，$f(x)$ 在 (a,b) 内是一个常数．

推论 2　如果在区间 (a,b) 内恒有 $f'(x)=g'(x)$，则 $f(x)=g(x)+C$．

例 3-2　证明 $\arcsin x+\arccos x=\dfrac{\pi}{2}(-1\leqslant x\leqslant1)$．

证明： 设 $f(x)=\arcsin x+\arccos x$，$x\in[-1,1]$，

当 $x\in(-1,1)$ 时，$f'(x)=\dfrac{1}{\sqrt{1-x^2}}+\left(-\dfrac{1}{\sqrt{1-x^2}}\right)=0$，

由推论 1 可知，$f(x)=C$，$x\in(-1,1)$．

因为 $$f(0)=\arcsin0+\arccos0=0+\frac{\pi}{2}=\frac{\pi}{2},$$

所以
$$f(x) = \frac{\pi}{2}, \ x \in (-1,1).$$

又因为
$$f(-1) = f(1) = \frac{\pi}{2},$$

所以，当 $x \in [-1,1]$ 时，$\arcsin x + \arccos x = \frac{\pi}{2}$.

例 3-3 验证函数 $f(x) = x^2 + 2x$ 在区间 $[-1,2]$ 上满足拉格朗日中值定理，并求出满足条件的 ξ 的值.

解：因为 $f(x) = x^2 + 2x$ 在 $[-1,2]$ 上连续，在 $(-1,2)$ 内可导，所以 $f(x) = x^2 + x$ 在区间 $[-1,2]$ 上满足拉格朗日中值定理的条件. 由结论可知，至少存在一点 $\xi \in (-1,2)$，满足
$$f(2) - f(-1) = f'(\xi)(2+1),$$

即
$$8 - (-1) = (2\xi + 2)(2 + 1).$$

解得
$$\xi = \frac{1}{2}.$$

例 3-4 证明当 $0 < a < b$ 时，$\dfrac{b-a}{1+b^2} < \arctan b - \arctan a < \dfrac{b-a}{1+a^2}$.

证明：设 $f(x) = \arctan x$，显然函数 $f(x)$ 在 $[a,b]$ 上满足拉格朗日中值定理的条件，由结论可知，至少存在一点 $\xi \in (a,b)$，满足
$$\arctan b - \arctan a = \frac{1}{1+\xi^2}(b-a).$$

因为 $a < \xi < b$，所以 $\dfrac{1}{1+b^2} < \dfrac{1}{1+\xi^2} < \dfrac{1}{1+a^2}$.

对上式两边同乘 $b-a$，得
$$\frac{b-a}{1+b^2} < \frac{b-a}{1+\xi^2} < \frac{b-a}{1+a^2},$$

即
$$\frac{b-a}{1+b^2} < \arctan b - \arctan a < \frac{b-a}{1+a^2}.$$

例 3-5 证明当 $x > 0$ 时，$\dfrac{x}{1+x} < \ln(1+x) < x$.

证明：设 $f(x) = \ln(1+x)$，则 $f(x)$ 在 $[0,x]$ 上满足拉格朗日中值定理的条件，故至少存在一点 $\xi \in (0,x)$，满足
$$f(x) - f(0) = f'(\xi)(x-0).$$

因为
$$f(0) = 0, \ f'(\xi) = \frac{1}{1+\xi},$$

所以
$$\ln(1+x) = \frac{x}{1+\xi}.$$

又因为
$$1 < 1 + \xi < 1 + x,$$

所以
$$\frac{1}{1+x}<\frac{1}{1+\xi}<x^{1}.$$

即
$$\frac{x}{1+x}<\ln(1+x)<x.$$

例 3 - 6　设 $f(x)$ 在 $(-\infty,+\infty)$ 内可导，且 $\lim\limits_{x\to\infty}f'(x)=e^{3}$，$\lim\limits_{x\to\infty}\left(\frac{x+c}{x}\right)^{x}=\lim\limits_{x\to\infty}[f(x+1)-f(x)]$，求常数 c。

解：由于
$$\lim_{x\to\infty}\left(\frac{x+c}{x}\right)^{x}=\lim_{x\to\infty}\left(1+\frac{c}{x}\right)^{x}=e^{c}.$$

因为 $f(x)$ 在 $[x,x+1]$ 内满足拉格朗日中值定理的条件，所以至少存在一点 ξ，满足
$$f(x+1)-f(x)=f'(\xi)(x+1-x)=f'(\xi),\quad \xi\in(x,\ x+1),$$
从而，有
$$\lim_{x\to\infty}[f(x+1)-f(x)]=\lim_{x\to\infty}f'(\xi)=\lim_{\xi\to\infty}f'(\xi)=e^{3},$$
于是 $e^{c}=e^{3}$，得 $c=3$。

定理 3 - 3(柯西中值定理)　如果函数 $f(x)$，$g(x)$ 满足

(1)在闭区间 $[a,b]$ 上都连续；

(2)在开区间 (a,b) 内都可导，且 $g'(x)\neq 0$，

则在 (a,b) 内至少存在一点 ξ，使
$$\frac{f(b)-f(a)}{g(b)-g(a)}=\frac{f'(\xi)}{g'(\xi)}.$$

例 3 - 7　设函数 $f(x)$ 在闭区间 $[0,1]$ 上连续，在开区间 $(0,1)$ 内可导，证明在 $(0,1)$ 内至少存在一点 ξ，使 $f'(\xi)=3\xi^{2}[f(1)-f(0)]$。

证明：设 $g(x)=x^{3}$，则 $f(x)$，$g(x)$ 在 $[0,1]$ 上满足柯西中值定理的条件，所以在 $(0,1)$ 内至少存在一点 ξ，使
$$\frac{f(1)-f(0)}{g(1)-g(0)}=\frac{f'(\xi)}{g'(\xi)},\quad \text{即}\frac{f(1)-f(0)}{1-0}=\frac{f'(\xi)}{3\xi^{2}},$$

变形得，
$$f'(\xi)=3\xi^{2}[f(1)-f(0)].$$

习题 3 - 1

1. 已知函数 $f(x)=(x-1)(x-2)(x-3)(x-4)$，讨论方程 $f'(x)=0$ 的实根个数，并指出它们所在的区间。

2. 证明恒等式 $\arctan x+\operatorname{arccot}x=\frac{\pi}{2}$，其中 $x\in(-\infty,+\infty)$。

3. 验证函数 $f(x)=\arctan x$ 在 $[0,1]$ 上满足拉格朗日中值定理，并由拉格朗日中值定理求 ξ 的值。

4. 利用拉格朗日中值定理证明下列不等式。

(1)若 $x>0$，试证 $\frac{x}{1+x^{2}}<\arctan x<x$；

（2）若 $0<a\leqslant b$，试证 $\dfrac{b-a}{b}\leqslant\ln\dfrac{b}{a}\leqslant\dfrac{b-a}{a}$.

5. 设函数 $f(x)$ 在 $[0,1]$ 上连续，在 $(0,1)$ 内可导. 试证明至少存在一点 $\xi\in(0,1)$，使
$$f'(\xi)=2\xi[f(1)-f(0)].$$

6. 设 $f(x)$ 在 $[a,b]$ 上连续，在 (a,b) 内可导，且 $f(a)=f(b)=0$. 证明：存在 $\xi\in(a,b)$，使 $f'(\xi)=f(\xi)$ 成立.

7. 设函数 $f(x)$ 在 (a,b) 内具有二阶导数，且 $f(x_1)=f(x_2)=f(x_3)$，其中 $a<x_1<x_2<x_3<b$，证明：在 (x_1,x_3) 内至少有一点 ξ，使 $f''(\xi)=0$.

3-2 洛必达法则

如果当 $x\to x_0$ 或 $x\to\infty$ 时，函数 $f(x)$，$g(x)$ 都趋向 0 或 ∞，那么极限 $\lim\limits_{x\to x_0}\dfrac{f(x)}{g(x)}$ 称为未定式，并简记为 $\dfrac{0}{0}$ 型或 $\dfrac{\infty}{\infty}$ 型. 在第 1 章中，我们计算过这两种未定式，需要经过恒等变形将其转化成可利用极限运算法则或重要极限的形式，但这种方法不具有普适性. 本节将介绍另一种计算未定式的有效方法——洛必达法则.

1. $\dfrac{0}{0}$ 型未定式

法则 1 设函数 $f(x)$ 和 $g(x)$ 满足条件：
（1）$\lim\limits_{x\to a}f(x)=\lim\limits_{x\to a}g(x)=0$；
（2）在点 a 的某去心邻域内，$f'(x)$，$g'(x)$ 存在，且 $g'(x)\neq0$；
（3）$\lim\limits_{x\to a}\dfrac{f'(x)}{g'(x)}$ 存在（或为 ∞），

则有
$$\lim\limits_{x\to a}\dfrac{f(x)}{g(x)}=\lim\limits_{x\to a}\dfrac{f'(x)}{g'(x)}.$$

注意

如果 $\lim\limits_{x\to a}\dfrac{f'(x)}{g'(x)}$ 仍是 $\dfrac{0}{0}$ 型未定式，且函数 $f'(x)$ 与 $g'(x)$ 依然满足法则 1，则可再一次使用洛必达法则，依此类推. 洛必达法则可在某些题中重复使用多次.

例 3-8 求极限 $\lim\limits_{x\to1}\dfrac{x^5-5x+4}{x^3-x^2-x+1}$.

解：所求极限为 $\dfrac{0}{0}$ 型的未定式，故有
$$\lim\limits_{x\to1}\dfrac{x^5-5x+4}{x^3-x^2-x+1}=\lim\limits_{x\to1}\dfrac{5x^4-5}{3x^2-2x-1}=\lim\limits_{x\to1}\dfrac{20x^3}{6x-2}=5.$$

注意

(1)使用(尤其是重复使用)洛必达法则时，需要检验每一步是否满足法则的条件，比如

上例中的 $\lim\limits_{x\to1}\dfrac{20x^3}{6x-2}$ 已不是未定式，不能对它应用洛必达法则，否则会导致出现错误结果；

(2)在应用洛必达法则的过程中，能化简时应尽可能先化简，能应用等价无穷小替换

或重要极限时，应尽可能应用，以使运算尽可能简捷.

例 3 - 9　求极限 $\lim\limits_{x\to0}\dfrac{\mathrm{e}^{x^3}-1}{x-\sin x}$.

解：所求极限为 $\dfrac{0}{0}$ 型未定式，并注意到当 $x\to0$ 时，$\mathrm{e}^{x^3}-1\sim x^3$，所以

$$\lim_{x\to0}\frac{\mathrm{e}^{x^3}-1}{x-\sin x}=\lim_{x\to0}\frac{x^3}{x-\sin x}=\lim_{x\to0}\frac{3x^2}{1-\cos x}=\lim_{x\to0}\frac{6x}{\sin x}=6.$$

例 3 - 10　求极限 $\lim\limits_{x\to0}\dfrac{\mathrm{e}^x-\mathrm{e}^{-x}-2x}{x-\sin x}$.

解：所求极限为 $\dfrac{0}{0}$ 型未定式，所以

$$\lim_{x\to0}\frac{\mathrm{e}^x-\mathrm{e}^{-x}-2x}{x-\sin x}=\lim_{x\to0}\frac{\mathrm{e}^x+\mathrm{e}^{-x}-2}{1-\cos x}=\lim_{x\to0}\frac{\mathrm{e}^x-\mathrm{e}^{-x}}{\sin x}$$

$$=\lim_{x\to0}\frac{\mathrm{e}^x+\mathrm{e}^{-x}}{\cos x}=2.$$

洛必达法则

例 3 - 11　求极限 $\lim\limits_{x\to0}\dfrac{\tan x-x}{x^2\sin x}$.

解：所求极限为 $\dfrac{0}{0}$ 型未定式，并注意到当 $x\to0$ 时 $\sin x\sim x$，所以

$$\lim_{x\to0}\frac{\tan x-x}{x^2\sin x}=\lim_{x\to0}\frac{\tan x-x}{x^3}=\lim_{x\to0}\frac{\sec^2 x-1}{3x^2}=\frac{1}{3}\lim_{x\to0}\frac{\tan^2 x}{x^2}=\frac{1}{3}.$$

例 3 - 12　求极限 $\lim\limits_{x\to0}\dfrac{3x-\sin3x}{(1-\cos x)\ln(1+2x)}$.

解：所求极限为 $\dfrac{0}{0}$ 型未定式，并注意到

当 $x\to0$ 时，$1-\cos x\sim\dfrac{1}{2}x^2$，$\ln(1+2x)\sim2x$，所以

$$\lim_{x\to0}\frac{3x-\sin3x}{(1-\cos x)\ln(1+2x)}=\lim_{x\to0}\frac{3x-\sin3x}{x^3}=\lim_{x\to0}\frac{3-3\cos3x}{3x^2}$$

$$=\lim_{x\to0}\frac{1-\cos3x}{x^2}=\lim_{x\to0}\frac{3\sin3x}{2x}=\frac{9}{2}.$$

注意

法则 1 对 $x\to\infty$ 的情况同样适用.

例 3 – 13 求极限 $\lim\limits_{x\to\infty}\dfrac{\tan\dfrac{1}{x}}{\tan\dfrac{4}{x}}$.

解： 所求极限是 $\dfrac{0}{0}$ 型未定式，运用法则 1 有

$$\lim_{x\to\infty}\frac{\tan\dfrac{1}{x}}{\tan\dfrac{4}{x}}=\lim_{x\to\infty}\frac{\sec^2\dfrac{1}{x}\cdot\left(-\dfrac{1}{x^2}\right)}{\sec^2\dfrac{4}{x}\cdot\left(-\dfrac{4}{x^2}\right)}=\frac{1}{4}\lim_{x\to\infty}\frac{\sec^2\dfrac{1}{x}}{\sec^2\dfrac{4}{x}}=\frac{1}{4}.$$

例 3 – 14 求极限 $\lim\limits_{x\to+\infty}\dfrac{\dfrac{\pi}{2}-\arctan x}{\dfrac{1}{x}}$.

解： 所求极限是 $\dfrac{0}{0}$ 型未定式，运用法则 1 有

$$\lim_{x\to+\infty}\frac{\dfrac{\pi}{2}-\arctan x}{\dfrac{1}{x}}=\lim_{x\to+\infty}\frac{-\dfrac{1}{1+x^2}}{-\dfrac{1}{x^2}}=\lim_{x\to+\infty}\frac{x^2}{1+x^2}=1.$$

2. $\dfrac{\infty}{\infty}$ 型未定式

法则 2 设函数 $f(x)$ 和 $g(x)$ 满足条件：

(1) $\lim\limits_{x\to a}f(x)=\lim\limits_{x\to a}g(x)=\infty$；

(2) 在点 a 的某去心邻域内，$f'(x)$，$g'(x)$ 存在，且 $g'(x)\neq0$；

(3) $\lim\limits_{x\to a}\dfrac{f'(x)}{g'(x)}$ 存在（或为 ∞），

则有
$$\lim_{x\to a}\frac{f(x)}{g(x)}=\lim_{x\to a}\frac{f'(x)}{g'(x)}.$$

例 3 – 15 求极限 $\lim\limits_{x\to0^+}\dfrac{\ln x}{\cot x}$.

解： 所求极限是 $\dfrac{\infty}{\infty}$ 型未定式，运用法则 2 有

$$\lim_{x\to0^+}\frac{\ln x}{\cot x}=\lim_{x\to0^+}\frac{\dfrac{1}{x}}{-\csc^2 x}=-\lim_{x\to0^+}\frac{1}{x}\sin^2 x=-\lim_{x\to0^+}\frac{\sin x}{x}\cdot\lim_{x\to0^+}\sin x=0.$$

例 3 – 16 求极限 $\lim\limits_{x\to0^+}\dfrac{\ln\sin x}{\ln\sin3x}$.

解： 所求极限是 $\dfrac{\infty}{\infty}$ 型未定式，运用法则 2 有

$$\lim_{x \to 0^+} \frac{\ln \sin x}{\ln \sin 3x} = \lim_{x \to 0^+} \frac{\dfrac{1}{\sin x} \cdot \cos x}{\dfrac{1}{\sin 3x} \cdot \cos 3x \cdot 3}$$

$$= \frac{1}{3} \lim_{x \to 0^+} \frac{\sin 3x}{\sin x} \lim_{x \to 0^+} \frac{\cos x}{\cos 3x}$$

$$= \frac{1}{3} \lim_{x \to 0^+} \frac{\sin 3x}{\sin x} = 1.$$

注意

法则 2 对 $x \to \infty$ 的情况也同样适用.

例 3 - 17　求极限 $\lim\limits_{x \to \infty} \dfrac{3x^2 + 5x}{6x^2 + 2x - 1}$.

解：所求极限是 $\dfrac{\infty}{\infty}$ 型未定式，重复运用法则 2 有

$$\lim_{x \to \infty} \frac{3x^2 + 5x}{6x^2 + 2x - 1} = \lim_{x \to \infty} \frac{6x + 5}{12x + 2} = \lim_{x \to \infty} \frac{6}{12} = \frac{1}{2}.$$

例 3 - 18　求极限 $\lim\limits_{x \to +\infty} \dfrac{x^n}{e^{\lambda x}}$（$n$ 为正整数，$\lambda > 0$）.

解：所求极限是 $\dfrac{\infty}{\infty}$ 型未定式，重复运用洛必达法则 n 次，得

$$\lim_{x \to +\infty} \frac{x^n}{e^{\lambda x}} = \lim_{x \to +\infty} \frac{nx^{n-1}}{\lambda e^{\lambda x}} = \lim_{x \to +\infty} \frac{n(n-1)x^{n-2}}{\lambda^2 e^{\lambda x}} = \cdots = \lim_{x \to +\infty} \frac{n!}{\lambda^n e^{\lambda x}} = 0.$$

3. $0 \cdot \infty$ 型和 $\infty - \infty$ 型未定式

对于 $0 \cdot \infty$ 型和 $\infty - \infty$ 型的未定式可以利用恒等运算将其转化为 $\dfrac{0}{0}$ 型或 $\dfrac{\infty}{\infty}$ 型未定式，再使用洛必达法则求解.

例 3 - 19　求极限 $\lim\limits_{x \to 0^+} x^2 \cdot \ln x$.

解：所求极限是 $0 \cdot \infty$ 型未定式，可化为 $\dfrac{\infty}{\infty}$ 型未定式，有

$$\lim_{x \to 0^+} x^2 \cdot \ln x = \lim_{x \to 0^+} \frac{\ln x}{x^{-2}} = \lim_{x \to 0^+} \frac{\dfrac{1}{x}}{-2x^{-3}} = -\lim_{x \to 0^+} \frac{x^2}{2} = 0.$$

例 3 - 20　求极限 $\lim\limits_{x \to 0} \left(\dfrac{1}{\sin x} - \dfrac{1}{x} \right)$.

解：所求极限是 $\infty - \infty$ 型未定式，可化为 $\dfrac{0}{0}$ 型未定式，有

$$\lim_{x \to 0} \left(\frac{1}{\sin x} - \frac{1}{x} \right) = \lim_{x \to 0} \frac{x - \sin x}{x \cdot \sin x} = \lim_{x \to 0} \frac{x - \sin x}{x^2} = \lim_{x \to 0} \frac{1 - \cos x}{2x} = \lim_{x \to 0} \frac{\sin x}{2} = 0.$$

例 3-21 求极限 $\lim\limits_{x \to 0}\left(\dfrac{1}{x} - \dfrac{2}{e^{2x}-1}\right)$.

解：所求极限是 $\infty - \infty$ 型未定式，可化为 $\dfrac{0}{0}$ 型未定式，有

$$\lim_{x\to 0}\left(\frac{1}{x}-\frac{2}{e^{2x}-1}\right)=\lim_{x\to 0}\frac{e^{2x}-1-2x}{x(e^{2x}-1)}=\lim_{x\to 0}\frac{e^{2x}-1-2x}{x\cdot 2x}=\lim_{x\to 0}\frac{2e^{2x}-2}{4x}=\lim_{x\to 0}\frac{4e^{2x}}{4}=1.$$

4. 0^0 型、1^∞ 型和 ∞^0 型未定式

对于 0^0 型、1^∞ 型和 ∞^0 型的未定式，可先用对数恒等式 $x=e^{\ln x}\ (x>0)$ 或取对数法将函数变形，将其转化为 $\dfrac{0}{0}$ 型或 $\dfrac{\infty}{\infty}$ 型未定式，然后利用初等函数的连续性求出结果.

例 3-22 求极限 $\lim\limits_{x\to 0^+}x^x$.

解：所求极限是 0^0 型未定式，变换得到

$$x^x=e^{\ln x^x}=e^{x\ln x}.$$

所以
$$\lim_{x\to 0^+}x^x=\lim_{x\to 0^+}e^{x\ln x}=e^{\lim\limits_{x\to 0^+}x\ln x}=e^{\lim\limits_{x\to 0^+}\frac{\ln x}{\frac{1}{x}}}=e^{\lim\limits_{x\to 0^+}(-x)}=e^0=1.$$

例 3-23 求极限 $\lim\limits_{x\to 0^+}(\sin 2x)^x$.

解：所求极限是 0^0 型未定式，变换得到 $(\sin 2x)^x=e^{x\ln\sin 2x}=e^{\frac{\ln\sin 2x}{\frac{1}{x}}}$.

$\lim\limits_{x\to 0^+}\dfrac{\ln\sin 2x}{\frac{1}{x}}$ 为 $\dfrac{\infty}{\infty}$ 型未定式，可应用洛必达法则计算.

$$\lim_{x\to 0^+}\frac{\ln\sin 2x}{\frac{1}{x}}=\lim_{x\to 0^+}\frac{\frac{1}{\sin 2x}\cdot\cos 2x\cdot 2}{-\frac{1}{x^2}}=-2\lim_{x\to 0^+}\frac{x^2\cdot\cos 2x}{\sin 2x}=-2\lim_{x\to 0^+}\frac{x^2\cdot\cos 2x}{2x}=0,$$

所以
$$\lim_{x\to 0^+}(\sin 2x)^x=e^0=1.$$

例 3-24 求极限 $\lim\limits_{x\to 1}x^{\frac{1}{1-x}}$.

解：所求极限是 1^∞ 型未定式，变换得到

$$\lim_{x\to 1}x^{\frac{1}{1-x}}=\lim_{x\to 1}e^{\frac{1}{1-x}\ln x}=e^{\lim\limits_{x\to 1}\frac{\ln x}{1-x}}=e^{\lim\limits_{x\to 1}\frac{\frac{1}{x}}{-1}}=e^{-1}.$$

例 3-25 求极限 $\lim\limits_{x\to 0}\dfrac{x^2\sin\frac{1}{x}}{\sin x}$.

解：所求极限属于 $\dfrac{0}{0}$ 型的未定式. 对其分子、分母分别求导后，将其化为 $\lim\limits_{x\to 0}\dfrac{2x\sin\frac{1}{x}-\cos\frac{1}{x}}{\cos x}$,

此式振荡无极限，故洛必达法则失效，不能使用. 但原极限是存在的，可用下列方法.

$$\lim_{x \to 0} \frac{x^2 \sin \dfrac{1}{x}}{\sin x} = \lim_{x \to 0} \left(\frac{x}{\sin x} \cdot x \sin \frac{1}{x} \right) = \lim_{x \to 0} \frac{x}{\sin x} \cdot \lim_{x \to 0} x \sin \frac{1}{x} = 1 \cdot 0 = 0.$$

习题 3 - 2

用洛必达法则求下列函数的极限.

(1) $\lim\limits_{x \to 0} \dfrac{e^x - e^{-x}}{\sin x}$;

(2) $\lim\limits_{x \to 1} \dfrac{x^3 - 3x + 2}{x^3 - 5x + 4}$;

(3) $\lim\limits_{x \to 0} \dfrac{1 - \cos^2 x}{x^2}$;

(4) $\lim\limits_{x \to +\infty} \dfrac{(\ln x)^2}{x}$;

(5) $\lim\limits_{x \to 0} \dfrac{e^x - 1}{x e^x + e^x - 1}$;

(6) $\lim\limits_{x \to 0} \dfrac{x - \ln(x + 1)}{x^2}$;

(7) $\lim\limits_{x \to 0} \dfrac{x - \sin x}{x^3}$;

(8) $\lim\limits_{x \to 0} \dfrac{\tan x - x}{x - \sin x}$;

(9) $\lim\limits_{x \to 0} \dfrac{\arctan x - x}{\ln(1 + x^3)}$;

(10) $\lim\limits_{x \to 0} \dfrac{x - x \cos x}{x - \sin x}$;

(11) $\lim\limits_{x \to 0} \dfrac{2x e^x - e^x + 1}{6(e^x - 1) e^x}$;

(12) $\lim\limits_{x \to 2} \dfrac{x^4 - 16}{x^3 + 5x^2 - 6x - 16}$;

(13) $\lim\limits_{x \to \frac{\pi}{2}} (\sec x - \tan x)$;

(14) $\lim\limits_{x \to +\infty} \dfrac{\ln(1 + e^x)}{x}$;

(15) $\lim\limits_{x \to 0} \left(\dfrac{1}{x^2} - \dfrac{1}{x \tan x} \right)$;

(16) $\lim\limits_{x \to 0} \left(\dfrac{1}{x} - \dfrac{1}{e^x - 1} \right)$;

(17) $\lim\limits_{x \to +\infty} \ln(1 + 2^x) \ln\left(1 + \dfrac{3}{x} \right)$;

(18) $\lim\limits_{x \to 1} (1 - x^2) \tan \dfrac{\pi}{2} x$;

(19) $\lim\limits_{x \to 0^+} x^{\tan x}$;

(20) $\lim\limits_{x \to \frac{\pi}{2}^-} (\tan x)^{\cos x}$;

(21) $\lim\limits_{x \to 0} \left(\dfrac{\sin x}{x} \right)^{\frac{1}{1 - \cos x}}$;

(22) $\lim\limits_{x \to \infty} \left[(2 + x) e^{\frac{1}{x}} - x \right]$.

3 - 3　泰勒公式

　　对于一些复杂的函数，为了便于研究，往往希望通过一些简单的函数来近似表示它们. 多项式函数是比较简单的一类函数，只要对自变量进行有限次的加、减、乘 3 种算术运算，就能求出其函数值，因此我们常用多项式来近似地表达函数.

　　通过微分的定义可知，若函数 $f(x)$ 在点 x_0 处可导，则在点 x_0 处附近有表达式 $f(x) = f(x_0) + f'(x_0)(x - x_0) + o(x - x_0)$. 它表明，函数 $f(x)$ 可以用 $x - x_0$ 的线性函数近似表示，

即当 $|x-x_0|$ 很小时，$f(x) \approx f(x_0) + f'(x_0)(x-x_0)$，这个近似公式的误差是关于 $x-x_0$ 的高阶无穷小. 但是这种近似表示的精确度不高，也无法具体估算误差的大小. 当精度要求较高而且需要估计误差时，就希望用更高次的多项式来逼近函数. 于是，提出以下问题.

设 $f(x)$ 在点 x_0 处具有 n 阶导数，试找出一个关于 $x-x_0$ 的 n 次多项式

$$T_n(x) = a_0 + a_1(x-x_0) + a_2(x-x_0)^2 + \cdots + a_n(x-x_0)^n \qquad (3-1)$$

来近似表示 $f(x)$，并要求 $T_n(x)$ 与 $f(x)$ 之差为 $o[(x-x_0)^n]$.

假设 $T_n(x)$ 及它的直到 n 阶导数在点 x_0 处的函数值依次与 $f(x_0), f'(x_0), \cdots,$ $f^{(n)}(x_0)$ 相等，即满足

$$T_n(x_0) = f(x_0), T'_n(x_0) = f'(x_0), T''_n(x_0) = f''(x_0), \cdots, T_n^{(n)}(x_0) = f^{(n)}(x_0).$$

这样就可以得到系数 $a_0, a_1, a_2, \cdots, a_n,$

$$a_0 = f(x_0), a_1 = \frac{f'(x_0)}{1!}, a_2 = \frac{f''(x_0)}{2!}, \cdots, a_n = \frac{f^{(n)}(x_0)}{n!}.$$

由此可见，多项式 $T_n(x)$ 的各项系数由 $f(x)$ 在点 x_0 处的各阶导数值唯一确定. 将系数代入公式（3-1），得到要找的 n 次多项式.

$$T_n(x) = f(x_0) + f'(x_0)(x-x_0) + \frac{f''(x_0)}{2!}(x-x_0)^2 + \cdots + \frac{f^{(n)}(x_0)}{n!}(x-x_0)^n.$$

$$(3-2)$$

下面将要证明 $f(x) - T_n(x) = o[(x-x_0)^n]$，即用公式（3-2）逼近 $f(x)$ 时，其误差为关于 $(x-x_0)^n$ 的高阶无穷小量.

定理 3-4（泰勒中值定理 1） 若函数 $f(x)$ 在点 x_0 处具有 n 阶导数，那么存在点 x_0 的一个邻域，对于该邻域内的任一 x，有

$$f(x) = f(x_0) + f'(x_0)(x-x_0) + \frac{f''(x_0)}{2!}(x-x_0)^2 + \cdots + \frac{f^{(n)}(x_0)}{n!}(x-x_0)^n + R_n(x),$$

$$(3-3)$$

其中 $R_n(x) = o[(x-x_0)^n]$.

证明： 设 $R_n(x) = f(x) - T_n(x)$，现在只需证明 $\lim\limits_{x \to x_0} \dfrac{R_n(x)}{(x-x_0)^n} = 0$.

因为 $T_n(x_0) = f(x_0)$，$T'_n(x_0) = f'(x_0), T''_n(x_0) = f''(x_0), \cdots, T_n^{(n)}(x_0) = f^{(n)}(x_0)$，所以 $R_n(x_0) = R'_n(x_0) = \cdots = R_n^{(n)}(x_0) = 0$.

因为 $f(x)$ 在点 x_0 处具有 n 阶导数，所以 $f(x)$ 必在点 x_0 的某邻域 $U(x_0)$ 内存在 $n-1$ 阶导数，从而 $R_n(x)$ 也在该邻域内存在 $n-1$ 阶导数. 于是，当 $x \in \mathring{U}(x_0)$ 且 $x \to x_0$ 时，反复应用洛必达法则 $n-1$ 次，得到

$$\lim_{x \to x_0} \frac{R_n(x)}{(x-x_0)^n} = \lim_{x \to x_0} \frac{R'_n(x)}{n(x-x_0)^{n-1}} = \lim_{x \to x_0} \frac{R''_n(x)}{n(n-1)(x-x_0)^{n-2}}$$

$$= \cdots = \lim_{x \to x_0} \frac{R_n^{(n-1)}(x)}{n!(x-x_0)} = \lim_{x \to x_0} \frac{R_n^{(n-1)}(x) - R_n^{(n-1)}(x_0)}{n!(x-x_0)}$$

$$= \frac{1}{n!} \lim_{x \to x_0} \frac{R_n^{(n-1)}(x) - R_n^{(n-1)}(x_0)}{(x-x_0)} = \frac{1}{n!} R_n^{(n)}(x_0) = 0.$$

因此，$R_n(x) = o[(x-x_0)^n]$．

多项式(3-2)称为函数 $f(x)$ 在点 x_0 处的 n 次**泰勒多项式**，$T_n(x)$ 的各项系数 $\dfrac{f^{(k)}(x_0)}{k!}(k=1,2,\cdots,n)$ 称为**泰勒系数**．公式(3-3)称为函数 $f(x)$ 在点 x_0 处的带有**佩亚诺余项**的 n 次**泰勒公式**．$R_n(x) = o[(x-x_0)^n]$ 称为**佩亚诺余项**．

佩亚诺余项只是定性地告诉我们：当 $x \to x_0$ 时，逼近误差是较 $(x-x_0)^n$ 高阶的无穷小，但不能具体估算误差的大小．下面我们给出另一种余项形式的泰勒公式，以便于对误差进行具体的计算或估计．

定理 3-5(泰勒中值定理 2) 若函数 $f(x)$ 在 x_0 的某个邻域 $U(x_0)$ 内具有 $n+1$ 阶导数，那么对任一 $x \in U(x_0)$，有

$$f(x) = f(x_0) + f'(x_0)(x-x_0) + \frac{f''(x_0)}{2!}(x-x_0)^2 + \cdots + \frac{f^{(n)}(x_0)}{n!}(x-x_0)^n + R_n(x),$$

$$(3-4)$$

其中 $R_n(x) = f(x) - T_n(x) = \dfrac{f^{(n+1)}(\xi)}{(n+1)!}(x-x_0)^{n+1}$（这里 ξ 是在 x_0 与 x 之间的某个值）．

公式(3-4)称为函数 $f(x)$ 在点 x_0 处的带有**拉格朗日余项**的 n 次**泰勒公式**．

$R_n(x) = f(x) - T_n(x) = \dfrac{f^{(n+1)}(\xi)}{(n+1)!}(x-x_0)^{n+1}$ 称为**拉格朗日余项**．

注意

当 $n=0$ 时，泰勒公式(3-4)就会变成拉格朗日中值公式
$$f(x) = f(x_0) + f'(\xi)(x-x_0)(x_0 < \xi < x).$$

因此，泰勒中值定理 2 可看作拉格朗日中值定理的推广．

在泰勒公式(3-3)中取 $x_0=0$，可得到带有佩亚诺余项的麦克劳林公式：

$$f(x) = f(0) + f'(0)x + \frac{f''(0)}{2!}x^2 + \cdots + \frac{f^{(n)}(0)}{n!}x^n + o(x^n). \qquad (3-5)$$

在泰勒公式(3-4)中取 $x_0=0$，可得到带有拉格朗日余项的麦克劳林公式：

$$f(x) = f(0) + f'(0)x + \frac{f''(0)}{2!}x^2 + \cdots + \frac{f^{(n)}(0)}{n!}x^n + \frac{f^{(n+1)}(\theta x)}{(n+1)!}x^{n+1}(0 < \theta < 1).$$

$$(3-6)$$

例 3-26 求 $f(x) = e^x$ 的带有拉格朗日余项的 n 阶麦克劳林公式．

解：因为

$$f'(x) = f''(x) = \cdots = f^{(n)}(x) = e^x,$$

所以

$$f'(0) = f''(0) = \cdots = f^{(n)}(0) = 1.$$

注意到 $f^{(n+1)}(\theta x) = e^{\theta x}$，将其代入公式(3-6)，得

$$e^x = 1 + x + \frac{x^2}{2!} + \cdots + \frac{x^n}{n!} + \frac{e^{\theta x}}{(n+1)!}x^{n+1}(0 < \theta < 1). \qquad (3-7)$$

因此

$$e^x \approx 1 + x + \frac{x^2}{2!} + \cdots + \frac{x^n}{n!}.$$

其误差

$$|R_n(x)| = \left| \frac{e^{\theta x}}{(n+1)!} x^{n+1} \right| < \frac{e^{|x|}}{(n+1)!} |x|^{n+1} \quad (0 < \theta < 1).$$

如果取 $x = 1$，则得无理数 e 的近似表达式：$e \approx 1 + 1 + \frac{1}{2!} + \cdots + \frac{1}{n!}$.

其误差 $|R_n| < \dfrac{e}{(n+1)!} < \dfrac{3}{(n+1)!}$.

例 3 - 27 求 $f(x) = \sin x$ 的带有拉格朗日余项的 n 阶麦克劳林公式.

解：因为

$$f'(x) = \cos x, f''(x) = -\sin x, f'''(x) = -\cos x, f^{(4)}(x) = \sin x, \cdots, f^{(n)}(x) = \sin\left(x + \frac{n\pi}{2}\right),$$

所以

$$f'(0) = 1, f''(0) = 0, f'''(0) = -1, f^{(4)}(0) = 0, \cdots$$

将其代入公式(3 - 6)，令 $n = 2m$，得

$$\sin x = x - \frac{x^3}{3!} + \frac{x^5}{5!} - \cdots + (-1)^{m-1} \frac{x^{2m-1}}{(2m-1)!} + R_{2m}(x), \tag{3-8}$$

其中

$$R_{2m}(x) = \frac{\sin\left[\theta x + (2m+1)\frac{\pi}{2}\right]}{(2m+1)!} x^{2m+1} = (-1)^m \frac{\cos\theta x}{(2m+1)!} x^{2m+1} \quad (0 < \theta < 1).$$

若分别取 $m = 1, 2, 3$，就可得到近似表达式

$$\sin x \approx x, \quad \sin x \approx x - \frac{x^3}{3!}, \quad \sin x \approx x - \frac{x^3}{3!} + \frac{x^5}{5!}.$$

类似地，还可以得到如下几个常用的带有拉格朗日余项或佩亚诺余项的麦克劳林公式.

$$\cos x = 1 - \frac{x^2}{2!} + \frac{x^4}{4!} + \cdots + (-1)^m \frac{x^{2m}}{(2m)!} + (-1)^{m+1} \frac{\cos\theta x}{(2m+2)!} x^{2m+2} \quad (0 < \theta < 1);$$
$$\tag{3-9}$$

$$\ln(1+x) = x - \frac{x^2}{2} + \frac{x^3}{3} + \cdots + (-1)^{n-1} \frac{x^n}{n} + (-1)^n \frac{x^{n+1}}{(n+1)(1+\theta x)^{n+1}} \quad (0 < \theta < 1, \ x > -1);$$
$$\tag{3-10}$$

$$(1+x)^\alpha = 1 + \alpha x + \frac{\alpha(\alpha-1)}{2!} x^2 + \cdots + \frac{\alpha(\alpha-1)\cdots(\alpha-n+1)}{n!} x^n + o(x^n); \tag{3-11}$$

$$\frac{1}{1-x} = 1 + x + x^2 + \cdots + x^n + o(x^n). \tag{3-12}$$

利用上述麦克劳林公式，可间接求得其他一些函数的展开式，还可用来求某些函数的极限.

例 3 - 28 求 $y = \dfrac{1}{3-x}$ 在 $x=1$ 处带有佩亚诺余项的泰勒公式.

解： $y = \dfrac{1}{3-x} = \dfrac{1}{2-(x-1)} = \dfrac{1}{2} \cdot \dfrac{1}{1-\dfrac{x-1}{2}}$

$$= \dfrac{1}{2} \cdot \left[1 + \dfrac{x-1}{2} + \left(\dfrac{x-1}{2} \right)^2 + \cdots + \left(\dfrac{x-1}{2} \right)^n + o\left(\dfrac{x-1}{2} \right)^n \right]$$

$$= \dfrac{1}{2} + \dfrac{x-1}{2^2} + \dfrac{(x-1)^2}{2^3} + \cdots + \dfrac{(x-1)^n}{2^{n+1}} + o\left[(x-1)^n \right].$$

例 3 - 29 求 $\ln x$ 在 $x=2$ 处带有佩亚诺余项的泰勒公式.

解： 因为

$$\ln x = \ln[2+(x-2)] = \ln\left[2\left(1 + \dfrac{x-2}{2} \right) \right] = \ln 2 + \ln\left(1 + \dfrac{x-2}{2} \right),$$

所以

$$\ln x = \ln 2 + \dfrac{1}{2}(x-2) - \dfrac{1}{2 \cdot 2^2}(x-2)^2 + \cdots + (-1)^{n-1} \dfrac{1}{n \cdot 2^n}(x-2)^n + o\left[(x-2)^n \right].$$

例 3 - 30 求极限 $\lim\limits_{x \to 0} \dfrac{\cos x - e^{-\frac{x^2}{2}}}{x^4}$.

解： 本题若用洛必达法则求解会比较烦琐，所以这里应用泰勒公式求解.

考虑到分母为 x^4，我们用麦克劳林公式表示分子，取 $n=4$，并利用公式(3 - 7)、公式(3 - 9)得，

$$e^{-\frac{x^2}{2}} = 1 - \dfrac{x^2}{2} + \dfrac{x^4}{8} + o(x^4),$$

$$\cos x = 1 - \dfrac{x^2}{2} + \dfrac{x^4}{24} + o(x^4),$$

故

$$\cos x - e^{-\frac{x^2}{2}} = -\dfrac{x^4}{12} + o(x^4).$$

因此

$$\lim\limits_{x \to 0} \dfrac{\cos x - e^{-\frac{x^2}{2}}}{x^4} = \lim\limits_{x \to 0} \dfrac{-\dfrac{1}{12}x^4 + o(x^4)}{x^4} = -\dfrac{1}{12}.$$

例 3 - 31 计算 $\lim\limits_{x \to 0} \dfrac{e^{x^2} + 2\cos x - 3}{x^4}$.

解： 因为

$$e^{x^2} = 1 + x^2 + \dfrac{1}{2!}x^4 + o(x^4), \quad \cos x = 1 - \dfrac{x^2}{2!} + \dfrac{x^4}{4!} + o(x^4),$$

所以

$$e^{x^2} + 2\cos x - 3 = \left(\dfrac{1}{2!} + 2 \cdot \dfrac{1}{4!} \right)x^4 + o(x^4),$$

从而

$$\lim\limits_{x \to 0} \dfrac{e^{x^2} + 2\cos x - 3}{x^4} = \lim\limits_{x \to 0} \dfrac{\dfrac{7}{12}x^4 + o(x^4)}{x^4} = \dfrac{7}{12}.$$

习题 3 - 3

1. 将多项式 $f(x)=x^4-5x^3+x^2-3x+4$ 按 $(x-4)$ 的乘幂展开.

2. 将多项式 $f(x)=x^6-2x^2-x+3$ 按 $(x+1)$ 的乘幂展开.

3. 求函数 $f(x)=\dfrac{1}{x}$ 按 $(x+1)$ 的乘幂展开的带有拉格朗日余项的 n 阶泰勒公式.

4. 利用泰勒公式计算下列极限.

(1) $\lim\limits_{x\to0}\dfrac{\cos x-e^{-\frac{x^2}{2}}}{x^2(x+\ln(1-x))}$;

(2) $\lim\limits_{x\to0}\dfrac{\sin x-x+\frac{1}{6}x^3}{x^5}$.

5. 确定常数 a 和 b，当 $x\to0$ 时，使 $f(x)=x-(a+b\cos x)\sin x$ 为 x 的 5 阶无穷小.

6. 设函数 $f(x)$ 在 (a,b) 内有二阶导数，且 $f''(x)>0$，证明对于 (a,b) 内任意两点 x_1,x_2，恒有 $\dfrac{1}{2}[f(x_1)+f(x_2)]>f\left(\dfrac{x_1+x_2}{2}\right)$.

提示：令 $x_0=\dfrac{x_1+x_2}{2}$，分别将 $f(x_1)$ 与 $f(x_2)$ 用 x_0 处的一阶泰勒公式来表示.

3 - 4　函数的单调性与曲线的凹凸性

3 - 4 - 1　函数单调性的判定

观察图形（见图 3 - 3），单调增加（减少）的函数，曲线上各点的切线与 x 轴的正向成锐（钝）角，即各点切线的斜率是非负（正）的，也就是说各点的导数是非负（正）的，这说明函数的单调性与导数的符号之间有着密切的联系.

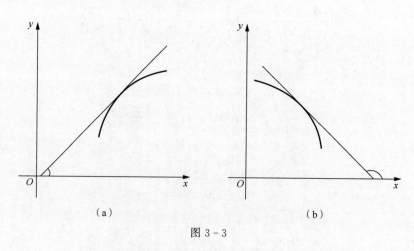

(a)　　　　(b)

图 3 - 3

定理 3 - 6　设函数 $f(x)$ 在 $[a,b]$ 上连续，在开区间 (a,b) 内可导．

(1)如果在区间 (a,b) 内 $f'(x)\geqslant0$，且等号仅在有限多个点处成立，则 $f(x)$ 在 (a,b) 内单调增加；

(2)如果在区间 (a,b) 内 $f'(x)\leqslant0$，且等号仅在有限多个点处成立，则 $f(x)$ 在 (a,b) 内单调减少．

证明：证(1)．在 (a,b) 内任取两点 x_1，x_2，不妨设 $x_1<x_2$．显然 $f(x)$ 在 $[x_1,x_2]$ 上满足拉格朗日中值定理，即有

$$f(x_2)-f(x_1)=f'(\xi)(x_2-x_1)\quad(x_1<\xi<x_2).$$

由条件知 $f'(\xi)>0$，且 $x_2-x_1>0$，

所以 $\qquad\qquad\qquad f(x_2)-f(x_1)=f'(\xi)(x_2-x_1)>0.$

因此 $f(x_2)-f(x_1)>0$，即 $f(x_2)>f(x_1)$，从而 $f(x)$ 在 (a,b) 内单调增加．

此外，如果 $f'(x)$ 在 (a,b) 内的某点 $x=c$ 处等于零，而在其余各点处均为正，那么 $f(x)$ 在 (a,c) 和 (c,b) 内都是单调增加的，因此在区间 (a,b) 内仍然是单调增加的．如果 $f'(x)$ 在 (a,b) 内等于零的点为有限个，只要它在其余各点处保持正号，那么 $f(x)$ 在 (a,b) 上仍是单调增加的．

类似可证(2)．

这个定理说明利用导数的符号能判定函数的增减性．例如因为 $(x^2)'=2x$，所以 $f(x)=x^2$ 的单调增加区间为 $(0,+\infty)$，单调减少区间为 $(-\infty,0)$，$x=0$ 是其单调增加区间与单调减少区间的分界点；因为当 $x\neq0$ 时，$(\sqrt[3]{x^2})'=\dfrac{2}{3\sqrt[3]{x}}$，所以 $f(x)=\sqrt[3]{x^2}$ 的单调增加区间为 $(0,+\infty)$，单调减少区间为 $(-\infty,0)$，但在 $x=0$ 处导数不存在．

综合以上分析，在讨论函数的单调性时，一般按照下列步骤进行：

(1)确定函数的定义域；

(2)求 $f'(x)$，找出使 $f'(x)=0$ 或 $f'(x)$ 不存在的点；

(3)用这些点将定义域分为若干区间，讨论函数在这些区间上的单调性．

例 3 - 32　讨论函数 $f(x)=x^3-27x+4$ 的单调性．

解：(1)此函数的定义域为 $(-\infty,+\infty)$．

(2)$f'(x)=3x^2-27=3(x+3)(x-3)$，

令 $f'(x)=0$，得 $x_1=-3$，$x_2=3$．

(3)x_1，x_2 将函数的定义域分成 3 个区间：$(-\infty,-3)$，$(-3,3)$，$(3,+\infty)$．

当 $-\infty<x<-3$ 时，$f'(x)>0$，故 $f(x)$ 在 $(-\infty,-3)$ 内单调增加；

当 $-3<x<3$ 时，$f'(x)<0$，故 $f(x)$ 在 $(-3,3)$ 内单调减少；

当 $3<x<+\infty$ 时，$f'(x)>0$，故 $f(x)$ 在 $(3,+\infty)$ 内单调增加．

上述结果也可列表考察(见表 3 - 1)．

表 3 - 1

x	$(-\infty,-3)$	-3	$(-3,3)$	3	$(3,+\infty)$
$f'(x)$	$+$	0	$-$	0	$+$
$f(x)$	单调增加		单调减少		单调增加

例 3 - 33 确定函数 $f(x) = x(x-1)^{\frac{2}{3}}$ 的单调区间.

解：(1)此函数的定义域是 $(-\infty,+\infty)$.

(2)$f'(x) = (x-1)^{\frac{2}{3}} + \frac{2}{3}x(x-1)^{-\frac{1}{3}} = \frac{5x-3}{3\sqrt[3]{x-1}}$,

令 $f'(x) = 0$，得驻点 $x = \frac{3}{5}$. 导数不存在的点是 $x = 1$.

(3)以 $x = \frac{3}{5}$ 和 $x = 1$ 为分界点将 $(-\infty,+\infty)$ 分为 3 个子区间，列表讨论(见表 3 - 2).

表 3 - 2

x	$\left(-\infty,\frac{3}{5}\right)$	$\frac{3}{5}$	$\left(\frac{3}{5},1\right)$	1	$(1,+\infty)$
$f'(x)$	$+$	0	$-$	不存在	$+$
$f(x)$	单调增加		单调减少		单调增加

利用函数的单调性还可以证明不等式，使用这种方法的关键是选择适当的辅助函数. 一般来说，先通过把不等式的右端化为 0，把左端设为 $f(x)$；再确定 $f'(x)$ 的正负号，由单调性判定定理确定 $f(x)$ 的符号.

例 3 - 34 证明当 $x > 0$ 时，$x > \ln(1+x)$.

证明：令 $f(x) = x - \ln(1+x)$，则 $f(x)$ 在 $[0,+\infty)$ 上连续，且在 $(0,+\infty)$ 内可导，

$$f'(x) = 1 - \frac{1}{1+x} = \frac{x}{1+x} > 0,$$

由单调性判定定理知，$f(x)$ 在 $[0,+\infty)$ 上单调增加. 所以，当 $x > 0$ 时，有

$$f(x) > f(0) = 0,$$

即

$$x - \ln(1+x) > 0,$$

因此

$$x > \ln(1+x).$$

例 3 - 35 证明当 $x_2 > x_1 > e$ 时，$\frac{\ln x_2}{\ln x_1} < \frac{x_2}{x_1}$.

证明：原不等式等价于 $\frac{\ln x_2}{x_2} < \frac{\ln x_1}{x_1}$.

设 $f(x) = \frac{\ln x}{x}$，当 $x > e$ 时，$f'(x) = \frac{1-\ln x}{x^2} < 0$，所以 $f(x)$ 单调减少.

因此，当 $x_2>x_1>e$ 时，$f(x_2)<f(x_1)$，即 $\dfrac{\ln x_2}{\ln x_1}<\dfrac{x_2}{x_1}$.

利用函数的单调性证明不等式时，需先确定 $f'(x)$ 的符号. 若 $f'(x)$ 的符号不能明显确定，则需进一步确定 $f''(x)$（或 $f'(x)$ 某一部分的导数）的符号.

例 3 - 36　证明当 $x>0$ 时，$\cos x>1-\dfrac{x^2}{2}$.

证明： 设 $f(x)=\cos x-1+\dfrac{x^2}{2}$，则

$$f'(x)=-\sin x+x,\ f''(x)=-\cos x+1.$$

当 $x>0$ 时，$f''(x)\geqslant 0$，$f'(x)$ 单调增加，所以 $f'(x)>f'(0)=0$，则 $f(x)$ 单调增加，$f(x)>f(0)=0$，即 $\cos x>1-\dfrac{x^2}{2}$.

要准确地描绘函数的图形，仅知道函数的单调性是不够的，还应知道它的弯曲方向和分界点，也就是曲线的凹凸性与拐点.

3 - 4 - 2　曲线的凹凸性及其判别法

观察图 3 - 4(a)、(b)，可以看出曲线的弯曲方向，与曲线上切线的位置有关. 于是我们用曲线与其每一点处的切线的位置来描述曲线的弯曲方向. 若曲线弧位于其每一点切线的下方，则称曲线弧是凸的（见图 3 - 4(a)）；若曲线弧位于其每一点切线的上方，则称曲线弧是凹的（见图 3 - 4(b)）.

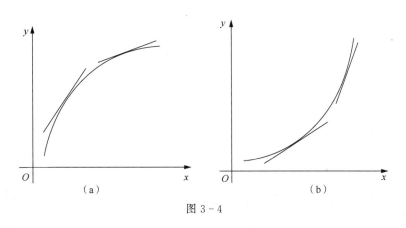

图 3 - 4

曲线的凹凸性也可以用连接曲线弧上任意两点的弦的中点与曲线弧上相应点（即具有相同横坐标的点）的位置关系来描述.

定义 3 - 1　设 $f(x)$ 在区间 I 上连续，如果对于 I 上的任意两点 x_1,x_2，恒有

(1) $f\left(\dfrac{x_1+x_2}{2}\right)<\dfrac{f(x_1)+f(x_2)}{2}$，则称 $f(x)$ 在 I 上的图形是**凹**的（或凹弧）（见图 3 - 5(a)）；

$(2) f\left(\dfrac{x_1+x_2}{2}\right) > \dfrac{f(x_1)+f(x_2)}{2}$，则称 $f(x)$ 在 I 上的图形是**凸的**（或**凸弧**）（见图 3-5(b)）.

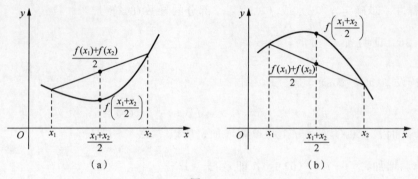

图 3-5

由图 3-6 可以看出，如果曲线是凹的，那么其切线的倾斜角 θ 随 x 的增大而增大，即切线的斜率单调增加. 由于切线的斜率就是 $f'(x)$，所以 $f'(x)$ 单调增加，进一步，有 $f''(x)>0$.

由图 3-7 可以看出，如果曲线是凸的，那么其切线的倾斜角 θ 随 x 的增大而减少，即切线的斜率单调减少. 由于切线的斜率就是 $f'(x)$，所以 $f'(x)$ 单调减少，进一步，有 $f''(x)<0$.

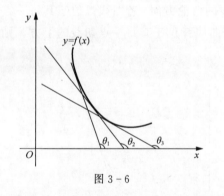

图 3-6

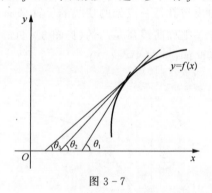

图 3-7

由以上讨论可得曲线凹凸性的判定定理.

定理 3-7(曲线凹凸性的判定定理)　设 $f(x)$ 在 $[a,b]$ 上连续，在 (a,b) 内具有一阶和二阶导数.

(1)如果在 (a,b) 内 $f''(x)>0$，则曲线在 (a,b) 内是凹的；

(2)如果在 (a,b) 内 $f''(x)<0$，则曲线在 (a,b) 内是凸的.

如果把这个判定定理中的闭区间换成其他区间（包括无穷区间），结论也成立.

曲线的凹凸性

一般地，连续曲线凹弧和凸弧的分界点称为曲线的**拐点**.

例如，函数 $f(x)=x^4$，$f''(x)=12x^2$，所以曲线在 $(-\infty,+\infty)$ 内是凹的；函数 $f(x)=x^3$，$f''(x)=6x$，所以曲线在 $(-\infty,0)$ 内是凸的，在 $(0,+\infty)$ 内是凹的，点 $(0,0)$ 为曲线的拐点.

一般来说，如果 $f(x)$ 在 (a,b) 内具有二阶导数，那么在凹凸的分界点处必然有 $f''(x)=0$. 除此之外，$f''(x)$ 不存在的点也有可能是拐点.

综合以上分析，可以按照下列步骤来求连续曲线的拐点：

(1)求函数 $f(x)$ 的二阶导数 $f''(x)$；

(2)找出 $f''(x)=0$ 的点和 $f''(x)$ 不存在的点；

(3)对于(2)中求出的每一个点，判断这些点的左、右两边 $f''(x)$ 的正负，若 $f''(x)$ 异号，则该点就是拐点，否则，该点就不是拐点.

例 3-37　求曲线 $y=x^4-2x^3+1$ 的凹、凸区间和拐点.

解：函数 $y=x^4-2x^3+1$ 的定义域为 $(-\infty,+\infty)$.
$$y'=4x^3-6x^2,\quad y''=12x^2-12x=12x(x-1).$$
令 $y''=0$，得 $x=0$ 和 $x=1$.

列表讨论如下(见表 3-3).

表 3-3

x	$(-\infty,0)$	0	$(0,1)$	1	$(1,+\infty)$
y''	+	0	−	0	+
y	凹	拐点 $(0,1)$	凸	拐点 $(1,0)$	凹

由表 3-3 可知，曲线的凹区间是 $(-\infty,0)$，$(1,+\infty)$；凸区间是 $(0,1)$；拐点是 $(0,1)$ 和 $(1,0)$，如图 3-8 所示.

例 3-38　求曲线 $y=\ln(x^2+1)$ 的凹、凸区间及拐点.

解：此函数的定义域为 $(-\infty,+\infty)$，
$$y'=\frac{1}{x^2+1}\cdot 2x,\quad y''=2\frac{x'(x^2+1)-(x^2+1)'x}{(x^2+1)^2}=\frac{2(1-x^2)}{(x^2+1)^2}.$$
当 $y''=0$ 时，得 $x_1=-1$，$x_2=1$.

x_1,x_2 将函数的定义域分成 3 个区间：$(-\infty,-1),(-1,1),(1,+\infty)$.

当 $-\infty<x<-1$ 时，$f''(x)<0$，故 $f(x)$ 在 $(-\infty,-1)$ 内是凸的；

当 $-1<x<1$ 时，$f''(x)>0$，故 $f(x)$ 在 $(-1,1)$ 内是凹的；

当 $1<x<+\infty$ 时，$f''(x)<0$，故 $f(x)$ 在 $(1,+\infty)$ 内是凸的.

所以 $(\pm 1,\ln 2)$ 为函数的两个拐点.

上述结果也可列表考察(见表 3-4).

表 3-4

x	$(-\infty,-1)$	−1	$(-1,1)$	1	$(1,+\infty)$
$f''(x)$	−	0	+	0	−
$f(x)$	凸	拐点	凹	拐点	凸

函数 $y=\ln(x^2+1)$ 的图形如图 3-9 所示.

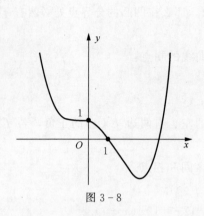

图 3 - 8

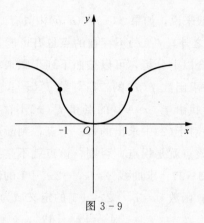

图 3 - 9

习题 3 - 4

1. 求下列函数的单调区间.

(1) $y = 2 + x - x^2$；   (2) $y = \dfrac{x^2}{1+x}$；   (3) $y = 2x^2 - \ln x$；

(4) $y = x - \arctan x$；   (5) $y = x^2 - \ln x^2$；   (6) $y = \dfrac{1-x}{1+x}$.

2. 利用函数的单调性证明不等式.

(1) 当 $x > 0$ 时，$x - \dfrac{x^2}{2} < \ln(1+x) < x$；

(2) 当 $0 < x < \dfrac{\pi}{2}$ 时，$\sin x + \tan x > 2x$.

3. 证明当 $0 < x < \dfrac{\pi}{2}$ 时，$\tan x > x + \dfrac{1}{3}x^3$.

4. 求下列函数的拐点及凹、凸区间.

(1) $y = x^3 - 5x^2 + 3x + 5$；   (2) $y = \ln(x + \sqrt{1+x^2})$；

(3) $y = \ln(x^2 + 1)$；   (4) $y = x\mathrm{e}^{-2x}$.

5. 求曲线 $f(x) = (x-1)\sqrt[3]{x^5}$ 的拐点.

3 - 5 函数的极值与最值

3 - 5 - 1 函数的极值

1. 极值的定义

定义 3 - 2 设函数 $f(x)$ 在点 x_0 的某邻域内有定义，若对该邻域内任意一点 x，都有

$f(x)<f(x_0)$（或 $f(x)>f(x_0)$），则称 $f(x_0)$ 为函数 $f(x)$ 的**极大值**（或**极小值**），称 x_0 为函数 $f(x)$ 的极大值点（极小值点）. 极大值和极小值统称为极值，极大值点和极小值点统称为**极值点**.

注意

极值是一个局部概念，它只是在某邻域内的最大值或最小值，而不是在函数的整个定义域内的最大值或最小值. 函数在整个定义域内可以有多个极值点，而且某个邻域内的极小值有可能比另一个邻域内的极大值还大，如图 3-10 所示.

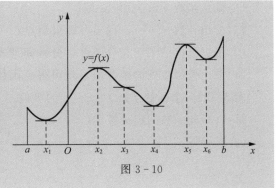

图 3-10

定理 3-8（极值的必要条件）　若函数 $f(x)$ 在点 x_0 处取得极值，且导数存在，则必有 $f'(x_0)=0$.

几何解释：从图形上看，若函数 $f(x)$ 在点 x_0 处取得极值，且 $f'(x_0)$ 存在，则曲线 $y=f(x)$ 在点 $(x_0,f(x_0))$ 处有水平切线（见图 3-10）.

注意

(1)定理 3-8 的逆命题不一定成立，例如函数 $f(x)=x^3$ 在点 $x=0$ 处的导数为 0，但该点不是函数的极值点（见图 3-11）. 通常称使函数的一阶导数等于 0 的点为**驻点**，显然驻点不一定是极值点.

(2)导数不存在的点，可能是函数的极值点，也可能不是. 例如函数 $f(x)=|x|$ 和 $f(x)=\sqrt[3]{x}$ 在点 $x=0$ 处的导数都不存在，但 $x=0$ 是 $f(x)=|x|$ 的极小值点，却不是 $f(x)=\sqrt[3]{x}$ 的极值点. 因此导数不存在的点不一定是极值点.

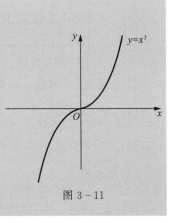

图 3-11

一般地，驻点及导数不存在的点都是可疑极值点. 那么怎样判别在可疑极值点是否取到极值呢？下面给出判别方法.

2. 极值判别法

定理 3-9（极值的第一充分条件）　设函数 $f(x)$ 在点 x_0 的某邻域内可导，$f'(x_0)=0$ 或在点 x_0 处的导数不存在，但在 x_0 处连续.

(1)如果当 $x<x_0$ 时，$f'(x)>0$；当 $x>x_0$ 时，$f'(x)<0$，则函数 $f(x)$ 在点 x_0 处取极大值.

(2)如果当 $x<x_0$ 时，$f'(x)<0$；当 $x>x_0$ 时，$f'(x)>0$，则函数 $f(x)$ 在点 x_0 处

取极小值.

(3)如果在 x_0 的两侧，$f'(x)$ 具有相同的符号，则函数 $f(x)$ 在点 x_0 处不能取得极值.

由上面的论述，可得到求函数 $f(x)$ 极值的一般步骤如下：

(1)确定函数 $f(x)$ 的定义域；

(2)求出导数 $f'(x)$，找出可疑极值点；

(3)根据极值的第一充分条件，分区间列表，判定以上可疑点是否为极值点；

(4)求出极值点处的函数值，就可得到函数 $f(x)$ 的全部极值.

例 3 - 39 求函数 $f(x)=x\mathrm{e}^{-x^2}$ 的极值.

解：(1)此函数的定义域为 $(-\infty,+\infty)$.

(2)求导得 $\qquad f'(x)=\mathrm{e}^{-x^2}+x\mathrm{e}^{-x^2}(-2x)=(1-2x^2)\mathrm{e}^{-x^2}$，

令 $f'(x)=0$，得驻点 $x_1=\dfrac{\sqrt{2}}{2}$，$x_2=-\dfrac{\sqrt{2}}{2}$.

(3)以驻点为分界点将 $(-\infty,+\infty)$ 分为 3 个子区间，列表讨论(见表 3 - 5).

表 3 - 5

x	$\left(-\infty,-\dfrac{\sqrt{2}}{2}\right)$	$-\dfrac{\sqrt{2}}{2}$	$\left(-\dfrac{\sqrt{2}}{2},\dfrac{\sqrt{2}}{2}\right)$	$\dfrac{\sqrt{2}}{2}$	$\left(\dfrac{\sqrt{2}}{2},+\infty\right)$
$f'(x)$	$-$	0	$+$	0	$-$
$f(x)$	单调减少	极小值 $-\dfrac{\sqrt{2}}{2}\mathrm{e}^{-\frac{1}{2}}$	单调增加	极大值 $\dfrac{\sqrt{2}}{2}\mathrm{e}^{-\frac{1}{2}}$	单调减少

(4)由表 3 - 5 可知，函数的极大值为 $f\left(\dfrac{\sqrt{2}}{2}\right)=\dfrac{\sqrt{2}}{2}\mathrm{e}^{-\frac{1}{2}}$，极小值为 $f\left(-\dfrac{\sqrt{2}}{2}\right)=-\dfrac{\sqrt{2}}{2}\mathrm{e}^{-\frac{1}{2}}$.

例 3 - 40 求函数 $f(x)=(2x-5)\sqrt[3]{x^2}$ 的极值.

解：(1)函数的定义域为 $(-\infty,+\infty)$.

(2)求导得 $\qquad f'(x)=(2x^{\frac{5}{3}}-5x^{\frac{2}{3}})'=\dfrac{10}{3}\cdot\dfrac{x-1}{\sqrt[3]{x}}$，

得驻点 $x=1$，不可导点 $x=0$.

(3)以 $x=0$，$x=1$ 为分界点将 $(-\infty,+\infty)$ 分为 3 个子区间，列表讨论(见表 3 - 6).

表 3 - 6

x	$(-\infty,0)$	0	$(0,1)$	1	$(1,+\infty)$
$f'(x)$	$+$	不存在	$-$	0	$+$
$f(x)$	单调增加	极大值 0	单调减少	极小值 -3	单调增加

(4)由表 3 - 6 可知，函数的极大值为 $f(0)=0$，极小值为 $f(1)=-3$.

定理 3 - 10(极值的第二充分条件) 设函数 $f(x)$ 在 x_0 处具有二阶导数且 $f'(x_0)=0$，$f''(x_0)\neq0$，则

(1)当 $f''(x_0) > 0$ 时，则 $f(x_0)$ 在 x_0 处取得极小值；

(2)当 $f''(x_0) < 0$ 时，则 $f(x_0)$ 在 x_0 处取得极大值.

例 3 - 41　求函数 $f(x) = x^2 \ln x$ 的极值.

解： 此函数的定义域为 $(0, +\infty)$.

$$f'(x) = 2x \ln x + x.$$

令 $f'(x) = 0$，得驻点 $x_1 = e^{-\frac{1}{2}}$.

因为 $f''(x) = 2\ln x + 3$，所以 $f''(x_1) = 2 > 0$.

因此函数 $f(x)$ 在 x_1 处取得极小值：$f(e^{-\frac{1}{2}}) = -\dfrac{1}{2e}$.

例 3 - 42　求函数 $f(x) = \sin x + \cos x$ 在 $[0, 2\pi]$ 上的极值.

解： 求导得

$$f'(x) = \cos x - \sin x, \quad f''(x) = -\sin x - \cos x.$$

令 $f'(x) = 0$，求得 $f(x)$ 在 $[0, 2\pi]$ 内的驻点为

$$x_1 = \frac{\pi}{4}, \quad x_2 = \frac{5\pi}{4}.$$

因为 $f''\left(\dfrac{\pi}{4}\right) = -\sqrt{2} < 0$，$f''\left(\dfrac{5\pi}{4}\right) = \sqrt{2} > 0$，所以 $f(x)$ 在 $x_1 = \dfrac{\pi}{4}$ 处取得极大值 $f\left(\dfrac{\pi}{4}\right) = \sqrt{2}$，在 $x_2 = \dfrac{5\pi}{4}$ 处取得极小值 $f\left(\dfrac{5\pi}{4}\right) = -\sqrt{2}$.

需要说明的是： 判别函数极值的两个充分条件在使用时各有所长.

(1)若 $f''(x)$ 较简单，则第二充分条件更方便些；反之，则应使用第一充分条件.

(2)若 $f''(x_0) = 0$，则第二充分条件失效，应使用第一充分条件.

例 3 - 43　求函数 $f(x) = x^4 - 4x^3 + 6x^2 - 4x$ 的极值.

解： 此函数的定义域为 $(-\infty, +\infty)$.

$$f'(x) = 4x^3 - 12x^2 + 12x - 4 = 4(x-1)^3,$$

令 $f'(x) = 0$，得驻点 $x = 1$.

因为 $f''(x) = 12(x-1)^2$，所以 $f''(1) = 0$，故极值的第二充分条件失效，应使用第一充分条件判别，列表讨论如下(见表 3 - 7).

表 3 - 7

x	$(-\infty, 1)$	1	$(1, +\infty)$
$f'(x)$	$-$	0	$+$
$f(x)$	单调减少	极小值 -1	单调增加

3 - 5 - 2　函数的最值

在工农业生产、工程技术等领域，常常会遇到这样一类问题：在一定条件下，怎样使"产品最多""用料最省""成本最低""效率最高"？这类问题都可以归结为在一定条件下求某

一函数的最大值或最小值问题.

定义 3-3 设函数 $f(x)$ 在闭区间 I 上连续，若 $x_0 \in I$，且对所有 $x(x \in I)$，都有 $f(x_0) > f(x)$（或 $f(x_0) < f(x)$），则 $f(x_0)$ 称为函数 $f(x)$ 的最大值（或最小值）.

显然，函数的最大值、最小值一定是函数的极值，但反之未必. 一般说来，连续函数 $f(x)$ 在闭区间 I 上的最大值与最小值，可从区间端点处、极值点处的函数值中取得. 因此，只需求出端点处及区间内使 $f'(x) = 0$ 及 $f'(x)$ 不存在的点处的函数值，对它们进行比较，从中找出最大值、最小值.

例 3-44 求函数 $f(x) = \sqrt[3]{(x^2 - 2x)^2}$ 在 $[-1,3]$ 上的最大值与最小值.

解： 当 $x \neq 0$，$x \neq 2$ 时，$f'(x) = \dfrac{4(x-1)}{3\sqrt[3]{x^2 - 2x}}$.

在 $(-1,3)$ 内，$f(x)$ 的驻点为 $x = 1$；不可导点为 $x = 0$，$x = 2$.

计算得，$f(-1) = \sqrt[3]{9}$，$f(0) = 0$，$f(1) = 1$，$f(2) = 0$，$f(3) = \sqrt[3]{9}$，比较可知 $f(x)$ 在 $x = -1$ 和 $x = 3$ 处，取得最大值 $\sqrt[3]{9}$，在 $x = 0$ 和 $x = 2$ 处，取得最小值 0.

在实际问题中，如果函数在定义域内只有一个极值点，而且能根据问题本身的实际意义判断出该函数在定义域内部确实存在最大值或最小值，那么这个点就是该函数的最值点.

求解实际问题的最值一般遵循以下步骤.

(1)分析问题，建立目标函数.

把问题的目标作为因变量，把它所依赖的量作为自变量，建立二者的函数关系，即目标函数，并确定函数的定义域.

(2)求导，解最值问题.

求 $f'(x)$，找出驻点和不可导点，将其对应的函数值与区间端点处的函数值进行比较. 如果函数在定义域内只有一个可能的极值点，且该点在区间内部取得，则该点就是函数在所给区间上的最大值（或最小值）点.

例 3-45 计划在宽 100m 的河两边 A 与 B 之间架一条电话线，C 点为 A 点在河另一边的相对点，B 到 C 的距离为 500m，水下架线成本是陆地架线成本的 1.5 倍左右，问如何确定架线方案，才能使费用最少？

解： 设在 B、C 之间选择一点 D（见图 3-12），C 到 D 的距离为 x，从 A 到 D 水下架线，从 D 到 B 陆地架线，陆地架线成本为 2，水下架线成本是 3，总费用为 y，

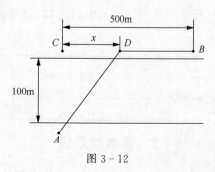

图 3-12

则 $y = 3\sqrt{100^2 + x^2} + 2(500 - x) \quad (0 \leqslant x \leqslant 500)$.

令 $y' = 3\dfrac{x}{\sqrt{100^2 + x^2}} - 2 = 0$，

则有 $3x = 2\sqrt{100^2 + x^2}$，$5x^2 = 200^2$，得 $x = 40\sqrt{5}$.

因为当 $y|_{x=40\sqrt{5}}=1\,000+100\sqrt{5}$, $y|_{x=0}=1\,300$, $y|_{x=500}=300\sqrt{26}>1\,500$, 所以当 $x=40\sqrt{5}$ 时取得最小值. 因此, 在距 C 点 $40\sqrt{5}$ m 处架线费用最少.

例 3 - 46　在高速公路上设有指示路标牌, 路标牌为矩形, 宽度为 1m, 架在 5m 高的立柱上. 假定汽车司机的眼睛离地面的高度为 1.5m, 问司机离路标多远时, 路标牌上的字看上去最清楚?

解： 路标牌上的字看上去最清楚, 即看上去字的上下宽度最大, 亦即司机的视角最大.

设司机的视角为 θ , 司机到路标的距离为 x , α 与 β 如图 3 - 13 所示,

则　　　　$\theta=\beta-\alpha=\arctan\dfrac{4.5}{x}-\arctan\dfrac{3.5}{x}=\arctan\dfrac{9}{2x}-\arctan\dfrac{7}{2x}(0<x<+\infty).$

令

$$\theta'=\frac{1}{1+\left(\frac{9}{2x}\right)^2}\left(-\frac{9}{2x^2}\right)-\frac{1}{1+\left(\frac{7}{2x}\right)^2}\left(-\frac{7}{2x^2}\right)=0,$$

解得　　$\dfrac{-18}{4x^2+81}+\dfrac{14}{4x^2+49}=0$, $x=\dfrac{3\sqrt{7}}{2}.$

因为该点是唯一的驻点, 根据问题的实际意义可知 θ 的最大值一定存在, 所以该点就是所求的最大值点, 即司机离路标 $\dfrac{3\sqrt{7}}{2}$ m 时, 司机的视角最大.

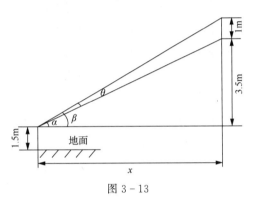

图 3 - 13

例 3 - 47　某公司有 50 套公寓要出租, 当租金定为每月 180 元时, 公寓会全部租出去. 当租金每月上涨 10 元时, 就有一套公寓租不出去, 而租出去的房子每月需花费 20 元的物业管理费, 问房租定为多少可获得最大收入?

解： 设房租定为每月 x 元, 则租出去的公寓有 $50-\dfrac{x-180}{10}$ 套, 每月总收入为

$$R(x)=(x-20)\left(50-\frac{x-180}{10}\right)=(x-20)\left(68-\frac{x}{10}\right),$$

所以　　　　$R'(x)=\left(68-\dfrac{x}{10}\right)+(x-20)\left(-\dfrac{1}{10}\right)=70-\dfrac{x}{5}.$

当 $R'(x)=0$ 时, 解得 $x=350$.

因为该点是唯一驻点, 根据问题的实际意义可知 $R(x)$ 的最大值一定存在, 所以当每月房租定为 350 元时, 可获得最大收入.

例 3 - 48　由直线 $y=0$ 、 $x=4$ 及抛物线 $y=x^2$ 围成一个曲边三角形, 在曲边 $y=x^2$ 上求一点, 使曲线在该点处的切线与直线 $y=0$ 及 $x=4$ 所围成的三角形面积最大.

解： 设 $P(x_0,y_0)$ 为曲线 $y=x^2$ 上任意一点, 曲线在该点处的切线斜率为 $k=2x_0$, 则过该点的切线方程为 $y-y_0=2x_0(x-x_0)$, 此切线与直线 $y=0$ 的交点为 $A\left(\dfrac{x_0}{2},0\right)$, 与直

线 $x=4$ 的交点为 $B(4,8x_0-x_0^2)$. 根据几何分析可知，所求三角形面积为

$$S=\frac{1}{2}\left(4-\frac{1}{2}x_0\right)(8x_0-x_0^2)\ (0\leqslant x_0\leqslant 4),$$

令

$$S'=\frac{1}{4}(3x_0^2-32x_0+64)=0,$$

解得 $x_0=\frac{8}{3}$，$x_0=8$(舍去).

因为 $S''\left(\frac{8}{3}\right)=-4<0$，所以 $S\left(\frac{8}{3}\right)=\frac{512}{27}$ 为极大值，也是唯一极大值，根据问题的实际意义，它就是最大值. 所以在 $\left(\frac{8}{3},\frac{64}{9}\right)$ 点处切线与已知直线所围成的三角形的面积最大.

例 3-49 旅行社为某旅游团包机去旅游，旅行社的包机费为 15 000 元，旅游团中每人的机票价格按以下方式与旅行社结算：若旅游团的人数在 30 人或 30 人以下，则机票每张收费 900 元；若旅游团的人数多于 30 人，则给予优惠，每多 1 人，每张机票收费减少 10 元，但旅游团的人数最多为 75 人. 问旅游团的人数为多少时，旅行社可获得的利润最大？

解： 设旅游团有 x 人，每张机票的价格为 y 元，依题意得：

当 $1\leqslant x\leqslant 30$ 时，$y=900$；

当 $30<x\leqslant 75$ 时，$y=900-10(x-30)=-10x+1\ 200$.

因此，每张机票的价格与旅游团的人数之间的关系为

$$y=\begin{cases}900 & 1\leqslant x\leqslant 30\\ -10x+1\ 200 & 30<x\leqslant 75\end{cases}.$$

设旅行社可获得的利润为 $f(x)$ 元，则

$$f(x)=y\cdot x-15\ 000=\begin{cases}900x-15\ 000 & 1\leqslant x\leqslant 30\\ -10x^2+1\ 200x-15\ 000 & 30<x\leqslant 75\end{cases},$$

当 $1\leqslant x\leqslant 30$ 时，$f_{\max}(30)=900\times 30-15\ 000=12\ 000$，

当 $30<x\leqslant 75$ 时，$f'(x)=-20x+1\ 200$.

令 $f'(x)=0$，解得 $x=60$.

因为实际问题中的最大利润存在，且有唯一驻点，$f(60)=21\ 000>12\ 000$，所以当旅游团的人数为 60 人时，旅行社可获得的最大利润为 21 000 元.

习题 3-5

1. 求下列函数的极值.

(1) $y=x^2\ln x$；　　　　(2) $y=2x^3-6x^2$；　　　　(3) $y=xe^x$；

(4) $y=\arctan x-\frac{1}{2}\ln(1+x^2)$；　　　　　　　　(5) $y=x+\frac{1}{x}$.

2. 求函数 $y=\sin 2x-x$ 在 $\left[-\frac{\pi}{2},\frac{\pi}{2}\right]$ 上的最大值及最小值.

3. 求函数 $y=\dfrac{x}{x^2+1}(x\geqslant 0)$ 的最大值.

4. 从长为 12cm、宽为 8cm 的矩形纸板的 4 个角上剪去相同的小正方形,将其折成一个无盖的盒子,要使盒子容积最大,剪去的小正方形的边长应为多少?

5. 有甲、乙两城,甲城位于一直线形的河岸,乙城离岸 40km,乙城到岸的垂足与甲城相距 50km. 两城计划在此河边合设一水厂取水,从水厂到甲城和乙城铺设水管的费用分别为每千米 500 元和 700 元,问此水厂应设在河边何处,才能使水管的铺设费用最省?

6. 小王利用原材料每天要制作 5 个储藏橱. 假设所订购木材的运送成本为 6 000 元,而存储每个单位材料的成本为 8 元. 要使在两次运送期间平均每天的成本最小,问他每次应该订购多少原材料,多长时间订一次?

7. 用面积为 A 的一块铁皮做成一个有盖圆柱形油桶,问油桶的直径是多少时,油桶的容积最大? 这时油桶的高是多少?

8. 要制作一个下部为矩形、上部为半圆形的窗户,半圆的直径等于矩形的宽,要求窗户的周长为 l,问矩形的宽和高各为多少时,窗户的面积最大?

3－6　函数作图

3－6－1　曲线的渐近线

如果曲线上的动点 M 沿曲线无限远离原点时,点 M 能与某条直线无限接近,则称这条直线为该曲线的**渐近线**. 并不是所有的曲线都有渐近线. 根据渐近线的位置,可将曲线的渐近线分为 3 类:垂直渐近线、水平渐近线、斜渐近线. 下面分别进行介绍.

1. 垂直渐近线

定义 3－4　若 $\lim\limits_{x\to c}f(x)=\infty$,则称 $x=c$ 是 $f(x)$ 的垂直渐近线.

例如,因为 $\lim\limits_{x\to 0}\dfrac{1}{x^2}=\infty$,所以直线 $x=0(y$ 轴$)$ 是曲线 $y=\dfrac{1}{x^2}$ 的垂直渐近线.

同理,$x=k\pi\pm\dfrac{\pi}{2}$ 是 $y=\tan x$ 的垂直渐近线.

把 $x\to c$ 改为 $x\to c^+$,$x\to c^-$,仍有此定义.

2. 水平渐近线

定义 3－5　若 $\lim\limits_{x\to\infty}f(x)=b$,则称 $y=b$ 是 $f(x)$ 的水平渐近线.

把 $x\to\infty$ 改为 $x\to+\infty$,$x\to-\infty$,仍有此定义.

例如,因为 $\lim\limits_{x\to\infty}\dfrac{1}{x^2}=0$,所以直线 $y=0(x$ 轴$)$ 是曲线 $y=\dfrac{1}{x^2}$ 的水平渐近线.

因为 $\lim\limits_{x\to+\infty}\arctan x=\dfrac{\pi}{2}$，$\lim\limits_{x\to-\infty}\arctan x=-\dfrac{\pi}{2}$，所以 $y=\pm\dfrac{\pi}{2}$ 是 $y=\arctan x$ 的水平渐近线.

例 3 – 50　求函数 $f(x)=\dfrac{x}{x-1}$ 的渐近线.

解：因为 $\lim\limits_{x\to1}\dfrac{x}{x-1}=\infty$，所以 $x=1$ 为曲线的垂直渐近线.

因为 $\lim\limits_{x\to\infty}\dfrac{x}{x-1}=1$，所以 $y=1$ 为曲线的水平渐近线（见图 3 – 14）.

例 3 – 51　求函数 $y=\dfrac{\ln x}{x}$ 的渐近线.

解：因为 $\lim\limits_{x\to0^+}\dfrac{\ln x}{x}=\infty$，所以 $x=0$ 为曲线的垂直渐近线.

因为 $\lim\limits_{x\to+\infty}\dfrac{\ln x}{x}=\lim\limits_{x\to+\infty}\dfrac{1}{x}=0$，所以 $y=0$ 为曲线的水平渐近线（见图 3 – 15）.

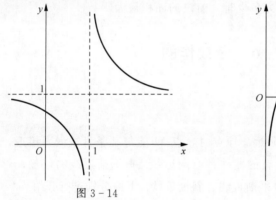

图 3 – 14　　　　　　　　　　　　图 3 – 15

注意

$f(x)$ 是否有水平渐近线，要看 $\lim\limits_{x\to+\infty}f(x)$ 或 $\lim\limits_{x\to-\infty}f(x)$ 是否存在.

$f(x)$ 是否有垂直渐近线，一般要看曲线是否有无穷间断点.

3. 斜渐近线

定义 3 – 6　如果函数 $f(x)$ 满足：

(1) $\lim\limits_{x\to\infty}\dfrac{f(x)}{x}=k$；

(2) $\lim\limits_{x\to\infty}[f(x)-kx]=b$，

则曲线 $f(x)$ 有斜渐近线 $y=kx+b$.

例 3 – 52　求曲线 $f(x)=x+\arctan x$ 的斜渐近线.

解：$k=\lim\limits_{x\to\infty}\dfrac{f(x)}{x}=\lim\limits_{x\to\infty}\dfrac{x+\arctan x}{x}=1$，

$$b_1 = \lim_{x \to +\infty} [f(x) - kx] = \lim_{x \to +\infty} \arctan x = \frac{\pi}{2},$$

$$b_2 = \lim_{x \to -\infty} [f(x) - kx] = \lim_{x \to -\infty} \arctan x = -\frac{\pi}{2},$$

所以曲线的斜渐近线方程为 $y = x + \dfrac{\pi}{2}$ 及 $y = x - \dfrac{\pi}{2}$

（见图 $3-16$）.

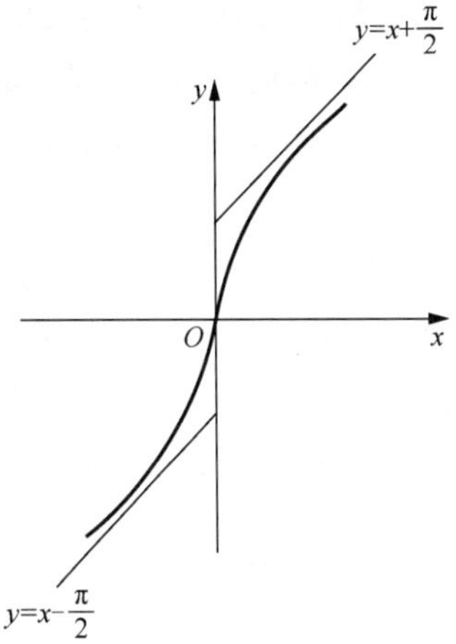

一般来说，斜渐近线相对比较复杂，如果能根据前面的
特征较为准确地描绘出曲线，可不考虑斜渐近线.

图 $3-16$

3 - 6 - 2　函数图形的描绘

对于一个函数，若能描绘出其图形，就能直观地了解该
函数的性态特征，并能看出自变量与因变量之间的相互依赖
关系. 在初等数学中，通过描点法可以大致描绘出函数图形. 在掌握了曲线的单调性、凹
凸性等特征后，就可以更准确地描绘出函数图形. 函数图像描绘的一般步骤如下：

（1）确定函数的定义域，研究函数的特殊性质，如奇偶性、周期性、有界性等；

（2）求出函数的一、二阶导数，并找出函数的可疑极值点、可疑拐点；

（3）分区间列表，判断曲线的单调性、凹凸性、极值点、拐点；

（4）确定函数的渐近线；

（5）计算一些特殊点的坐标，如曲线与坐标轴的交点等，综合前面的结果描绘出光滑
曲线.

例 3 - 53　描绘函数 $y = x^3 - 3x^2$ 的图形.

解：（1）函数的定义域为 $(-\infty, +\infty)$；

（2）$y' = 3x^2 - 6x = 3x(x-2)$，令 $y' = 0$，得 $x = 0$，$x = 2$，

$\qquad y'' = 6x - 6$，令 $y'' = 0$，得 $x = 1$；

（3）分区间列表如表 $3-8$ 所示.

表 $3-8$

x	$(-\infty, 0)$	0	$(0,1)$	1	$(1,2)$	2	$(2, +\infty)$
$f'(x)$	+	0	−	−	−	0	+
$f''(x)$	−	−	−	0	+	+	+
$f(x)$	增加、凸	极大值0	减少、凸	拐点$(1,-2)$	减少、凹	极小值−4	增加、凹

曲线无渐近线，曲线通过 $(0,0)$，$(3,0)$ 点，因此得到函数 $y = x^3 - 3x^2$ 的图形，如
图 $3-17$ 所示.

例 3 - 54　描绘函数 $y = \dfrac{1}{\sqrt{2\pi}} e^{-\frac{x^2}{2}}$ 的图形.

解：(1)函数的定义域为$(-\infty, +\infty)$. 由于$f(-x) = f(x)$，因此$f(x)$为偶函数，其图形关于y轴对称，故可以只讨论$[0, +\infty)$上该函数的图形.

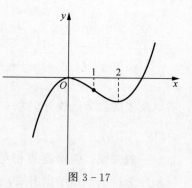

(2)$y' = -\dfrac{x}{\sqrt{2\pi}} \mathrm{e}^{-\frac{x^2}{2}}$，$y'' = \dfrac{1}{\sqrt{2\pi}} \mathrm{e}^{-\frac{x^2}{2}}(x^2 - 1)$.

在$[0, +\infty)$上，令$y' = 0$，得$x = 0$；令$y'' = 0$，得$x = 1$.

(3)分区间列表讨论(见表 3 - 9).

图 3 - 17

表 3 - 9

x	0	$(0, 1)$	1	$(1, +\infty)$
y'	0	$-$	$-$	$-$
y''	$-$	$-$	0	$+$
$y = f(x)$	极大值$\dfrac{1}{\sqrt{2\pi}}$	减少、凸	拐点$\left(1, \dfrac{1}{\sqrt{2\pi \mathrm{e}}}\right)$	减少、凹

(4)由于$\lim\limits_{x \to +\infty} y = \lim\limits_{x \to +\infty} \dfrac{1}{\sqrt{2\pi}} \mathrm{e}^{-\frac{x^2}{2}} = 0$，因此有一条水平渐近线$y = 0$.

综合以上讨论，描绘出函数$y = \dfrac{1}{\sqrt{2\pi}} \mathrm{e}^{-\frac{x^2}{2}}$在$[0, \infty)$上的图形，利用图形的对称性，得函数在$(-\infty, +\infty)$上的图形，如图 3 - 18 所示. 这条曲线称为**标准正态分布曲线**.

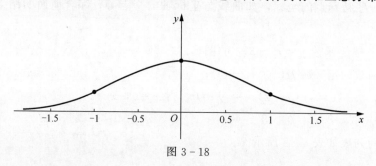

图 3 - 18

习题 3 - 6

1. 求曲线$y = \dfrac{x+3}{x^2 + 2x - 3}$的垂直渐近线.

2. 求曲线$y = \dfrac{\mathrm{e}^{3-x}}{3-x}$的水平渐近线.

3. 描绘下列函数的图形.

(1)$y = x^3 - 3x^2 + 3x - 5$；　　　　(2)$y = x^4 - 2x^2$；

(3)$y = \dfrac{x}{1+x^2}$；　　　　(4)$y = x - \ln(1+x)$.

3 - 7　曲率

曲率在研究物体运动及机械运动方面有重要的应用价值. 例如, 火车铁轨由直道转入圆弧形弯道之前, 需要在直道线路的末端接上一段适当的曲线铁轨, 以使火车转弯时能平稳运行.

3 - 7 - 1　弧微分

如果函数 $y = f(x)$ 在区间 (a, b) 内具有一阶连续导数, 则函数图形为一条处处有切线的曲线, 且切线随切点的移动而连续转动, 这样的曲线称为**光滑曲线**.

在光滑曲线 C：$y = f(x)$ 上取一确定点 A 作为度量曲线弧长的基点, 并以 x 增大的方向作为曲线的正方向. 对于曲线上任意一点 $M(x, y)(x \in (a, b))$, 弧 $\overparen{AM}$ 为一有方向的弧段, 称为**有向弧段**. 用 s 表示曲线 $\overparen{AM}$ 的弧长, 规定当 $\overparen{AM}$ 与曲线的正方向一致时 $s > 0$；当与曲线的反方向一致时 $s < 0$. 当点 A 固定时, 弧长 s 取决于点 $M(x, y)$ 的位置, 所以 s 为关于 x 的函数, 记为 $s(x)$. 称 $s(x)$ 的微分 $\mathrm{d}s$ 为**弧微分**. 下面介绍弧微分的计算.

如图 3 - 19 所示, 给定 x 的增量 Δx, 相应地, y 的增量 $\Delta y = RN$, 弧长 s 的增量为 $\overparen{MN}$. 由导数的定义得到

图 3 - 19

$$s'(x) = \frac{\mathrm{d}s}{\mathrm{d}x} = \lim_{\Delta x \to 0} \frac{\Delta s}{\Delta x} = \lim_{\Delta x \to 0} \frac{\overparen{MN}}{\Delta x} = \lim_{\Delta x \to 0} \frac{\overparen{MN}}{|MN|} \cdot \frac{|MN|}{\Delta x},$$

因为

$$\lim_{\Delta x \to 0} \frac{\overparen{MN}}{|MN|} = \lim_{N \to M} \frac{\overparen{MN}}{|MN|} = 1, |MN| = \sqrt{\Delta x^2 + \Delta y^2},$$

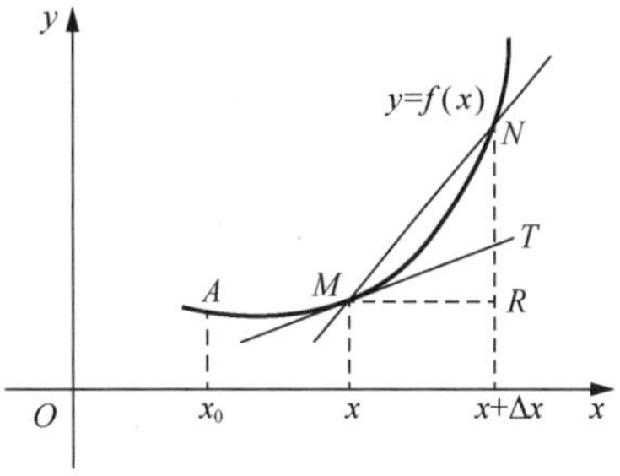

所以

$$\lim_{\Delta x \to 0} \frac{|MN|}{\Delta x} = \lim_{\Delta x \to 0} \frac{\sqrt{\Delta x^2 + \Delta y^2}}{\Delta x} = \lim_{\Delta x \to 0} \sqrt{1 + \left(\frac{\Delta y}{\Delta x}\right)^2} = \sqrt{1 + y'^2},$$

$$s'(x) = \lim_{\Delta x \to 0} \frac{\overparen{MN}}{|MN|} \cdot \frac{|MN|}{\Delta x} = \lim_{\Delta x \to 0} \sqrt{1 + \left(\frac{\Delta y}{\Delta x}\right)^2} = \sqrt{1 + y'^2}.$$

故得到弧长 s 的微分 $\mathrm{d}s = \sqrt{1 + y'^2}\,\mathrm{d}x = \sqrt{(\mathrm{d}x)^2 + (\mathrm{d}y)^2}$, 即弧微分.

如果光滑曲线由参数方程 $x = \varphi(\theta)$, $y = \psi(\theta)(\alpha \leqslant \theta \leqslant \beta)$ 给出, 则弧微分为

$$\mathrm{d}s = \sqrt{[\varphi'(\theta)]^2 + [\psi'(\theta)]^2}\,\mathrm{d}\theta.$$

3 - 7 - 2　曲率及其计算

1. 曲率

由日常生活中的经验可知, 走相同长度的弯曲道路时, 行进方向(即切线方向)转变越大, 则道路弯曲程度越大. 因此, 人们自然会想到, 用单位弧长上曲线的转动角来描述曲线的弯曲程度, 即**曲线的曲率**. 那么曲线的曲率都与哪些因素有关呢?

观察图 3-20，设弧 $\overset{\frown}{MN}$ 的弧长为 Δs，在 M 点作曲线的切线 MT，当点 M 沿曲线移动到点 N 时，对应点的切线 MT 也相应变化为 N 点的切线 NP，记切线转过的角度为 $\Delta \alpha_1$. 再观察图 3-21，$\overset{\frown}{MN}$ 的弧长不变，但弯曲程度加大，可以看出切线转过的角度 $\Delta \alpha_2 > \Delta \alpha_1$，也就是说曲线的曲率与切线的转角有关. 再观察图 3-22，弧 $\overset{\frown}{MM'}$ 与弧 $\overset{\frown}{NN'}$ 转过的角度都是 $\Delta \alpha$，但可以很明显地看出 $\overset{\frown}{NN'}$ 比 $\overset{\frown}{MM'}$ 的弧长短，弯曲的程度更大，也就是说曲线的曲率还与弧长有关.

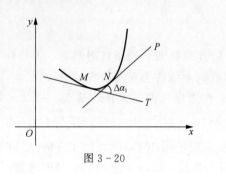

图 3-20

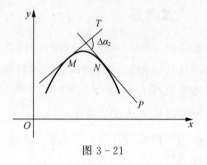

图 3-21

2. 曲率的计算

下面介绍曲率的计算. 如图 3-23 所示，设 $y=f(x)$ 是一条光滑曲线，其上一点 $M(x,y)$ 处切线的倾角为 α，邻近点 $M'(x+\Delta x,y+\Delta y)$ 处切线的倾角为 $\alpha+\Delta \alpha$，$\overset{\frown}{MM'}$ 的弧长为 Δs，则 $\overline{K}=\left|\dfrac{\Delta \alpha}{\Delta s}\right|$ 表示 $\overset{\frown}{MM'}$ 的平均曲率. 当 $M' \to M$ 即 $\Delta s \to 0$ 时，$\overline{K}$ 的极限值就是曲线在点 M 处的 **曲率**，记作 K，即

$$K=\lim_{M' \to M}\overline{K}=\lim_{\Delta s \to 0}\left|\frac{\Delta \alpha}{\Delta s}\right|.$$

如果导数 $\dfrac{\mathrm{d}\alpha}{\mathrm{d}s}$ 存在，则 $K=\left|\dfrac{\mathrm{d}\alpha}{\mathrm{d}s}\right|$.

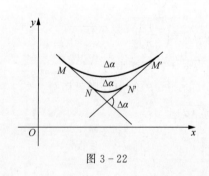

图 3-22

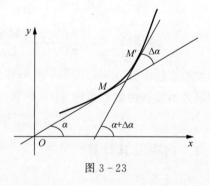

图 3-23

设函数 $y=f(x)$ 具有二阶导数，曲线 $y=f(x)$ 在点 $M(x,y)$ 处切线的倾角为 α，则切线的斜率 $\tan\alpha=y'$，$\alpha=\arctan y'$，所以 $\mathrm{d}\alpha=\dfrac{y''}{1+(y')^2}\mathrm{d}x$. 又因为弧微分 $\mathrm{d}s=\sqrt{1+(y')^2}\,\mathrm{d}x$，所以曲率

$$K = \left| \frac{\mathrm{d}\alpha}{\mathrm{d}s} \right| = \frac{|y''|}{(1+y'^2)^{\frac{3}{2}}}.$$

若曲线由 $x = \varphi(t)$，$y = \psi(t)$ 给出，则曲率为

$$K = \frac{|\psi''\varphi' - \psi'\varphi''|}{(\varphi'^2 + \psi'^2)^{\frac{3}{2}}}.$$

例 3-55　计算等边双曲线 $xy = 1$ 在点 $(1,1)$ 处的曲率.

解：由 $y = \dfrac{1}{x}$ 得，$y' = -\dfrac{1}{x^2}$，$y'' = \dfrac{2}{x^3}$，

代入 $(1,1)$ 点，得 $y'|_{x=1} = -1$，$y''|_{x=1} = 2$.

代入曲率计算公式，得到双曲线在点 $(1,1)$ 处的曲率为

$$K = \frac{|y''|}{(1+y'^2)^{\frac{3}{2}}} = \frac{2}{\left[1+(-1)^2\right]^{\frac{3}{2}}} = \frac{\sqrt{2}}{2}.$$

例 3-56　求抛物线 $y = ax^2(a > 0)$ 在点 $(0,0)$、$(1,a)$ 处的曲率，并证明抛物线 $y = ax^2$ 在顶点处的曲率最大.

解：因为 $y' = 2ax$，$y'' = 2a$，所以抛物线 $y = ax^2(a > 0)$ 上任意点 (x,y) 处的曲率为

$$K = \frac{|y''|}{(1+y'^2)^{\frac{3}{2}}} = \frac{2a}{(1+4a^2x^2)^{\frac{3}{2}}}.$$

在点 $(0,0)$ 处，$K = 2a$；在点 $(1,a)$ 处，$K = \dfrac{2a}{(1+4a^2)^{\frac{3}{2}}}$.

又因为 $1 + 4a^2x^2 \geqslant 1$，所以

$$K = \frac{2a}{(1+4a^2x^2)^{\frac{3}{2}}} \leqslant 2a.$$

所以抛物线 $y = ax^2$ 在顶点处的曲率最大，且最大曲率为 $2a$.

3-7-3　曲率圆与曲率半径

如图 3-24 所示，设函数 $y = f(x)$ 的曲线在点 $M(x,y)$ 处的曲率为 $K(K \neq 0)$，在曲线凹向的一侧过 M 点作该曲线的法线并在其上取一点 O，使 $|OM| = \dfrac{1}{K} = R$.

以 O 为圆心、以 R 为半径的圆称为曲线在 M 处的**曲率圆**. 曲率圆的圆心 O 称为曲线在点 M 处的曲率中心，曲率圆的半径 R 称为曲线在点 M 处的**曲率半径**. 这样曲线在 M 处的曲率 $K(K \neq 0)$ 与曲线在点 M 处的曲率半径 R 有如下关系：

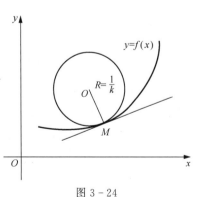

图 3-24

$$R = \frac{1}{K} = \frac{\left[1+(y')^2\right]^{\frac{3}{2}}}{|y''|}.$$

也就是说，曲线上一点处的曲率半径与曲线在该点处的曲率互为倒数.

例 3 - 57 设某工件内表面的截线为抛物线 $y = 0.4x^2$，现在要用砂轮磨削其内表面. 问用直径多大的砂轮比较合适？

解： 如图 3 - 25 所示，为了在磨削时不使砂轮与工件接触处附件的那部分工件抹去太多，砂轮半径应不大于抛物线上各点处的曲率半径中的最小值. 由例 3 - 56 可知，抛物线在顶点处的曲率最大，也就是曲率半径最小. 因此，只需求出抛物线 $y = 0.4x^2$ 在顶点 O 处的曲率半径.

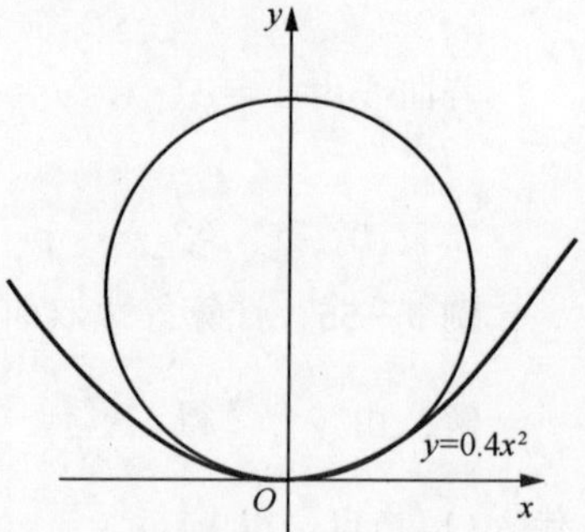

图 3 - 25

求得 $y' = 0.8x$，$y'' = 0.8$.

代入 $(0,0)$ 点，得 $y'|_{(0,0)} = 0$，$y''|_{(0,0)} = 0.8$，

代入曲率计算公式，得 $K = \dfrac{|y''|}{(1+y'^2)^{\frac{3}{2}}} = \dfrac{0.8}{1} = 0.8$.

因此，抛物线在顶点处的曲率半径 $R = \dfrac{1}{K} = 1.25$，即选用直径为 2.5 的砂轮比较合适.

习题 3 - 7

1. 求椭圆 $4x^2 + y^2 = 4$ 在点 $(0,2)$ 处的曲率.
2. 求抛物线 $y = x^2 + x$ 的弧微分及在点 $(0,0)$ 处的曲率.
3. 求抛物线 $y = x^2 - 4x + 3$ 在其顶点处的曲率及曲率半径.
4. 求椭圆 $2x^2 + y^2 = 4$ 在点 $(0,2)$ 及 $(\sqrt{2}, 0)$ 处的曲率半径.
5. 计算抛物线 $y = ax^2 + bx + c$ 在哪一点的曲率最大？

数学建模案例 3

易拉罐的形状为什么这样设计[9]

下面来看这样一个问题. 用铁皮做成一个容积一定的圆柱形的有盖容器，问应当如何设计，才能使用料最省？也就是圆柱体的直径和高之比为多少？这个问题可以归结为一个最值问题. 假设圆柱体体积固定，问底面半径和高分别为多少时，表面积最小？

假设圆柱体的底面半径为 r，高为 h，体积为 V，表面积为 S. 圆柱体的表面积可以表示为

$$S(r,h) = 2\pi rh + \pi r^2 + \pi r^2 = 2\pi(r^2 + rh). \tag{3-13}$$

由 $V = \pi r^2 h$ 得，$h = V/\pi r^2$，

代入表面积公式，得到

$$S(r) = 2\pi(r^2 + V/\pi r). \tag{3-14}$$

要求 $S(r)$ 的最小值，

令 $S'(r)=2\pi\left(2r-\dfrac{V}{\pi r^2}\right)=\dfrac{2\pi}{r^2}\left(2r^3-\dfrac{V}{\pi}\right)=0$，得 $r=\sqrt[3]{\dfrac{V}{2\pi}}$，

代入 $h=V/\pi r^2$ 中，得到

$$h=\frac{V}{\pi r^2}=\frac{V}{\pi}\sqrt[3]{\frac{4\pi^2}{V^2}}=\sqrt[3]{\frac{4\pi^2V^3}{\pi^3V^2}}=\sqrt[3]{\frac{8V}{2\pi}}=2r=d.$$

也就是说，当圆柱体的直径等于高时，它的表面积最小.

然而易拉罐的形状却并非如此，它的高比底面直径要大一些，如图 3-26 所示. 这是为什么呢?

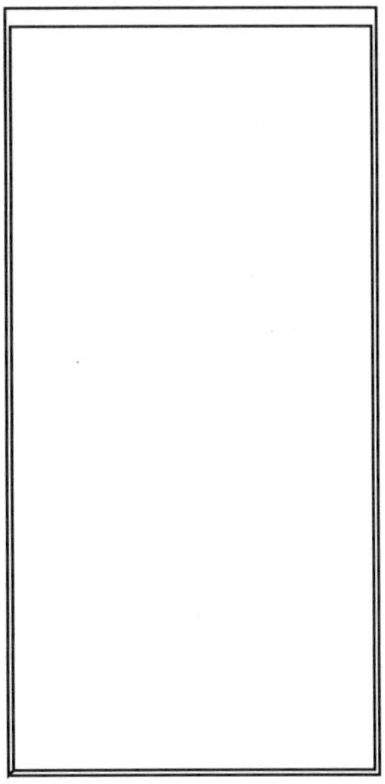

图 3-26

如果我们仔细观察易拉罐的结构，不难发现，它的上、下底面要比侧壁厚一些，其实问题就在这里. 我们之前的模型是建立在容器上、下底的厚度与侧壁相同的前提下推导出来的，如果厚度不同，结论当然也会有所不同. 下面，我们就来分析在用料最省问题中圆柱形容器上、下底与侧壁厚度对高与底面直径之比的影响.

设易拉罐内部的底面半径为 r，内部高为 h，罐内容积为 V，如果侧壁和下底的厚度是 b，顶盖的厚度是侧壁厚度的 α 倍，则各部分所用材料的体积如下.

顶盖所用材料的体积为 $\alpha b\pi r^2$.

底部所用材料的体积为 $b\pi r^2$.

侧面所用材料的体积为

$$\begin{aligned}[\pi(r+b)^2-\pi r^2][h+(1+\alpha)b]&=(2\pi rb+\pi b^2)[h+(1+\alpha)b]\\&=2\pi rhb+2\pi r(1+\alpha)b^2+h\pi b^2+\pi(1+\alpha)b^3.\end{aligned}$$

综上可知，易拉罐所用材料的体积 SV 为

$$SV(r,h)=2\pi rhb+(1+\alpha)\pi r^2b+2\pi r(1+\alpha)b^2+h\pi b^2+\pi(1+\alpha)b^3, \tag{3-15}$$

$$V(r,h)=\pi r^2h.$$

因为 b 远小于半径 r，所以带有 b^2，b^3 的项可以忽略不计，

$$SV(r,h)\approx 2\pi rhb+(1+\alpha)\pi r^2b.$$

由 $V(r,h)=\pi r^2h$，得

$$h=V/\pi r^2. \tag{3-16}$$

将公式(3-16)代入公式(3-15)得，$SV[r,h(r)]=b\left[\dfrac{2V}{r}+\pi(1+\alpha)r^2\right]$.

令 $\dfrac{\mathrm{d}SV}{\mathrm{d}r}=2b\left[(1+\alpha)\pi r-\dfrac{V}{r^2}\right]=\dfrac{2b}{r^2}[(1+\alpha)\pi r^3-V]=0$，解得

$$r=\sqrt[3]{\frac{V}{(1+\alpha)\pi}}.$$

将上式代入公式(3-16)中，得

$$h=\frac{V}{\pi}\left(\sqrt[3]{\frac{2(1+\alpha)\pi}{V}}\right)^2=2(1+\alpha)\left(\sqrt[3]{\frac{V}{(1+\alpha)\pi}}\right)=(1+\alpha)r=\frac{(1+\alpha)d}{2}.$$

根据问题的实际意义，容易知道它是 SV 的极小值点，也是最小值点，此时圆柱体的高 $h=\frac{(1+\alpha)d}{2}$.

根据测量的数据可知，顶盖的厚度是其他材料厚度的 3 倍，即 $\alpha=3$. 此时 $h=2d$，即高等于 2 倍的直径时，制作易拉罐时所用的材料最省. 事实上，有人测量过顶盖的厚度确实为其他材料厚度的 3 倍. 那我们就不难理解为什么易拉罐的高比底面直径要大一些了.

这是比较粗略的计算，易拉罐的形状也不是标准圆柱体，比如它的底部是上拱的，顶盖实际上也不是平面的. 更多的模型请读者查阅参考文献[9].

复习题三

一、填空题

1. 函数 $y=\sin^2 x$ 在区间 $\left[-\frac{\pi}{2},\frac{\pi}{2}\right]$ 上满足罗尔定理的 ξ 是 _____.

2. 设 $f(x)=(x-1)(x-2)(x-3)(x-5)$，则 $f'(x)=0$ 有 _____ 个实根.

3. 函数 $y=\ln x+\frac{4}{x}$ 单调增加的区间为 _____.

4. 曲线 $y=\frac{1}{4}x^4-\frac{1}{3}x^3$ 的单调增加、凹区间为 _____.

5. $y=2x^3-9x^2+12x-3$ 的单调减少区间为 _____.

6. 函数 $y=\frac{x^2}{x^2-1}$ 的凸区间为 _____.

7. $\lim\limits_{x\to 0^+}\frac{e^{-\frac{1}{x}}}{x}=$ _____ ，$\lim\limits_{x\to 0^+}\sqrt{x}\ln x=$ _____.

8. 函数 $y=\sqrt{1+x^2}$ 的斜渐近线为 _____.

9. 若 $f'(x_0)=0$，则点 x_0 一定是极值点 _____（填√或者×）；若点 x_0 是极值点，则 $f'(x_0)=0$ _____（填√或者×）.

10. 若 $f''(x_0)=0$，则点 x_0 一定是拐点 _____（填√或者×）；若点 x_0 是拐点，则 $f''(x_0)=0$ _____（填√或者×）.

二、选择题

1. 设 $f(x)$ 在 $[0,1]$ 上可导，$f'(x)>0$，且 $f(0)<0$，$f(1)>0$，则 $f(x)$ 在 $(0,1)$ 内（ ）.

A. 零点个数不能确定　　　　　B. 至少有两个零点

C. 没有零点　　　　　　　　　D. 有且仅有一个零点

2. 下列各式正确运用洛必达法则的是（　　）.

A. $\lim\limits_{x\to\infty}\dfrac{x+\sin x}{x-\sin x}=\lim\limits_{x\to\infty}\dfrac{1+\cos x}{1-\cos x}$不存在

B. $\lim\limits_{x\to 0}\dfrac{x+\sin x}{x-\sin x}=\lim\limits_{x\to 0}\dfrac{1+\cos x}{1-\cos x}=\infty$

C. $\lim\limits_{x\to 0}\dfrac{x^2\sin\dfrac{1}{x}}{\sin x}=\lim\limits_{x\to 0}\dfrac{2x\sin\dfrac{1}{x}-\cos\dfrac{1}{x}}{\cos x}$不存在

D. $\lim\limits_{x\to 0}\dfrac{x}{\mathrm{e}^x}=\lim\limits_{x\to 0}\dfrac{1}{\mathrm{e}^x}=1$

3. 在以下各式中，极限存在，但不能运用洛必达法则计算的是（　　）.

A. $\lim\limits_{x\to 0}\dfrac{x^2}{\sin x}$ 　　　B. $\lim\limits_{x\to 0^+}\left(\dfrac{1}{x}\right)^{\tan x}$ 　　　C. $\lim\limits_{x\to\infty}\dfrac{x+\sin x}{x}$ 　　　D. $\lim\limits_{x\to+\infty}\dfrac{x^n}{\mathrm{e}^x}$

4. 曲线 $y=f(x)$ 在给定区域满足 $y'>0$，$y''<0$，则该曲线可能的图形是（　　）.

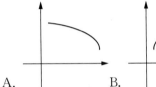 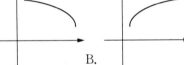 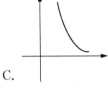 

A. 　　　　　　　　B. 　　　　　　　　C. 　　　　　　　　D.

5. 函数 $y=x-\ln(1+x)$ 的单调减少区间是（　　）.

A. $(-1,+\infty)$ 　　B. $(-1,0)$ 　　　C. $(0,+\infty)$ 　　　　D. $(-\infty,-1)$

6. 曲线 $y=9x^5-30x^4+30x^3+x+1$ 的拐点为（　　）.

A. $(0,1)$ 　　　　B. $x=1$ 　　　　C. $(1,11)$ 　　　　D. $x=0$

7. 函数 $f(x)=\dfrac{x^2+2x+2}{(x-2)(x-1)}$ 的渐近线有（　　）条.

A. 1 　　　　　　B. 2 　　　　　　C. 3 　　　　　　D. 4

8. 设 $f(x)$ 有连续导数，且 $f'(2)=2$，$f(2)=1$，则 $\lim\limits_{x\to 2}\dfrac{[f(x)]^3-1}{x-2}=$（　　）.

A. 1 　　　　　　B. 3 　　　　　　C. 2 　　　　　　D. 6

9. 已知 $f'(x)=(x-1)(x-2)$，则曲线 $f(x)$ 在区间 $\left(\dfrac{3}{2},2\right)$ 上是（　　）.

A. 单调增加且是凹的 　　　　　　　　B. 单调减少且是凹的

C. 单调增加且是凸的 　　　　　　　　D. 单调减少且是凸的

10. 设函数 $f(x)$ 在 $[0,1]$ 上的二阶导数大于 0，则下列关系式成立的是（　　）.

A. $f'(1)>f'(0)>f(1)-f(0)$ 　　　　B. $f'(1)>f(1)-f(0)>f'(0)$

C. $f(1)-f(0)>f'(1)>f'(0)$ 　　　　D. $f'(1)>f(0)-f(1)>f'(0)$

三、计算题

1. $\lim\limits_{x\to 0}\dfrac{x-\arctan x}{x^3}$ ；　　　　　　2. $\lim\limits_{x\to\frac{\pi}{4}}\dfrac{\tan x-1}{\sin 4x}$ ；

3. $\lim\limits_{x\to 0}\dfrac{\ln(1+x^2)}{\sec x-\cos x}$;　　　　4. $\lim\limits_{x\to 0}\left[\dfrac{1}{x}+\dfrac{1}{x^2}\ln(1-x)\right]$;

5. $\lim\limits_{x\to +\infty}\left(\dfrac{\pi}{2}-\arctan x\right)^{\frac{1}{x}}$;　　6. $\lim\limits_{x\to 0}\dfrac{e^x-\sin x-1}{(\arcsin x)^2}$.

四、解答题

1. 求 $y=x-\ln(1+x)$ 的单调区间、极值.

2. 求函数 $y=x^3-3x^2+x-1$ 的凹、凸区间及拐点.

3. 求函数 $y=\dfrac{x}{1+x^2}$ 的凹、凸区间及拐点.

4. 求曲线 $y=e^{2x-x^2}$ 的单调区间，极值，凹、凸区间与拐点.

5. 确定 a，b 的值，使点 $(0,1)$ 为曲线 $y=e^{-x}-bx^2+a$ 的拐点.

6. 已知 $f(x)=a\ln x+bx^2+x$ 在 $x=1$ 与 $x=2$ 处有极值，试求常数 a，b.

7. 证明当 $x>1$ 时，$\ln x>\dfrac{2(x-1)}{x+1}$.

8. 证明当 $x>0$ 时，$\sin x>x-\dfrac{x^3}{6}$.

9. 在抛物线 $y=x^2$ 上找一点，使它到直线 $2x-y-4=0$ 的距离最短.

10. 在半径为 R 的球体内作一个内接圆锥体，问此圆锥体的高、底面半径为何值时，其体积 V 最大.

11. 工厂 C 与铁路线的垂直距离 AC 为 20km，A 点到火车站 B 的距离为 100km. 欲修一条从工厂到铁路的公路 CD，已知铁路与公路每千米运费之比为 $3:5$，为了使火车站 B 与工厂 C 间的运费最省，问 D 点应选在何处？

12. 证明 $x^5+x-1=0$ 只有一个正实数根.

13. 设函数 $f(x)$ 在 $[0,\pi]$ 上连续，在 $(0,\pi)$ 内可导，证明在 $(0,\pi)$ 内至少存在一点 ξ，使 $f'(\xi)\sin\xi+f(\xi)\cos\xi=0$.

14. 设函数 $f(x)$ 在 $[a,b]$ 上二阶可导，且 $f(a)=f(b)=0$，令 $F(x)=(x-a)f(x)$，证明在 (a,b) 内至少存在一点 ξ，使 $F''(\xi)=0$.

15. 求曲线 $y=\tan x$ 在点 $\left(\dfrac{\pi}{4},1\right)$ 处的曲率与曲率半径.

拓展阅读 3

华罗庚的传奇人生[15]

华罗庚是中国解析数论、典型群、矩阵几何学、自守函数论与多元复变函数等很多方面研究的创始人与奠基者，也是世界上最有影响力的数学家之一，被列为芝加哥科学技术博物馆中当今世界 88 位数学伟人之一.

1922 年，华罗庚进入金坛县立初级中学，毕业后，由于家中贫穷，他只好到免学费的上海中华职业学校就读，但还是因为家中无力提供杂费和住宿费而退学. 1926 年，16 岁的华罗庚回到金坛，帮助父亲料理杂货铺，同时开始他自学数学的生涯. 拿着一本代数书、一本几何书和一本 50 页的微积分书，他反复钻研，不断加深理解，明白了最基本的数学概念和定理.

华罗庚在 19 岁时写出《苏家驹之代数的五次方程式解法不能成立之理由》一文. 1930 年，上海《科学》杂志刊登了这篇文章，清华大学数学系主任熊庆来教授看过这篇文章后对他很赞赏，并邀请华罗庚到清华大学. 21 岁的华罗庚进了清华大学，担任数学系助理员. 他一边工作，一边学习、旁听. 他最先感兴趣的是数论，并得到了熊庆来教授的鼓励. 在清华大学的 4 年中，华罗庚在数论方面发表了 10 余篇论文，还自修了英语、法语和德语. 25 岁时，华罗庚已成为蜚声国际的青年学者，由助理员破格提升为助教、教授，并被资助到英国剑桥大学留学. 在留学的两年中他发表了 10 余篇论文，得到了国际数学界的赞赏.

1938 年，清华大学、北京大学与南开大学迁到昆明，合并为西南联合大学. 该年，华罗庚由美国回国，担任西南联合大学的数学教授. 他们一家七口人挤在昆明郊区的一个小村庄的两间小厢房里. 晚上，华罗庚在昏暗的菜油灯下进行研究；白天，他外出上课，用微薄的薪水养活全家. 就是在这样的艰苦环境中，华罗庚先后撰写了 20 余篇论文，并于 1938 年完成了他的第一部著作《堆垒素数论》.

1946 年秋，华罗庚应美国普林斯顿大学魏尔教授的邀请访问美国. 在美国的 4 年中，他研究的范围扩大至多元复变函数、自守函数和矩阵几何. 1950 年，华罗庚毅然放弃了伊利诺伊大学终身教授的职务，并带领全家动身回国. 他为中国数学科学的研究事业作出了重大贡献，其中对多元复变函数特别是典型域方面的研究是他在数学方面的突出贡献之一.

华罗庚除了致力于数学研究外，还非常注重培养有志于献身数学科学的青年人，积极倡导在中学生中开展数学竞赛. 王元、陆启铿、陈景润、万哲先等人在他的培养下都成了数学家.

第4章 不定积分

微分和积分是高等数学中两个密不可分的重要概念. 在第 2 章讨论了如何求函数的导数问题, 本章将研究它的逆运算, 即已知一个函数的导数或微分, 求原来的函数, 这是积分学的基本问题之一.

4-1 不定积分的概念与基本运算

4-1-1 原函数

定义 4-1 设 $f(x)$ 是定义在某区间 I 上的函数, 如果存在一个可导函数 $F(x)$, 对任意的 $x(x \in I)$, 都有

$$F'(x) = f(x) \quad \text{或} \quad \mathrm{d}F(x) = f(x)\mathrm{d}x,$$

则称函数 $F(x)$ 是 $f(x)$ 在区间 I 上的一个原函数.

例如, $(x^2)' = 2x$, 所以 x^2 是 $2x$ 的一个原函数;

$(-\cos x)' = \sin x$, 所以 $-\cos x$ 是 $\sin x$ 的一个原函数.

又因为 $(x^2 + C)' = 2x(C$ 是任意常数), 故 $x^2 + C$ 也是 $2x$ 的原函数. 因此, 若 $f(x)$ 有一个原函数, 那么 $f(x)$ 就有无限多个原函数.

关于原函数有以下结论.

(1)如果函数 $f(x)$ 在区间 I 上连续, 那么在区间 I 上存在可导函数 $F(x)$, 使得对任意 $x(x \in I)$, 都有 $F'(x) = f(x)$. 简单地说, 连续函数一定有原函数.

(2)如果 $F(x)$ 是 $f(x)$ 的原函数, 则 $F(x) + C(C$ 为任意常数)也是 $f(x)$ 的原函数, 即 $f(x)$ 的所有原函数可表示为 $F(x) + C$ 的形式.

(3)若 $F(x)$ 和 $G(x)$ 都是 $f(x)$ 在区间 I 上的原函数, 则 $[G(x) - F(x)]' = f(x) - f(x) = 0$, 因此, $G(x) - F(x) = C$, 即 $G(x) = F(x) + C$. 这也就是说, $f(x)$ 的任何两个原函数仅差一个常数.

4-1-2 不定积分

定义 4-2 在区间 I 上, 函数 $f(x)$ 带有任意常数 C 的原函数称为 $f(x)$ 在区间 I 上的**不定积分**, 记为 $\displaystyle\int f(x)\mathrm{d}x$, 其中 $\displaystyle\int$ 称为**积分号**, x 称为**积分变量**, $f(x)$ 称为**被积函数**, $f(x)\mathrm{d}x$ 称为**被积表达式**, C 称为**积分常数**.

不定积分的概念

由此定义可知，如果 $F(x)$ 是 $f(x)$ 在区间 I 上的一个原函数，则 $\int f(x)\mathrm{d}x = F(x) + C$.

例如，因为 $(\sin x)' = \cos x$，所以 $\int \cos x\,\mathrm{d}x = \sin x + C$.

因为 $C' = 0$，所以 $\int 0\mathrm{d}x = C$.

函数 $f(x)$ 的不定积分含有任意常数 C，对于每一个给定的 C 都对应着一个原函数，每个原函数在几何上就对应着一条曲线，称为积分曲线. 不定积分是一个函数族，其几何意义是一族积分曲线. 这族曲线是由 $f(x)$ 的一条积分曲线上下平移形成的. 这些曲线在横坐标相同点处的切线斜率都相等，即这些切线互相平行(见图 4-1).

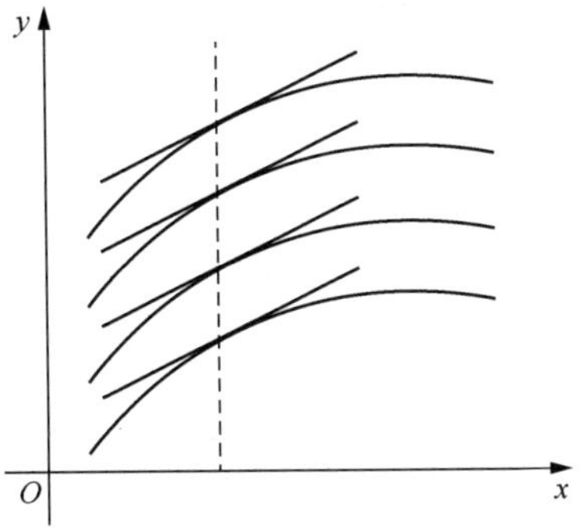

图 4-1

例 4-1　求 $\int x^2\mathrm{d}x$.

解：因为 $\left(\dfrac{x^3}{3}\right)' = x^2$，所以 $\int x^2\mathrm{d}x = \dfrac{x^3}{3} + C$.

例 4-2　求 $\int \dfrac{1}{x}\mathrm{d}x$.

解：因为 $(\ln|x|)' = \dfrac{1}{x}$，所以 $\int \dfrac{1}{x}\mathrm{d}x = \ln|x| + C$.

例 4-3　求 $\int \dfrac{1}{1+x^2}\mathrm{d}x$.

解：因为 $(\arctan x)' = \dfrac{1}{1+x^2}$，所以 $\int \dfrac{1}{1+x^2}\mathrm{d}x = \arctan x + C$.

例 4-4　求经过点 $(1,3)$，并且切线斜率为 $2x$ 的曲线方程.

解：设所求曲线方程为 $y = f(x)$，曲线上任一点 (x,y) 处的切线斜率为
$$y' = f'(x) = 2x,$$
即 $f(x)$ 是 $2x$ 的一个原函数. 因为 $(x^2)' = 2x$，所以
$$\int 2x\,\mathrm{d}x = x^2 + C,$$
由此得
$$f(x) = x^2 + C.$$

又因为所求曲线经过点 $(1,3)$，所以 $3 = 1^2 + C$，得 $C = 2$，
于是所求曲线方程为
$$y = x^2 + 2.$$

例 4-5　已知某工厂加工的产品总产量 $Q(t)$ 的变化率是关于时间 t 的函数，满足 $Q'(t) = \mathrm{e}^t$，且 $t = 0$ 时 $Q = 0$，求产品的总产量函数 $Q(t)$.

解：因为 $Q'(t) = \mathrm{e}^t$，所以 $Q(t) = \int \mathrm{e}^t\mathrm{d}t = \mathrm{e}^t + C$　（C 为常数）.

又因为 $t = 0$ 时 $Q = 0$，代入上式得 $C = -1$，
所以产品的总产量函数 $Q(t) = \mathrm{e}^t - 1$.

4-1-3 基本积分公式表

因为求不定积分是求导的逆运算，所以，每个求导公式反转过来就能得到基本积分公式，具体如下. 这些积分公式是求不定积分的基础，必须牢记.

(1) $\int 0 \mathrm{d}x = C$；

(2) $\int 1 \mathrm{d}x = x + C$；

(3) $\int x^a \mathrm{d}x = \dfrac{1}{a+1} x^{a+1} + C$ $(a \neq -1)$；

(4) $\int \dfrac{1}{x} \mathrm{d}x = \ln|x| + C$；

(5) $\int \cos x \, \mathrm{d}x = \sin x + C$；

(6) $\int \sin x \, \mathrm{d}x = -\cos x + C$；

(7) $\int \dfrac{1}{\cos^2 x} \mathrm{d}x = \int \sec^2 x \, \mathrm{d}x = \tan x + C$；

(8) $\int \dfrac{1}{\sin^2 x} \mathrm{d}x = \int \csc^2 x \, \mathrm{d}x = -\cot x + C$；

(9) $\int \sec x \tan x \, \mathrm{d}x = \sec x + C$；

(10) $\int \csc x \cot x \, \mathrm{d}x = -\csc x + C$；

(11) $\int a^x \mathrm{d}x = \dfrac{a^x}{\ln a} + C$；

(12) $\int \mathrm{e}^x \mathrm{d}x = \mathrm{e}^x + C$；

(13) $\int \dfrac{1}{\sqrt{1-x^2}} \mathrm{d}x = \arcsin x + C = -\arccos x + C$；

(14) $\int \dfrac{1}{1+x^2} \mathrm{d}x = \arctan x + C = -\text{arccot} x + C$.

例 4-6 求 $\int x \sqrt[3]{x} \, \mathrm{d}x$.

解： $\int x \sqrt[3]{x} \, \mathrm{d}x = \int x^{\frac{4}{3}} \mathrm{d}x = \dfrac{1}{\frac{4}{3}+1} x^{\frac{4}{3}+1} + C = \dfrac{3}{7} x^{\frac{7}{3}} + C$.

例 4-7 求 $\int \dfrac{1}{\sqrt{x\sqrt{x}}} \mathrm{d}x$.

解： $\int \dfrac{1}{\sqrt{x\sqrt{x}}} \mathrm{d}x = \int x^{-\frac{3}{4}} \mathrm{d}x = \dfrac{1}{-\frac{3}{4}+1} x^{-\frac{3}{4}+1} + C = 4x^{\frac{1}{4}} + C$.

例 4-7 表明，对于用分式或根式表达的幂函数，应先将其化为 x^a 的形式，再利用幂函数的积分公式来计算.

4-1-4 不定积分的基本性质

性质 1 $\left[\int f(x)\mathrm{d}x\right]' = f(x)$，或 $\mathrm{d}\left[\int f(x)\mathrm{d}x\right] = f(x)\mathrm{d}x$；

$\int f'(x)\mathrm{d}x = f(x) + C$，或 $\int \mathrm{d}[f(x)] = f(x) + C$.

性质 1 表明，不定积分的运算与微分运算是互逆的.

性质 2 $\int kf(x)\mathrm{d}x = k\int f(x)\mathrm{d}x$ （k 为常数且 $k \neq 0$）.

性质 3 $\int [f_1(x) \pm f_2(x)]\mathrm{d}x = \int f_1(x)\mathrm{d}x \pm \int f_2(x)\mathrm{d}x$.

性质 3 可以推广到有限个函数的情况. 需要注意的是，等式右端有两个积分号，形式上含有两个任意常数，但由于两个任意常数之和仍为任意常数，因此实际上还是一个任意常数.

利用基本积分公式和这几个性质，就可以求出一些简单函数的不定积分.

例 4 - 8 求 $\int (e^x - 5\cos x)\mathrm{d}x$.

解： $\int (e^x - 5\cos x)\mathrm{d}x = \int e^x \mathrm{d}x - 5\int \cos x\,\mathrm{d}x = e^x - 5\sin x + C$.

例 4 - 9 求 $\int (1-x)^2 \cdot \sqrt{x}\,\mathrm{d}x$.

解：
$$\int (1-x)^2 \cdot \sqrt{x}\,\mathrm{d}x = \int (x^{\frac{1}{2}} - 2x^{\frac{3}{2}} + x^{\frac{5}{2}})\mathrm{d}x$$
$$= \int x^{\frac{1}{2}}\mathrm{d}x - 2\int x^{\frac{3}{2}}\mathrm{d}x + \int x^{\frac{5}{2}}\mathrm{d}x$$
$$= \frac{2}{3}x^{\frac{3}{2}} - \frac{4}{5}x^{\frac{5}{2}} + \frac{2}{7}x^{\frac{7}{2}} + C.$$

注意

对于不能直接利用积分公式的被积函数，可利用恒等变形将被积函数化为可求积分的函数. 常用的恒等变形包括因式分解、加项/减项、三角函数变形等.

例 4 - 10 求 $\int \dfrac{e^{2x}-1}{e^x-1}\mathrm{d}x$.

解： $\int \dfrac{e^{2x}-1}{e^x-1}\mathrm{d}x = \int \dfrac{(e^x-1)(e^x+1)}{e^x-1}\mathrm{d}x = \int (e^x+1)\mathrm{d}x = e^x + x + C$.

例 4 - 11 求 $\int \dfrac{x^4}{1+x^2}\mathrm{d}x$.

解：
$$\int \frac{x^4}{1+x^2}\mathrm{d}x = \int \frac{(x^4-1)+1}{1+x^2}\mathrm{d}x = \int \left(x^2 - 1 + \frac{1}{1+x^2}\right)\mathrm{d}x$$
$$= \frac{1}{3}x^3 - x + \arctan x + C.$$

例 4 - 12 求 $\int \dfrac{1+x+x^2}{x(1+x^2)}\mathrm{d}x$.

解：
$$\int \frac{1+x+x^2}{x(1+x^2)}\mathrm{d}x = \int \frac{x}{x(1+x^2)}\mathrm{d}x + \int \frac{1+x^2}{x(1+x^2)}\mathrm{d}x$$
$$= \int \frac{1}{1+x^2}\mathrm{d}x + \int \frac{1}{x}\mathrm{d}x = \arctan x + \ln|x| + C.$$

例 4 – 13　求 $\displaystyle\int \frac{\cos 2x}{\cos x - \sin x}\mathrm{d}x$.

解：$\displaystyle\int \frac{\cos 2x}{\cos x - \sin x}\mathrm{d}x = \int \frac{\cos^2 x - \sin^2 x}{\cos x - \sin x}\mathrm{d}x = \int (\cos x + \sin x)\mathrm{d}x$

$$= \sin x - \cos x + C.$$

例 4 – 14　求 $\displaystyle\int \frac{1}{\sin^2 x \, \cos^2 x}\mathrm{d}x$.

解：$\displaystyle\int \frac{1}{\sin^2 x \, \cos^2 x}\mathrm{d}x = \int \frac{\sin^2 x + \cos^2 x}{\sin^2 x \, \cos^2 x}\mathrm{d}x = \int \left(\frac{1}{\cos^2 x} + \frac{1}{\sin^2 x}\right)\mathrm{d}x$

$$= \int \sec^2 x \, \mathrm{d}x + \int \csc^2 x \, \mathrm{d}x = \tan x - \cot x + C.$$

例 4 – 15　求 $\displaystyle\int \sin^2 \frac{x}{2}\mathrm{d}x$.

解：$\displaystyle\int \sin^2 \frac{x}{2}\mathrm{d}x = \int \frac{1 - \cos x}{2}\mathrm{d}x = \frac{1}{2}\int \mathrm{d}x - \frac{1}{2}\int \cos x \, \mathrm{d}x$

$$= \frac{1}{2}x - \frac{1}{2}\sin x + C.$$

例 4 – 16　求 $\displaystyle\int \frac{1}{1 + \cos 2x}\mathrm{d}x$.

解：$\displaystyle\int \frac{1}{1 + \cos 2x}\mathrm{d}x = \int \frac{1}{1 + 2\cos^2 x - 1}\mathrm{d}x = \int \frac{1}{2\cos^2 x}\mathrm{d}x = \frac{1}{2}\tan x + C.$

例 4 – 17　求 $\displaystyle\int \tan^2 x \, \mathrm{d}x$

解：$\displaystyle\int \tan^2 x \, \mathrm{d}x = \int (\sec^2 x - 1)\mathrm{d}x = \tan x - x + C.$

例 4 – 18　设 $\displaystyle\int \frac{f(x)}{1 + x^2}\mathrm{d}x = \arctan x + C$，求 $\displaystyle\int f(x)\mathrm{d}x$.

解：由不定积分的性质, 有

$$\frac{f(x)}{1 + x^2} = \left(\int \frac{f(x)}{1 + x^2}\mathrm{d}x\right)' = (\arctan x + C)' = \frac{1}{1 + x^2},$$

即
$$f(x) = 1.$$

故
$$\int f(x)\mathrm{d}x = \int 1 \mathrm{d}x = x + C.$$

习题 4 – 1

1. 在下列括号内填入适当的函数.

(1)(　　)$' = x^2$;　　　　　(2)(　　)$' = e^x$;　　　　　(3)(　　)$' = 8$;

(4)(　　)$' = \csc^2 x$;　　　(5)(　　)$' = \cos x + 3$;　　(6)(　　)$' = x + \dfrac{3}{x}$.

2. 求下列不定积分.

$(1) \displaystyle\int \frac{1}{\sqrt[3]{x}} \mathrm{d}x;$　　　　　$(2) \displaystyle\int x^4 \sqrt{x}\, \mathrm{d}x;$　　　　　$(3) \displaystyle\int (1-x)\sqrt{x}\, \mathrm{d}x;$

$(4) \displaystyle\int \left(1-\frac{1}{x^2}\right)\sqrt{x\sqrt{x}}\, \mathrm{d}x;$　　$(5) \displaystyle\int \left(\frac{2}{1+x^2}-\frac{3}{\sqrt{1-x^2}}\right)\mathrm{d}x;$　　$(6) \displaystyle\int \frac{x^4-10x+5}{x}\mathrm{d}x;$

$(7) \displaystyle\int 3^{x+4}\, \mathrm{d}x;$　　　　　$(8) \displaystyle\int 2^x \mathrm{e}^x\, \mathrm{d}x;$　　　　　$(9) \displaystyle\int \mathrm{e}^x \left(1-\frac{\mathrm{e}^{-x}}{\sqrt{x}}\right)\mathrm{d}x;$

$(10) \displaystyle\int \frac{x^2}{x^2+1}\mathrm{d}x;$　　　　$(11) \displaystyle\int \frac{1}{x^2+x^4}\mathrm{d}x;$　　　　$(12) \displaystyle\int \frac{x^4+1}{x^2+1}\mathrm{d}x;$

$(13) \displaystyle\int \frac{1+2x^2}{x^2(x^2+1)}\mathrm{d}x;$　　$(14) \displaystyle\int \cot^2 x\, \mathrm{d}x;$　　　　$(15) \displaystyle\int \frac{\cos 2x}{\sin^2 x}\mathrm{d}x;$

$(16) \displaystyle\int \frac{\cos 2x}{\cos x+\sin x}\mathrm{d}x;$　　$(17) \displaystyle\int \frac{\mathrm{e}^{2x}-1}{\mathrm{e}^x-1}\mathrm{d}x;$　　$(18) \displaystyle\int \cos^2 \frac{x}{2}\mathrm{d}x.$

4－2　换元积分法

　　利用基本积分公式和不定积分的性质, 能计算的不定积分是很有限的, 因此需要进一步研究求不定积分的方法. 本节将介绍换元积分法. 换元积分法可以看作将复合函数的求导法反转过来, 利用变量代换得到的. 换元积分法通常分为两类, 下面先介绍第一类换元积分法, 再介绍第二类换元积分法.

4－2－1　第一类换元积分法

　　引例　如何计算不定积分 $\displaystyle\int \mathrm{e}^{2x}\mathrm{d}x$?

第一类换元积分法

　　在基本积分公式中有 $\displaystyle\int \mathrm{e}^x \mathrm{d}x=\mathrm{e}^x+C$, 但是, 使用这个公式的前提是被积函数中的 x 与微分号后面的 x 的形式要保持一致 (即完全一样).
而这个例子中的被积函数是 e^{2x}, 因此, 如果想使用公式, 要求微分号后面也应该是 $2x$,
即 $\displaystyle\int \mathrm{e}^{2x}\mathrm{d}(2x)$, 这样才能使用公式. 这就需要"凑"出微分 $\mathrm{d}(2x)$.

　　因为 $\mathrm{d}(2x)=(2x)'\mathrm{d}x=2\mathrm{d}x$, 所以 $\mathrm{d}x=\dfrac{1}{2}\mathrm{d}(2x)$,

$$\int \mathrm{e}^{2x}\mathrm{d}x=\int \mathrm{e}^{2x}\cdot \frac{1}{2}\mathrm{d}(2x)=\frac{1}{2}\int \mathrm{e}^{2x}\mathrm{d}(2x).$$

　　再令 $2x=u$, 上述积分就变为

$$\int \mathrm{e}^{2x}\mathrm{d}x=\frac{1}{2}\int \mathrm{e}^{2x}\mathrm{d}(2x)=\frac{1}{2}\int \mathrm{e}^u \mathrm{d}u.$$

　　利用基本积分公式, 并换回原来的变量 x, 求得积分为

$$\int e^{2x} dx = \frac{1}{2} \int e^u du = \frac{1}{2} e^u + C = \frac{1}{2} e^{2x} + C.$$

对于一般的函数，如果被积表达式可以整理成 $\int f[\varphi(x)]\varphi'(x)dx$ 的形式，则可以通过换元[设 $u = \varphi(x)$，$du = \varphi'(x)dx$]，将 $f[\varphi(x)]\varphi'(x)dx$ 写成 $f(u)du$ 的形式，若 $f(u)$ 具有原函数 $F(u)$，则有

$$\int f[\varphi(x)]\varphi'(x)dx = \int f[\varphi(x)]d[\varphi(x)] \xrightarrow{\text{设 } u = \varphi(x)} \int f(u)du = F(u) + C$$

$$\xrightarrow{\text{回代}} F[\varphi(x)] + C.$$

其本质就是把部分被积函数放到微分号的后面去，凑出一个新的微分，再利用基本积分公式求出积分. 归纳上面的解法，得到如下定理.

定理 4-1 设 $F(u)$ 是 $f(u)$ 的一个原函数，且 $u = \varphi(x)$ 可导，那么 $F[\varphi(x)]$ 是 $f[\varphi(x)]\varphi'(x)$ 的原函数，即有换元公式

$$\int f[\varphi(x)]\varphi'(x)dx = \int f(u)du = [F(u) + C]_{u=\varphi(x)} = F[\varphi(x)] + C.$$

注意

(1) 定理 4-1 表明，第一类换元积分法是指通过中间变量代换，把复杂函数的积分化成简单函数的不定积分，求出原函数后，再回代原来的变量. 虽然 $\int f[\varphi(x)]\varphi'(x)dx$ 是一个整体的记号，但如同导数记号 $\dfrac{dy}{dx}$ 中的 dy 及 dx 可以看作微分一样，被积表达式中的 dx 也可以看作变量 x 的微分，$\varphi'(x)dx$ 也可以看作函数 $\varphi(x)$ 的微分. 要计算积分 $\int f[\varphi(x)]\varphi'(x)dx$，只要将被积表达式中的 $\varphi(x)$ 换成 u，将 $\varphi'(x)dx$ 换成 du，就可将积分 $\int f[\varphi(x)]\varphi'(x)dx$ 化成积分 $\int f(u)du$.

(2) 由于积分过程中有凑微分 $\varphi'(x)dx = d[\varphi(x)]$ 的步骤，因此第一类换元积分法又称为凑微分法. 用第一类换元积分法求不定积分的过程是：凑微分、换元、积分、回代.

凑微分时，常用微分性质（a，b 为常数，$a \neq 0$）：$d[f(x)] = \dfrac{1}{a} d[af(x) \pm b]$.

例 4-19 求 $\int (2x+1)^{11} dx$.

解：因为 $d(2x+1) = (2x+1)'dx = 2dx$，所以 $dx = \dfrac{1}{2} d(2x+1)$，

$$\int (2x+1)^{11} dx = \frac{1}{2} \int (2x+1)^{11} d(2x+1).$$

设 $2x+1 = u$，得到

$$\int (2x+1)^{11} dx = \frac{1}{2} \int u^{11} du = \frac{1}{2} \cdot \frac{1}{12} u^{12} + C \xrightarrow{\text{回代}} \frac{1}{24} (2x+1)^{12} + C.$$

例 4 - 20　求 $\displaystyle\int \frac{1}{5+3x}\mathrm{d}x$.

解： $\displaystyle\int \frac{1}{5+3x}\mathrm{d}x = \frac{1}{3}\int \frac{1}{5+3x}\mathrm{d}(5+3x)$.

设 $3x+5=u$，得到

$$\int \frac{1}{5+3x}\mathrm{d}x = \frac{1}{3}\int \frac{1}{u}\mathrm{d}u = \frac{1}{3}\ln|u| + C = \frac{1}{3}\ln|5+3x| + C.$$

例 4 - 21　求 $\displaystyle\int \sqrt{2x+3}\,\mathrm{d}x$.

解： $\displaystyle\int \sqrt{2x+3}\,\mathrm{d}x = \frac{1}{2}\int \sqrt{2x+3}\,\mathrm{d}(2x+3)$.

设 $2x+3=u$，得到

$$\int \sqrt{2x+3}\,\mathrm{d}x = \frac{1}{2}\int \sqrt{u}\,\mathrm{d}u = \frac{1}{2}\cdot\frac{1}{\frac{1}{2}+1}u^{\frac{1}{2}+1} + C = \frac{1}{3}u^{\frac{3}{2}} + C = \frac{1}{3}(2x+3)^{\frac{3}{2}} + C.$$

例 4 - 22　求 $\displaystyle\int \mathrm{e}^{5x+4}\mathrm{d}x$.

解： $\displaystyle\int \mathrm{e}^{5x+4}\mathrm{d}x = \frac{1}{5}\int \mathrm{e}^{5x+4}\mathrm{d}(5x+4)$.

设 $5x+4=u$，得到

$$\int \mathrm{e}^{5x+4}\mathrm{d}x = \frac{1}{5}\int \mathrm{e}^{u}\mathrm{d}u = \frac{1}{5}\mathrm{e}^{u} + C = \frac{1}{5}\mathrm{e}^{5x+4} + C.$$

例 4 - 23　求 $\displaystyle\int \frac{1}{1+4x^2}\mathrm{d}x$.

解： $\displaystyle\int \frac{1}{1+4x^2}\mathrm{d}x = \int \frac{1}{1+(2x)^2}\mathrm{d}x = \frac{1}{2}\int \frac{1}{1+(2x)^2}\mathrm{d}(2x)$.

设 $2x=u$，从而得

$$\int \frac{1}{1+4x^2}\mathrm{d}x = \frac{1}{2}\int \frac{1}{1+u^2}\mathrm{d}u = \frac{1}{2}\arctan u + C = \frac{1}{2}\arctan(2x) + C.$$

同理可以得到

$$\int \frac{1}{1+9x^2}\mathrm{d}x = \frac{1}{3}\arctan(3x) + C, \quad \int \frac{1}{1+16x^2}\mathrm{d}x = \frac{1}{4}\arctan(4x) + C,$$

一般地，有 $\displaystyle\int \frac{1}{1+(ax)^2}\mathrm{d}x = \frac{1}{a}\arctan(ax) + C (a>0)$.

对变量代换比较熟悉以后，就不必把 u 写出来了.

例 4 - 24　求 $\displaystyle\int \frac{\mathrm{d}x}{a^2+x^2}$.

解： $\displaystyle\int \frac{\mathrm{d}x}{a^2+x^2} = \int \frac{\mathrm{d}x}{a^2\left(1+\frac{x^2}{a^2}\right)} = \frac{1}{a}\int \frac{\mathrm{d}\left(\frac{x}{a}\right)}{1+\left(\frac{x}{a}\right)^2} = \frac{1}{a}\arctan\frac{x}{a} + C,$

即

$$\int \frac{\mathrm{d}x}{a^2 + x^2} = \frac{1}{a}\arctan\frac{x}{a} + C. \tag{4-1}$$

例 4 - 25　求 $\int \dfrac{\mathrm{d}x}{\sqrt{9 - x^2}}$.

解：$\int \dfrac{\mathrm{d}x}{\sqrt{9 - x^2}} = \int \dfrac{\mathrm{d}x}{3\sqrt{1 - \left(\dfrac{x}{3}\right)^2}} = \int \dfrac{\mathrm{d}\left(\dfrac{x}{3}\right)}{\sqrt{1 - \left(\dfrac{x}{3}\right)^2}} = \arcsin\dfrac{x}{3} + C,$

即

$$\int \frac{\mathrm{d}x}{\sqrt{9 - x^2}} = \arcsin\frac{x}{3} + C.$$

同理得到，$\int \dfrac{\mathrm{d}x}{\sqrt{16 - x^2}} = \arcsin\dfrac{x}{4} + C$，$\int \dfrac{\mathrm{d}x}{\sqrt{25 - x^2}} = \arcsin\dfrac{x}{5} + C$，

一般地，有

$$\int \frac{\mathrm{d}x}{\sqrt{a^2 - x^2}} = \arcsin\frac{x}{a} + C \quad (a > 0) \tag{4-2}$$

例 4 - 26　求 $\int \dfrac{\mathrm{d}x}{x^2 - a^2}$.

解：$\int \dfrac{\mathrm{d}x}{x^2 - a^2} = \int \dfrac{\mathrm{d}x}{(x + a)(x - a)} = \dfrac{1}{2a}\int \left(\dfrac{1}{x - a} - \dfrac{1}{x + a}\right)\mathrm{d}x$

$\qquad\qquad = \dfrac{1}{2a}\left(\int \dfrac{1}{x - a}\mathrm{d}x - \int \dfrac{1}{x + a}\mathrm{d}x\right) = \dfrac{1}{2a}\left[\int \dfrac{\mathrm{d}(x - a)}{x - a} - \int \dfrac{\mathrm{d}(x + a)}{x + a}\right]$

$\qquad\qquad = \dfrac{1}{2a}(\ln|x - a| - \ln|x + a|) + C$

$\qquad\qquad = \dfrac{1}{2a}\ln\left|\dfrac{x - a}{x + a}\right| + C,$

即

$$\int \frac{\mathrm{d}x}{x^2 - a^2} = \frac{1}{2a}\ln\left|\frac{x - a}{x + a}\right| + C. \tag{4-3}$$

类似可得 $\int \dfrac{\mathrm{d}x}{a^2 - x^2} = \dfrac{1}{2a}\ln\left|\dfrac{x + a}{x - a}\right| + C$.

凑微分时，常常用到下列微分公式，需要熟记它们：

$x\,\mathrm{d}x = \dfrac{1}{2}\mathrm{d}(x^2)$；　$\dfrac{1}{\sqrt{x}}\mathrm{d}x = 2\mathrm{d}(\sqrt{x})$；　$\dfrac{1}{x^2}\mathrm{d}x = -\mathrm{d}\left(\dfrac{1}{x}\right)$；　$\dfrac{1}{x}\mathrm{d}x = \mathrm{d}(\ln|x|)$；

$\mathrm{e}^x\,\mathrm{d}x = \mathrm{d}(\mathrm{e}^x)$；　$\cos x\,\mathrm{d}x = \mathrm{d}(\sin x)$；　$\sin x\,\mathrm{d}x = -\mathrm{d}(\cos x)$；

$\sec^2 x\,\mathrm{d}x = \mathrm{d}(\tan x)$；　$\csc^2 x\,\mathrm{d}x = -\mathrm{d}(\cot x)$；

$\sec x\tan x\,\mathrm{d}x = \mathrm{d}(\sec x)$；　$\csc x\cot x\,\mathrm{d}x = -\mathrm{d}(\csc x)$；

$$\frac{1}{\sqrt{1-x^2}}\mathrm{d}x=\mathrm{d}(\arcsin x)\ ;\qquad \frac{1}{1+x^2}\mathrm{d}x=\mathrm{d}(\arctan x).$$

例 4 – 27　求 $\displaystyle\int\frac{\mathrm{d}x}{x\ln x}$.

解：$\displaystyle\int\frac{\mathrm{d}x}{x\ln x}=\int\frac{1}{x}\ \frac{1}{\ln x}\mathrm{d}x=\int\frac{\mathrm{d}(\ln x)}{\ln x}$.

设 $\ln x=u$，得到

$$\int\frac{\mathrm{d}x}{x\ln x}=\int\frac{\mathrm{d}u}{u}=\ln|u|+C=\ln|\ln x|+C.$$

例 4 – 28　求 $\displaystyle\int\frac{\sin\dfrac{1}{x}\mathrm{d}x}{x^2}$.

第一类换元法例题

解：$\displaystyle\int\frac{\sin\dfrac{1}{x}\mathrm{d}x}{x^2}=\int\frac{1}{x^2}\sin\frac{1}{x}\mathrm{d}x=-\int\sin\frac{1}{x}\mathrm{d}\left(\frac{1}{x}\right)$.

设 $\dfrac{1}{x}=u$，得到

$$\int\frac{\sin\dfrac{1}{x}\mathrm{d}x}{x^2}=-\int\sin u\,\mathrm{d}u=\cos u+C=\cos\frac{1}{x}+C.$$

例 4 – 29　求 $\displaystyle\int\frac{\sin\sqrt{x}}{2\sqrt{x}}\mathrm{d}x$.

解：$\displaystyle\int\frac{\sin\sqrt{x}}{2\sqrt{x}}\mathrm{d}x=\int\sin\sqrt{x}\cdot\frac{1}{2\sqrt{x}}\mathrm{d}x=\int\sin\sqrt{x}\,\mathrm{d}\sqrt{x}=-\cos\sqrt{x}+C$.

例 4 – 30　求 $\displaystyle\int\frac{\mathrm{e}^{\arctan x}}{1+x^2}\mathrm{d}x$.

解：$\displaystyle\int\frac{\mathrm{e}^{\arctan x}}{1+x^2}\mathrm{d}x=\int\frac{1}{1+x^2}\cdot\mathrm{e}^{\arctan x}\mathrm{d}x=\int\mathrm{e}^{\arctan x}\mathrm{d}(\arctan x)=\mathrm{e}^{\arctan x}+C$.

例 4 – 31　求 $\displaystyle\int\frac{\arcsin^2 x}{\sqrt{1-x^2}}\mathrm{d}x$.

解：$\displaystyle\int\frac{\arcsin^2 x}{\sqrt{1-x^2}}\mathrm{d}x=\int\arcsin^2 x\,\mathrm{d}(\arcsin x)=\frac{1}{3}\arcsin^3 x+C$.

例 4 – 32　求 $\displaystyle\int\frac{x}{\sqrt{2-5x^2}}\mathrm{d}x$.

解：$\displaystyle\int\frac{x}{\sqrt{2-5x^2}}\mathrm{d}x=-\frac{1}{10}\int\frac{\mathrm{d}(2-5x^2)}{\sqrt{2-5x^2}}=-\frac{1}{5}\sqrt{2-5x^2}+C$.

例 4 – 33　求 $\displaystyle\int\frac{x-\arccos x}{\sqrt{1-x^2}}\mathrm{d}x$.

解：$\displaystyle\int\frac{x-\arccos x}{\sqrt{1-x^2}}\mathrm{d}x=\int\frac{x}{\sqrt{1-x^2}}\mathrm{d}x-\int\frac{\arccos x}{\sqrt{1-x^2}}\mathrm{d}x$

$$= \frac{1}{2} \int \frac{1}{\sqrt{1-x^2}} \mathrm{d}(x^2) + \int \arccos x \, \mathrm{d}(\arccos x)$$

$$= -\frac{1}{2} \int \frac{1}{\sqrt{1-x^2}} \mathrm{d}(1-x^2) + \frac{1}{2} \arccos^2 x$$

$$= \frac{1}{2} \arccos^2 x - \sqrt{1-x^2} + C.$$

例 4 - 34 求 $\int \frac{x^2}{1+x^6} \mathrm{d}x$.

解: $\int \frac{x^2}{1+x^6} \mathrm{d}x = \int x^2 \cdot \frac{1}{1+x^6} \mathrm{d}x = \frac{1}{3} \int \frac{1}{1+(x^3)^2} \mathrm{d}(x^3) = \frac{1}{3} \arctan x^3 + C.$

例 4 - 35 求 $\int \frac{2x+5}{x^2+5x+4} \mathrm{d}x$.

解: $\int \frac{2x+5}{x^2+5x+4} \mathrm{d}x = \int \frac{\mathrm{d}(x^2+5x+4)}{x^2+5x+4} = \ln|x^2+5x+4| + C.$

例 4 - 36 求 $\int \frac{x^2+4x}{(x+2)^2} \mathrm{d}x$.

分析: 分子与分母之差是一个常数,可以通过对分子采用加项/减项的方式进行化简.

解: $\int \frac{x^2+4x}{(x+2)^2} \mathrm{d}x = \int \frac{(x+2)^2-4}{(x+2)^2} \mathrm{d}x = \int \mathrm{d}x - \int \frac{4}{(x+2)^2} \mathrm{d}x$

$$= \int \mathrm{d}x - \int \frac{4}{(x+2)^2} \mathrm{d}(x+2)$$

$$= x + \frac{4}{x+2} + C.$$

例 4 - 37 求 $\int \frac{1+3x^2}{x^2(x^2+1)} \mathrm{d}x$.

解: $\int \frac{1+3x^2}{x^2(x^2+1)} \mathrm{d}x = \int \frac{1+x^2+2x^2}{x^2(x^2+1)} \mathrm{d}x = \int \frac{1}{x^2} \mathrm{d}x + \int \frac{2}{(x^2+1)} \mathrm{d}x$

$$= -\frac{1}{x} + 2\arctan x + C.$$

例 4 - 38 求 $\int \cot x \, \mathrm{d}x$.

解: $\int \cot x \, \mathrm{d}x = \int \frac{\cos x}{\sin x} \mathrm{d}x = \int \frac{\mathrm{d}(\sin x)}{\sin x} = \ln|\sin x| + C,$

即

$$\int \cot x \, \mathrm{d}x = \ln|\sin x| + C. \tag{4-4}$$

类似可得

$$\int \tan x \, \mathrm{d}x = -\ln|\cos x| + C. \tag{4-5}$$

例 4 - 39 求 $\displaystyle\int \tan^3 x \sec x \, \mathrm{d}x$.

解： $\displaystyle\int \tan^3 x \sec x \, \mathrm{d}x = \int \tan^2 x \, \mathrm{d}(\sec x) = \int(\sec^2 x - 1) \mathrm{d}(\sec x)$

$$= \frac{1}{3}\sec^3 x - \sec x + C.$$

例 4 - 40 求 $\displaystyle\int \sin^2 x \, \mathrm{d}x$.

解： $\displaystyle\int \sin^2 x \, \mathrm{d}x = \frac{1}{2}\int(1 - \cos 2x)\mathrm{d}x = \frac{1}{2}\int \mathrm{d}x - \frac{1}{4}\int \cos 2x \, \mathrm{d}(2x)$

$$= \frac{1}{2}x - \frac{1}{4}\sin 2x + C.$$

例 4 - 41 求 $\displaystyle\int \cos^3 x \, \mathrm{d}x$.

解： $\displaystyle\int \cos^3 x \, \mathrm{d}x = \int \cos^2 x \cos x \, \mathrm{d}x = \int(1 - \sin^2 x)\mathrm{d}(\sin x)$

$$= \int \mathrm{d}(\sin x) - \int \sin^2 x \, \mathrm{d}(\sin x)$$

$$= \sin x - \frac{1}{3}\sin^3 x + C.$$

例 4 - 42 求 $\displaystyle\int \sec^4 x \, \mathrm{d}x$.

解： $\displaystyle\int \sec^4 x \, \mathrm{d}x = \int \sec^2 x \, \sec^2 x \, \mathrm{d}x = \int(1 + \tan^2 x)\mathrm{d}(\tan x)$

$$= \tan x + \frac{1}{3}\tan^3 x + C.$$

例 4 - 43 求 $\displaystyle\int \csc x \, \mathrm{d}x$.

解： $\displaystyle\int \csc x \, \mathrm{d}x = \int \frac{\csc x (\csc x - \cot x)}{\csc x - \cot x}\mathrm{d}x = \int \frac{\csc^2 x - \csc x \cot x}{\csc x - \cot x}\mathrm{d}x$

$$= \int \frac{\mathrm{d}(\csc x - \cot x)}{\csc x - \cot x} = \ln|\csc x - \cot x| + C,$$

即

$$\int \csc x \, \mathrm{d}x = \ln|\csc x - \cot x| + C. \tag{4-6}$$

类似可得

$$\int \sec x \, \mathrm{d}x = \ln|\sec x + \tan x| + C. \tag{4-7}$$

> **注意**
>
> 用不同的解法求同一积分 $I = \displaystyle\int \sin 2x \, \mathrm{d}x$，得到以下结果：
>
> $$I = 2\int \sin x \cos x \, \mathrm{d}x = \sin^2 x + C;$$

$$I = 2\int \cos x \sin x \, \mathrm{d}x = -\cos^2 x + C;$$

$$I = \frac{1}{2}\int \sin 2x \, \mathrm{d}(2x) = -\frac{1}{2}\cos 2x + C.$$

上面几个结果并不矛盾. 由于 $\sin^2 x$、$-\cos^2 x$、$-\dfrac{1}{2}\cos 2x$ 都是被积函数 $\sin 2x$ 的原函数，因此上面 3 个结果都正确. 事实上，这 3 个结果可以通过三角函数公式进行转化，它们之间只相差一个常数.

用凑微分法求不定积分，有时需要多项一起凑，有时则需要凑几次才能凑出公式的形式.

例 4-44 求 $\displaystyle\int \frac{\arctan \sqrt{x}}{\sqrt{x}(1+x)}\mathrm{d}x.$

解：$\displaystyle\int \frac{\arctan \sqrt{x}}{\sqrt{x}(1+x)}\mathrm{d}x = 2\int \frac{\arctan \sqrt{x}}{1+(\sqrt{x})^2}\mathrm{d}(\sqrt{x}) = 2\int \frac{\arctan u}{1+u^2}\mathrm{d}u \quad (\text{设 } \sqrt{x}=u)$

$$= 2\int \arctan u \, \mathrm{d}(\arctan u)$$

$$= \arctan^2 u + C = \arctan^2 \sqrt{x} + C.$$

4-2-2　第二类换元积分法

第一类换元积分法先凑微分，再通过变量代换 $u = \varphi(x)$，将积分 $\displaystyle\int f[\varphi(x)]\varphi'(x)\mathrm{d}x$ 化为 $\displaystyle\int f(u)\mathrm{d}u$. 计算中常常遇到另一种形式的变量代换，即 $\displaystyle\int f(x)\mathrm{d}x$ 不易求出，但通过进行适当的变量代换 $x = \varphi(t)$

第二类换元积分法

后，积分化为 $\displaystyle\int f[\varphi(t)]\varphi'(t)\mathrm{d}t$，此时可利用积分公式求出原函数. 这就是第二类换元法.

定理 4-2 设 $x = \varphi(t)$ 是单调的可导函数，且 $\varphi'(t) \neq 0$，又设 $f[\varphi(t)]\varphi'(t)$ 具有原函数 $\Phi(t)$，则有换元公式

$$\int f(x)\mathrm{d}x = \int f[\varphi(t)]\varphi'(t)\mathrm{d}t = \Phi(t) + C \xrightarrow{t = \varphi^{-1}(x)} \Phi[\varphi^{-1}(x)] + C,$$

其中 $\varphi^{-1}(x)$ 是 $x = \varphi(t)$ 的反函数.

下面举例介绍应用第二类换元积分法常见的 3 种题型.

1. 倒数代换

当被积函数中分母的幂次较高时，可以采用倒数代换的方法，即

令 $x = \dfrac{1}{t}$，则 $\mathrm{d}x = -\dfrac{1}{t^2}\mathrm{d}t.$

例 4 - 45 求 $\displaystyle\int \frac{1}{x^8 + x}dx$.

解：令 $x = \dfrac{1}{t}$，则 $dx = -\dfrac{1}{t^2}dt$.

$$\int \frac{1}{x^8 + x}dx = \int \frac{-\frac{1}{t^2}dt}{\frac{1}{t^8} + \frac{1}{t}} = -\int \frac{t^6}{t^7 + 1}dt = -\frac{1}{7}\int \frac{d(t^7 + 1)}{t^7 + 1}$$

$$= -\frac{1}{7}\ln|t^7 + 1| + C = -\frac{1}{7}\ln\left|\frac{x^7 + 1}{x^7}\right| + C.$$

例 4 - 46 求 $\displaystyle\int \frac{dx}{x(x^{10} + 2)}$.

解：令 $x = \dfrac{1}{t}$，则 $dx = -\dfrac{1}{t^2}dt$.

$$\int \frac{dx}{x(x^{10} + 2)} = \int \frac{-\frac{1}{t^2}dt}{\frac{1}{t}\left(\frac{1}{t^{10}} + 2\right)} = \int \frac{-t^9 dt}{2t^{10} + 1} = -\frac{1}{20}\int \frac{d(2t^{10} + 1)}{2t^{10} + 1}$$

$$= -\frac{1}{20}\ln(2t^{10} + 1) + C = -\frac{1}{20}\ln \frac{x^{10} + 2}{x^{10}} + C$$

$$= \frac{1}{20}\ln \frac{x^{10}}{x^{10} + 2} + C.$$

2. 根式换元

如果被积函数中含有根式 $\sqrt[n]{ax+b}$，一般可通过变量代换 $t = \sqrt[n]{ax+b}$ 去掉根式. 根式换元法是通过合适的变量代换消去被积函数中的根号，从而简化被积函数，求出积分.

例 4 - 47 求 $\displaystyle\int \frac{1}{1 + \sqrt[3]{x}}dx$.

解：因为被积函数中含有根式，不容易凑微分，为了去掉根式，可先换元. 令 $\sqrt[3]{x} = t$，$x = t^3$，则 $dx = 3t^2 dt$，于是有

$$\int \frac{1}{1 + \sqrt[3]{x}}dx = \int \frac{3t^2}{1 + t}dt = 3\int \frac{(t^2 - 1) + 1}{1 + t}dt$$

$$= 3\int \left(t - 1 + \frac{1}{1 + t}\right)dt$$

$$= 3\left(\frac{1}{2}t^2 - t + \ln|1 + t|\right) + C,$$

再回代 $t = \sqrt[3]{x}$，得

$$\int \frac{1}{1 + \sqrt[3]{x}}dx = 3\left(\frac{1}{2}\sqrt[3]{x^2} - \sqrt[3]{x} + \ln|1 + \sqrt[3]{x}|\right) + C.$$

例 4 - 48　求 $\displaystyle\int \frac{\sqrt{x}}{1+\sqrt{x}}\mathrm{d}x$.

解：为了消去根式，可令 $\sqrt{x}=t$ ，即 $x=t^2$ ，则 $\mathrm{d}x=2t\,\mathrm{d}t$ ，

$$\int \frac{\sqrt{x}}{1+\sqrt{x}}\mathrm{d}x=\int \frac{t}{1+t}2t\,\mathrm{d}t=2\int \frac{(t^2-1)+1}{1+t}\mathrm{d}t=2\int\left(t-1+\frac{1}{1+t}\right)\mathrm{d}t$$

$$=t^2-2t+2\ln|1+t|+C$$

$$=x-2\sqrt{x}+2\ln|1+\sqrt{x}|+C.$$

例 4 - 49　求 $\displaystyle\int \frac{\mathrm{d}x}{(x+1)\sqrt{x+2}}$.

解：为了消去根式，令 $\sqrt{x+2}=t$ ，则 $x=t^2-2$ ，$\mathrm{d}x=2t\,\mathrm{d}t$ ，

$$\int \frac{\mathrm{d}x}{(x+1)\sqrt{x+2}}=\int \frac{2t\,\mathrm{d}t}{(t^2-1)t}=2\int \frac{\mathrm{d}t}{t^2-1}=2\int \frac{\mathrm{d}t}{(t+1)(t-1)}$$

$$=\ln\left|\frac{t-1}{t+1}\right|+C=\ln\left|\frac{\sqrt{x+2}-1}{\sqrt{x+2}+1}\right|+C.$$

例 4 - 50　求 $\displaystyle\int \frac{1}{\sqrt{x}+\sqrt[3]{x^2}}\mathrm{d}x$.

解：被积函数中含有 $\sqrt[3]{x}$ 和 $\sqrt{x}$ ，为了消去根式，令 $\sqrt[6]{x}=t$ ，则 $x=t^6$ ，$\mathrm{d}x=6t^5\,\mathrm{d}t$ ，

$$\int \frac{1}{\sqrt{x}+\sqrt[3]{x^2}}\mathrm{d}x=\int \frac{6t^5\,\mathrm{d}t}{t^3+t^4}=6\int \frac{t^2\,\mathrm{d}t}{1+t}$$

$$=6\int\left[(t-1)+\frac{1}{1+t}\right]\mathrm{d}t$$

$$=3t^2-6t+6\ln(1+t)+C$$

$$=3\sqrt[3]{x}-6\sqrt[6]{x}+6\ln(1+\sqrt[6]{x})+C.$$

3. 三角换元

当被积函数中含有 $\sqrt{a^2-x^2}$ 、$\sqrt{x^2-a^2}$ 、$\sqrt{a^2+x^2}$ $(a>0)$ 等根式时，可以设 x 为某个三角函数，从而达到消去根式的目的. 一般地，若被积函数中含有

(1) $\sqrt{a^2-x^2}$ $(a>0)$，可设 $x=a\sin t$ ，$t\in\left(-\dfrac{\pi}{2},\dfrac{\pi}{2}\right)$ ，则有 $\mathrm{d}x=a\cos t\,\mathrm{d}t$ ；

(2) $\sqrt{x^2-a^2}$ $(a>0)$，可设 $x=a\sec t$ ，$t\in\left(0,\dfrac{\pi}{2}\right)$ ，则有 $\mathrm{d}x=a\sec t\tan t\,\mathrm{d}t$ ；

(3) $\sqrt{a^2+x^2}$ $(a>0)$，可设 $x=a\tan t$ ，$t\in\left(-\dfrac{\pi}{2},\dfrac{\pi}{2}\right)$ ，则有 $\mathrm{d}x=a\sec^2 t\,\mathrm{d}t$.

例 4 - 51　求 $\displaystyle\int \sqrt{a^2-x^2}\,\mathrm{d}x$ 　$(a>0)$.

解：令 $x=a\sin t\left(-\dfrac{\pi}{2}<t<\dfrac{\pi}{2}\right)$ ，则 $\mathrm{d}x=a\cos t\,\mathrm{d}t$ ，

$$\int \sqrt{a^2 - x^2} \, \mathrm{d}x = \int \sqrt{a^2 - (a\sin t)^2} \, a\cos t \, \mathrm{d}t = a^2 \int \cos^2 t \, \mathrm{d}t$$

$$= a^2 \int \frac{1 + \cos 2t}{2} \mathrm{d}t = \frac{a^2}{2} \int (1 + \cos 2t) \, \mathrm{d}t$$

$$= \frac{a^2}{2} \left(t + \frac{1}{2}\sin 2t \right) + C = \frac{a^2}{2} t + \frac{a^2}{2}\sin t \cos t + C.$$

为了回代原变量，还可利用辅助直角三角形（见图 4 - 2），由边和角的函数关系写成对应变量即可.

所以

$$\int \sqrt{a^2 - x^2} \, \mathrm{d}x = \frac{a^2}{2}\arcsin \frac{x}{a} + \frac{x}{2}\sqrt{a^2 - x^2} + C. \qquad (4-8)$$

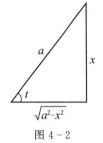

图 4 - 2

例 4 - 52　求 $\displaystyle\int \frac{\mathrm{d}x}{\sqrt{x^2 + a^2}}$ $(a > 0)$.

解： 令 $x = a\tan t \left(-\dfrac{\pi}{2} < t < \dfrac{\pi}{2} \right)$，则 $\mathrm{d}x = a\sec^2 t \, \mathrm{d}t$，

$$\int \frac{\mathrm{d}x}{\sqrt{x^2 + a^2}} = \int \frac{a\sec^2 t \, \mathrm{d}t}{\sqrt{a^2\tan^2 t + a^2}} = \int \sec t \, \mathrm{d}t = \ln|\sec t + \tan t| + C_1.$$

由图 4 - 3 可知 $\sec t = \dfrac{\sqrt{x^2 + a^2}}{a}$，所以

$$\int \frac{\mathrm{d}x}{\sqrt{x^2 + a^2}} = \ln \left| \frac{\sqrt{x^2 + a^2}}{a} + \frac{x}{a} \right| + C_1 = \ln \left| x + \sqrt{x^2 + a^2} \right| + C,$$

其中，

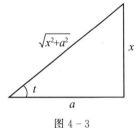

图 4 - 3

$$C = C_1 - \ln a,$$

即

$$\int \frac{\mathrm{d}x}{\sqrt{x^2 + a^2}} = \ln \left| x + \sqrt{x^2 + a^2} \right| + C. \qquad (4-9)$$

上例的结果用得比较多，可以将其当成公式直接使用.

例 4 - 53　求 $\displaystyle\int \frac{\mathrm{d}x}{\sqrt{9x^2 + 25}}$.

解： $\displaystyle\int \frac{\mathrm{d}x}{\sqrt{9x^2 + 25}} = \int \frac{\mathrm{d}x}{\sqrt{(3x)^2 + 5^2}} = \frac{1}{3}\int \frac{\mathrm{d}(3x)}{\sqrt{(3x)^2 + 5^2}}$

$$= \frac{1}{3}\ln \left| 3x + \sqrt{(3x)^2 + 5^2} \right| + C$$

$$= \frac{1}{3}\ln \left| 3x + \sqrt{9x^2 + 25} \right| + C.$$

例 4 - 54　求 $\displaystyle\int \frac{\mathrm{d}x}{\sqrt{x^2 - a^2}}$ $(a > 0)$.

解： 令 $x = a\sec t \left(0 < t < \dfrac{\pi}{2} \right)$，则 $\mathrm{d}x = a\sec t \tan t \, \mathrm{d}t$，

$$\int \frac{\mathrm{d}x}{\sqrt{x^2-a^2}} = \int \frac{a\sec t \tan t\, \mathrm{d}t}{\sqrt{a^2\sec^2 t - a^2}} = \int \sec t\, \mathrm{d}t = \ln|\sec t + \tan t| + C_1$$

由直角三角形边与角的关系，可知 $\tan t = \dfrac{\sqrt{x^2-a^2}}{a}$，

所以

$$\int \frac{\mathrm{d}x}{\sqrt{x^2-a^2}} = \ln\left|\frac{x}{a} + \frac{\sqrt{x^2-a^2}}{a}\right| + C_1 = \ln|x + \sqrt{x^2-a^2}| + C,$$

其中 $\qquad\qquad\qquad\qquad C = C_1 - \ln a,$

即

$$\int \frac{\mathrm{d}x}{\sqrt{x^2-a^2}} = \ln|x + \sqrt{x^2-a^2}| + C. \qquad (4-10)$$

说明：这里被积函数的定义域是 $|x|>a$，当限定 $0<t<\dfrac{\pi}{2}$ 时，实际上限定了 $x>a$.

当 $x<-a$ 时，可令 $x = -a\sec t\left(0<t<\dfrac{\pi}{2}\right)$，计算得 $\int \dfrac{\mathrm{d}x}{\sqrt{x^2-a^2}} = \ln(-x-\sqrt{x^2-a^2}) + C$. 于是把 $x>a$ 和 $x<-a$ 的结果合起来，就得到公式 $(4-10)$.

例 4 - 55　求 $\int \dfrac{\mathrm{d}x}{(1+x^2)^2}$.

解：令 $x = \tan t$，$-\dfrac{\pi}{2}<t<\dfrac{\pi}{2}$，则 $\mathrm{d}x = \sec^2 t\,\mathrm{d}t$，

$$\int \frac{\mathrm{d}x}{(1+x^2)^2} = \int \frac{1}{(\tan^2 t + 1)^2} \cdot \sec^2 t\, \mathrm{d}t = \int \cos^2 t\, \mathrm{d}t$$

$$= \frac{1}{2}\int (1+\cos 2t)\,\mathrm{d}t = \frac{1}{2}t + \frac{1}{4}\sin 2t + C$$

$$= \frac{1}{2}t + \frac{1}{2}\frac{\tan t}{1+\tan^2 t} + C$$

$$= \frac{1}{2}\arctan x + \frac{x}{2(1+x^2)} + C.$$

通过前面的方法可以得出一些重要结果，将其汇总如下，作为积分公式的补充.

(15) $\int \tan x\, \mathrm{d}x = -\ln|\cos x| + C$; 　　(16) $\int \cot x\, \mathrm{d}x = \ln|\sin x| + C$;

(17) $\int \sec x\, \mathrm{d}x = \ln|\sec x + \tan x| + C$; (18) $\int \csc x\, \mathrm{d}x = \ln|\csc x - \cot x| + C$;

(19) $\int \dfrac{1}{a^2+x^2}\mathrm{d}x = \dfrac{1}{a}\arctan\dfrac{x}{a} + C$; 　(20) $\int \dfrac{1}{\sqrt{a^2-x^2}}\mathrm{d}x = \arcsin\dfrac{x}{a} + C$;

(21) $\int \dfrac{1}{x^2-a^2}\mathrm{d}x = \dfrac{1}{2a}\ln\left|\dfrac{x-a}{x+a}\right| + C$; (22) $\int \dfrac{1}{\sqrt{x^2-a^2}}\mathrm{d}x = \ln|x+\sqrt{x^2-a^2}| + C$;

(23) $\int \dfrac{1}{\sqrt{a^2+x^2}}\mathrm{d}x = \ln|x+\sqrt{x^2+a^2}| + C.$

第一类积分换元法与第二类积分换元法既有区别又有联系，第一类积分换元法先凑微分再进行代换，第二类积分换元法先进行代换再求积分. 有的积分既可用第一类积分换元法求解也可用第二类积分换元法求解，而有的积分既要用到第一类积分换元法又要用到第二类积分换元法.

例 4 - 56　求 $\displaystyle\int \frac{\mathrm{d}x}{x^2 \sqrt{1+x^2}}$.

解 1: 设 $x = \tan t \left(-\dfrac{\pi}{2} < t < \dfrac{\pi}{2}\right)$，则 $\mathrm{d}x = \sec^2 t \,\mathrm{d}t$，

$$\int \frac{\mathrm{d}x}{x^2 \sqrt{1+x^2}} = \int \frac{\sec^2 t \,\mathrm{d}t}{\tan^2 t \sqrt{1+\tan^2 t}} = \int \frac{\cos t}{\sin^2 t}\mathrm{d}t = \int \frac{\mathrm{d}(\sin t)}{\sin^2 t}$$

$$= -\frac{1}{\sin t} + C = -\frac{\sqrt{1+\tan^2 t}}{\tan t} + C = -\frac{\sqrt{1+x^2}}{x} + C.$$

解 2: $\displaystyle\int \frac{\mathrm{d}x}{x^2 \sqrt{1+x^2}} = \int \frac{\mathrm{d}x}{x^3 \sqrt{\dfrac{1}{x^2}+1}} = -\frac{1}{2}\int \frac{1}{\sqrt{\dfrac{1}{x^2}+1}}\mathrm{d}\left(\frac{1}{x^2}+1\right)$

$$= -\sqrt{\frac{1}{x^2}+1} + C = -\frac{\sqrt{1+x^2}}{x} + C.$$

许多初等函数的原函数本身不是初等函数，因而会存在不定积分"积不出来"的情况. 比如 $\displaystyle\int \frac{\sin x}{x}\mathrm{d}x$、$\displaystyle\int \frac{\mathrm{e}^x}{x^n}\mathrm{d}x$、$\displaystyle\int \frac{1}{\ln x}\mathrm{d}x$ 等，它们的原函数都不是初等函数.

习题 4 - 2

1. 填空题.

(1) $\mathrm{d}x = (\quad)\mathrm{d}(3x)$；

(2) $\mathrm{d}x = (\quad)\mathrm{d}(1-5x)$；

(3) $x\mathrm{d}x = (\quad)\mathrm{d}(x^2)$；

(4) $x\mathrm{d}x = (\quad)\mathrm{d}(x^2+5)$；

(5) $\dfrac{1}{x}\mathrm{d}x = (\quad)\mathrm{d}(2\ln x)$；

(6) $\mathrm{e}^{2x}\mathrm{d}x = (\quad)\mathrm{d}(\mathrm{e}^{2x}+1)$；

(7) $\sin 2x\,\mathrm{d}x = (\quad)\mathrm{d}(\cos 2x)$；

(8) $\cos(1+3x)\mathrm{d}x = (\quad)\mathrm{d}\sin(1+3x)$；

(9) $\dfrac{1}{1+4x^2}\mathrm{d}x = (\quad)\mathrm{d}(\arctan 2x)$；

(10) $\dfrac{1}{\sqrt{1-16x^2}}\mathrm{d}x = (\quad)\mathrm{d}(\arcsin 4x)$.

2. 求下列不定积分.

(1) $\displaystyle\int \sqrt{5x+2}\,\mathrm{d}x$；

(2) $\displaystyle\int (2x+1)^9\mathrm{d}x$；

(3) $\displaystyle\int \sin(2x+1)\mathrm{d}x$；

(4) $\displaystyle\int \sqrt[3]{x+5}\,\mathrm{d}x$；

(5) $\displaystyle\int \frac{x+2}{x+1}\mathrm{d}x$；

(6) $\displaystyle\int (5x^2+2)^5 x\,\mathrm{d}x$；

(7) $\int x^3 \sqrt{4 + 2x^4}\, \mathrm{d}x$;

(8) $\int x \sqrt{1 - x^2}\, \mathrm{d}x$;

(9) $\int \dfrac{x}{\sqrt{1 + x^2}}\mathrm{d}x$;

(10) $\int 2x\, \mathrm{e}^{x^2}\, \mathrm{d}x$;

(11) $\int \dfrac{2x}{(x^2 + 1)^3}\mathrm{d}x$;

(12) $\int \dfrac{\mathrm{e}^{\sqrt{x}}}{\sqrt{x}}\mathrm{d}x$;

(13) $\int \dfrac{\cos \sqrt{x}}{\sqrt{x}}\mathrm{d}x$;

(14) $\int x \cos(2x^2 - 1)\mathrm{d}x$;

(15) $\int \dfrac{\mathrm{d}x}{x(x + 1)}$;

(16) $\int \dfrac{1}{x^2}\sin\dfrac{1}{x}\mathrm{d}x$;

(17) $\int \dfrac{\mathrm{d}x}{x(1 + 2\ln x)}$;

(18) $\int \mathrm{e}^{\sin x}\cos x\, \mathrm{d}x$;

(19) $\int \mathrm{e}^x \sin \mathrm{e}^x\, \mathrm{d}x$;

(20) $\int \dfrac{(\arctan x)^2}{1 + x^2}\mathrm{d}x$;

(21) $\int \dfrac{x^2}{\sqrt{1 - x^6}}\mathrm{d}x$;

(22) $\int \dfrac{1}{1 + x^2}\mathrm{e}^{\arctan x}\mathrm{d}x$;

(23) $\int \dfrac{\mathrm{e}^x}{1 + \mathrm{e}^{2x}}\mathrm{d}x$;

(24) $\int \dfrac{\mathrm{e}^x\, \mathrm{d}x}{\sqrt{1 - \mathrm{e}^{2x}}}$;

(25) $\int \dfrac{\cos x}{(1 + \sin x)^3}\mathrm{d}x$;

(26) $\int \dfrac{\mathrm{d}x}{(x^2 + 1)\arctan x}$;

(27) $\int \dfrac{1}{x^2 - x - 6}\mathrm{d}x$;

(28) $\int (1 - 5x^2)^{10}x\, \mathrm{d}x$;

(29) $\int \sin 3x \cdot \sin 5x\, \mathrm{d}x$;

(30) $\int \dfrac{\mathrm{d}x}{x^2 + 2x + 4}$.

3. 求下列不定积分.

(1) $\int \dfrac{\mathrm{d}x}{1 + \sqrt[3]{x + 1}}$;

(2) $\int \dfrac{\sqrt{x}}{1 + \sqrt[3]{x}}\mathrm{d}x$;

(3) $\int \dfrac{1}{(2 + x)\sqrt{1 + x}}\mathrm{d}x$;

(4) $\int \dfrac{(1 - 2x)^2}{x\sqrt[3]{x}}\mathrm{d}x$;

(5) $\int \dfrac{\mathrm{d}x}{\sqrt{x} + \sqrt[4]{x}}$;

(6) $\int \dfrac{x + 1}{x\sqrt{x - 2}}\mathrm{d}x$;

(7) $\int \dfrac{1}{x\sqrt{x^2 + 1}}\mathrm{d}x$;

(8) $\int \dfrac{\sqrt{x^2 - 9}}{x}\mathrm{d}x$;

(9) $\int \dfrac{\mathrm{d}x}{x\sqrt{x^2 - 4}}$;

(10) $\int \dfrac{\sqrt{x^2 - 4}}{x^4}\mathrm{d}x$.

4 – 3　分部积分法

利用直接积分法和换元积分法，可以计算一些不定积分，然而还有一些积分用前面的方法求不出来，如 $\int \ln x \, \mathrm{d}x$、$\int x \sin x \, \mathrm{d}x$ 等，下面就给出求不定积分的另一种方法——分部积分法. 分部积分法是由两个函数乘积的求导公式推导而来的.

分部积分法

设 $u = u(x)$，$v = v(x)$ 都是可微函数，且具有连续的导函数 $u'(x)$，$v'(x)$，根据乘积函数的求导（或微分）法则，有

$$[u(x)v(x)]' = u'(x)v(x) + u(x)v'(x),$$

移项得

$$u(x)v'(x) = [u(x)v(x)]' - u'(x)v(x),$$

两边积分，即得

$$\int u(x)v'(x)\,\mathrm{d}x = u(x)v(x) - \int u'(x)v(x)\,\mathrm{d}x,$$

即

$$\int uv'\,\mathrm{d}x = uv - \int vu'\,\mathrm{d}x,$$

也可简记为

$$\int u\,\mathrm{d}v = uv - \int v\,\mathrm{d}u. \tag{4-11}$$

公式（4-11）称为分部积分公式.

分部积分法是一种重要且常用的方法，应用分部积分法的关键是合理地将被积表达式分解成两部分：u 和 $\mathrm{d}v$.

注意

(1) 分部积分法常用来解决两个不同类型函数乘积的积分问题，通常适用于下列积分.

$$\int x^m \ln^n x \, \mathrm{d}x , \int x^m \mathrm{e}^{ax}\,\mathrm{d}x , \int x^m \sin ax \, \mathrm{d}x , \int x^m \cos ax \, \mathrm{d}x , \int \mathrm{e}^{ax}\sin bx \, \mathrm{d}x ,$$

$$\int \mathrm{e}^{ax}\cos bx \, \mathrm{d}x , \int x^m \arcsin x \, \mathrm{d}x , \int x^m \arctan x \, \mathrm{d}x \cdots$$

(2) 选取 u，$\mathrm{d}v$ 的一般原则：v 要容易求得；积分 $\int v\,\mathrm{d}u$ 要比积分 $\int u\,\mathrm{d}v$ 容易求出.

(3) 分部积分法中一般按照"反、对、幂、三、指"的顺序优先确定 u.

例 4 – 57　求 $\int x \cos x \, \mathrm{d}x$.

解：设 $u = x$，$\mathrm{d}v = \cos x \, \mathrm{d}x$，则 $\mathrm{d}u = \mathrm{d}x$，$v = \sin x$，于是

$$\int x \cos x \, \mathrm{d}x = x \sin x - \int \sin x \, \mathrm{d}x = x \sin x + \cos x + C.$$

例 4 - 58 求 $\int x\, \mathrm{e}^{-2x}\, \mathrm{d}x$.

解： 设 $u = x$，$\mathrm{d}v = \mathrm{e}^{-2x}\, \mathrm{d}x$，则 $\mathrm{d}u = \mathrm{d}x$，$v = -\dfrac{1}{2}\mathrm{e}^{-2x}$，于是

$$\int x\, \mathrm{e}^{-2x}\, \mathrm{d}x = -\frac{1}{2}x\, \mathrm{e}^{-2x} + \frac{1}{2}\int \mathrm{e}^{-2x}\, \mathrm{d}x = -\frac{1}{2}x\, \mathrm{e}^{-2x} - \frac{1}{4}\mathrm{e}^{-2x} + C.$$

例 4 - 59 求 $\int \dfrac{\ln(x-1)}{x^2}\mathrm{d}x$.

解： 设 $u = \ln(x-1)$，$\mathrm{d}v = \dfrac{1}{x^2}\mathrm{d}x$，则 $\mathrm{d}u = \dfrac{1}{x-1}\mathrm{d}x$，$v = -\dfrac{1}{x}$，于是

$$\begin{aligned}
\int \frac{\ln(x-1)}{x^2}\mathrm{d}x &= -\frac{\ln(x-1)}{x} + \int \frac{1}{x(x-1)}\mathrm{d}x \\
&= -\frac{\ln(x-1)}{x} + \int \left(\frac{1}{x-1} - \frac{1}{x} \right)\mathrm{d}x \\
&= -\frac{\ln(x-1)}{x} + \ln|x-1| - \ln|x| + C \\
&= -\frac{\ln(x-1)}{x} + \ln\left| \frac{x-1}{x} \right| + C.
\end{aligned}$$

当运算比较熟练以后，可以不写出 u 和 $\mathrm{d}v$，而直接应用分部积分公式.

例 4 - 60 求 $\int x \arctan x\, \mathrm{d}x$.

解：
$$\begin{aligned}
\int x \arctan x\, \mathrm{d}x &= \int \arctan x\, \mathrm{d}\left(\frac{x^2}{2} \right) = \frac{x^2}{2}\arctan x - \int \frac{x^2}{2}\mathrm{d}(\arctan x) \\
&= \frac{1}{2}x^2 \arctan x - \int \frac{x^2}{2}\frac{1}{x^2+1}\mathrm{d}x \\
&= \frac{1}{2}x^2 \arctan x - \frac{1}{2}\int \frac{x^2+1-1}{x^2+1}\mathrm{d}x \\
&= \frac{1}{2}x^2 \arctan x - \frac{1}{2}x + \frac{1}{2}\arctan x + C.
\end{aligned}$$

当被积函数只有一项时，比如反三角函数或对数函数，可以直接将被积函数看作 u，直接应用分部积分公式即可.

例 4 - 61 求 $\int \arcsin x\, \mathrm{d}x$.

解： 设 $u = \arcsin x$，$\mathrm{d}v = \mathrm{d}x$，则 $\mathrm{d}u = \dfrac{1}{\sqrt{1-x^2}}\mathrm{d}x$，$v = x$，于是

$$\begin{aligned}
\int \arcsin x\, \mathrm{d}x &= x \arcsin x - \int \frac{x}{\sqrt{1-x^2}}\mathrm{d}x \\
&= x \arcsin x + \frac{1}{2}\int \frac{\mathrm{d}(1-x^2)}{\sqrt{1-x^2}} \\
&= x \arcsin x + \sqrt{1-x^2} + C.
\end{aligned}$$

例 4 – 62　求 $\int \arctan \sqrt{x}\, \mathrm{d}x$.

解：被积函数中含有根式，需要先用根式换元进行化简.

设 $\sqrt{x}=t$，则 $x=t^2$，于是

$$\int \arctan \sqrt{x}\, \mathrm{d}x = \int \arctan t\, \mathrm{d}(t^2) = t^2 \arctan t - \int t^2 \mathrm{d}(\arctan t)$$

$$= t^2 \arctan t - \int \frac{t^2}{1+t^2}\mathrm{d}t$$

$$= t^2 \arctan t - \int \left(1 - \frac{1}{1+t^2}\right)\mathrm{d}t$$

$$= t^2 \arctan t - t + \arctan t + C$$

$$= (x+1)\arctan \sqrt{x} - \sqrt{x} + C.$$

有些积分需要连续使用几次分部积分公式才能得出结果.

例 4 – 63　求 $\int x^2 \sin x\, \mathrm{d}x$.

解： $\int x^2 \sin x\, \mathrm{d}x = -\int x^2 \mathrm{d}(\cos x) = -x^2 \cos x + \int \cos x\, \mathrm{d}(x^2)$

$$= -x^2 \cos x + 2\int x \cos x\, \mathrm{d}x$$

$$= -x^2 \cos x + 2\int x\, \mathrm{d}(\sin x)$$

$$= -x^2 \cos x + \left(2x \sin x - 2\int \sin x\, \mathrm{d}x\right)$$

$$= -x^2 \cos x + 2x \sin x + 2\cos x + C.$$

有些积分重复利用分部积分公式后，等式中会出现与原式相同的积分，还需要求解方程才能求出所求积分.

例 4 – 64　求 $\int \mathrm{e}^x \cos x\, \mathrm{d}x$.

解： $\int \mathrm{e}^x \cos x\, \mathrm{d}x = \int \cos x\, \mathrm{d}(\mathrm{e}^x) = \mathrm{e}^x \cos x + \int \mathrm{e}^x \sin x\, \mathrm{d}x$

$$= \mathrm{e}^x \cos x + \int \sin x\, \mathrm{d}(\mathrm{e}^x)$$

$$= \mathrm{e}^x \cos x + \left(\mathrm{e}^x \sin x - \int \mathrm{e}^x \mathrm{d}\sin x\right)$$

$$= \mathrm{e}^x \cos x + \mathrm{e}^x \sin x - \int \mathrm{e}^x \cos x\, \mathrm{d}x.$$

移项，得

$$2\int \mathrm{e}^x \cos x\, \mathrm{d}x = \mathrm{e}^x (\cos x + \sin x) + C_1,$$

即　　　$$\int \mathrm{e}^x \cos x\, \mathrm{d}x = \frac{1}{2}\mathrm{e}^x (\cos x + \sin x) + C\left(C = \frac{C_1}{2}\right).$$

例 4 - 65　求 $\int \sin(\ln x)\mathrm{d}x$.

解：$\int \sin(\ln x)\mathrm{d}x = x\sin(\ln x) - \int \cos(\ln x)\mathrm{d}x$

$$= x\sin(\ln x) - x\cos(\ln x) - \int \sin(\ln x)\mathrm{d}x.$$

移项，得

$$2\int \sin(\ln x)\mathrm{d}x = x\sin(\ln x) - x\cos(\ln x) + C_1,$$

即

$$\int \sin(\ln x)\mathrm{d}x = \frac{1}{2}\left[x\sin(\ln x) - x\cos(\ln x)\right] + C\left(C = \frac{C_1}{2}\right).$$

例 4 - 66　求 $\int \sec^3 x\,\mathrm{d}x$.

解：$\int \sec^3 x\,\mathrm{d}x = \int \sec x\,\mathrm{d}(\tan x) = \sec x \cdot \tan x - \int \tan x\,\mathrm{d}(\sec x)$

$$= \sec x \cdot \tan x - \int \tan^2 x \sec x\,\mathrm{d}x$$

$$= \sec x \cdot \tan x - \int (\sec^2 x - 1)\sec x\,\mathrm{d}x$$

$$= \sec x \cdot \tan x - \int \sec^3 x\,\mathrm{d}x + \int \sec x\,\mathrm{d}x$$

$$= \sec x \cdot \tan x - \int \sec^3 x\,\mathrm{d}x + \ln|\sec x + \tan x| + C_1.$$

移项，得

$$2\int \sec^3 x\,\mathrm{d}x = \sec x \cdot \tan x + \ln|\sec x + \tan x| + C_1,$$

即

$$\int \sec^3 x\,\mathrm{d}x = \frac{1}{2}\sec x \cdot \tan x + \frac{1}{2}\ln|\sec x + \tan x| + C\left(C = \frac{C_1}{2}\right).$$

有些积分可以将被积表达式拆成两项，对其中一项应用分部积分法后，会出现可以与另一项相抵消的项，从而求出积分.

例 4 - 67　已知 $f(x)$ 的一个原函数是 e^{-x^2}，求 $\int xf'(x)\mathrm{d}x$.

解：因为 $f(x)$ 的一个原函数是 e^{-x^2}，

所以 $\int f(x)\mathrm{d}x = \mathrm{e}^{-x^2} + C_1$，$f(x) = (\mathrm{e}^{-x^2})' = -2x\mathrm{e}^{-x^2}$

由分部积分法，得

$$\int xf'(x)\mathrm{d}x = xf(x) - \int f(x)\mathrm{d}x$$

$$= -2x^2\mathrm{e}^{-x^2} - \mathrm{e}^{-x^2} + C.$$

习题 4 – 3

求下列不定积分.

$(1) \displaystyle\int x \, \mathrm{e}^{-x} \, \mathrm{d}x$;　　　　$(2) \displaystyle\int x \cos 3x \, \mathrm{d}x$;　　　　$(3) \displaystyle\int x^2 \mathrm{e}^x \, \mathrm{d}x$;

$(4) \displaystyle\int x^2 \arctan x \, \mathrm{d}x$;　　　$(5) \displaystyle\int \dfrac{\ln x}{\sqrt{x}} \, \mathrm{d}x$;　　　$(6) \displaystyle\int x \, \tan^2 x \, \mathrm{d}x$;

$(7) \displaystyle\int \sin \sqrt{x} \, \mathrm{d}x$;　　　　$(8) \displaystyle\int \arctan x \, \mathrm{d}x$;　　　$(9) \displaystyle\int \ln x \, \mathrm{d}x$;

$(10) \displaystyle\int \ln(x + \sqrt{1 + x^2}) \, \mathrm{d}x$;　$(11) \displaystyle\int x \, \sin^2 x \, \mathrm{d}x$;　　$(12) \displaystyle\int x^3 \mathrm{e}^{-x^2} \, \mathrm{d}x$;

$(13) \displaystyle\int \left(\dfrac{\ln x}{x} \right)^2 \mathrm{d}x$;　　$(14) \displaystyle\int \sqrt{x} \, \ln^2 x \, \mathrm{d}x$;　$(15) \displaystyle\int \dfrac{x}{\cos^2 x} \, \mathrm{d}x$.

4 – 4　有理函数和三角函数有理式的积分

一般来说，求积分比求导数要困难得多，因为导数的定义清晰地给出了求导的方法，但求不定积分的方法要灵活得多. 本节将介绍有理函数以及三角函数有理式的不定积分.

4 – 4 – 1　有理函数的不定积分

分子、分母都是多项式的分式函数称为有理函数. 比如，

$$R(x) = \frac{P_n(x)}{Q_m(x)} = \frac{a_0 x^n + a_1 x^{n-1} + \cdots + a_{n-1} x + a_n}{b_0 x^m + b_1 x^{m-1} + \cdots + b_{m-1} x + b_m}.$$

其中，m，n 都是非负整数；$a_0, a_1, a_2, \cdots, a_n$ 及 $b_0, b_1, b_2, \cdots, b_m$ 都是实数，并且 $a_0 \neq 0$，$b_0 \neq 0$. 又假定 $P_n(x)$ 与 $Q_m(x)$ 没有公因式，当 $n < m$ 时，$R(x)$ 称为**有理真分式**；当 $n \geqslant m$ 时，$R(x)$ 称为**有理假分式**. 任何有理函数都可以通过多项式的除法转化为多项式与有理真分式之和. 例如：

$$\frac{x^2}{x-1} = x + 1 + \frac{1}{x-1}, \quad \frac{x^3 + x + 1}{x^2 + 1} = x + \frac{1}{x^2 + 1}.$$

而多项式的不定积分都可以用幂函数的不定积分公式和运算法则求出，因此，有理函数的不定积分就可转化为研究有理真分式的不定积分. 下面先看有理真分式的分解，再讨论有理函数的不定积分.

定理 4 – 3　设 $Q_m(x) = (x-a)^{\alpha} \cdots (x-b)^{\beta} (x^2 + px + q)^{\lambda} \cdots (x^2 + rx + s)^{\mu}$，其中 $p^2 - 4q < 0, \cdots, r^2 - 4s < 0$，则有理真分式 $\dfrac{P_n(x)}{Q_m(x)}$ 可以分解成如下最简分式（也称部分分式）之和：

$$\frac{P_n(x)}{Q_m(x)}=\left[\frac{A_1}{(x-a)^\alpha}+\frac{A_2}{(x-a)^{\alpha-1}}+\cdots+\frac{A_\alpha}{x-a}+\frac{B_1}{(x-b)^\beta}+\frac{B_2}{(x-b)^{\beta-1}}+\cdots+\frac{B_\beta}{x-b}+\right.$$

$$\frac{M_1x+N_1}{(x^2+px+q)^\lambda}+\frac{M_2x+N_2}{(x^2+px+q)^{\lambda-1}}+\cdots+\frac{M_\lambda x+N_\lambda}{x^2+px+q}+\cdots+\frac{R_1x+S_1}{(x^2+rx+s)^\mu}+$$

$$\left.\frac{R_2x+S_2}{(x^2+rx+s)^{\mu-1}}+\cdots+\frac{R_\mu x+S_\mu}{x^2+rx+s}\right].$$

注意

(1)若有理真分式的分母 $Q_m(x)$ 中含有因式 $(x-a)^k$，则分解式对应为 k 个部分分式之和：

$$\frac{A_1}{(x-a)^k}+\frac{A_2}{(x-a)^{k-1}}+\cdots+\frac{A_k}{x-a},$$

其中 $A_1,A_2,\cdots,A_k$ 是常数.

(2)若有理真分式的分母 $Q_m(x)$ 中含有因式 $(x^2+px+q)^k$，其中 $p^2-4q<0$，则分解式对应为 k 个部分分式之和：

$$\frac{M_1x+N_1}{(x^2+px+q)^k}+\frac{M_2x+N_2}{(x^2+px+q)^{k-1}}+\cdots+\frac{M_kx+N_k}{x^2+px+q},$$

其中 $M_1,M_2,\cdots,M_k,N_1,N_2,\cdots,N_k$ 是常数.

(3)有理真分式 $\frac{P_n(x)}{Q_m(x)}$ 能分解出下列 4 类简单分式，它们的形式分别为

$$\frac{A}{x-a},\quad\frac{A}{(x-a)^k},\quad\frac{Mx+N}{x^2+px+q},\quad\frac{Mx+N}{(x^2+px+q)^k}.$$

例 4 - 68 将 $\dfrac{1}{3x^2-2x-1}$ 分解成部分分式.

解：设 $\dfrac{1}{3x^2-2x-1}=\dfrac{1}{(3x+1)(x-1)}=\dfrac{A}{3x+1}+\dfrac{B}{x-1}$,

其中 A、B 为待定系数. 先对其通分，再利用等式两边的恒等性，得

$$1=A(x-1)+B(3x+1).$$

比较同类项的系数，得到 $\begin{cases}A+3B=0\\-A+B=1\end{cases}$,

解得

$$A=-\frac{3}{4},\ B=\frac{1}{4}.$$

所以

$$\frac{1}{3x^2-2x-1}=\frac{-\frac{3}{4}}{3x+1}+\frac{\frac{1}{4}}{x-1},$$

即

$$\frac{1}{3x^2-2x-1}=\frac{-3}{4(3x+1)}+\frac{1}{4(x-1)}.$$

例 4 - 69 将 $\dfrac{-x+2}{(x^2+1)(x^2+2x+2)}$ 分解成部分分式.

解：设 $\dfrac{-x+2}{(x^2+1)(x^2+2x+2)}=\dfrac{Ax+B}{x^2+1}+\dfrac{Cx+D}{x^2+2x+2}$，

其中 A、B、C、D 为待定系数. 先对其通分，再利用等式两边的恒等性，得

$$(Ax+B)(x^2+2x+2)+(Cx+D)(x^2+1)=-x+2.$$

整理得　$(A+C)x^3+(2A+B+D)x^2+(2A+2B+C)x+(2B+D)=-x+2.$

比较系数得

$$\begin{cases}A+C=0\\2A+B+D=0\\2A+2B+C=-1\\2B+D=2\end{cases},$$

解方程组得　　　　　　　$A=-1,\ B=0,\ C=1,\ D=2,$

所以　　　　　$\dfrac{-x+2}{(x^2+1)(x^2+2x+2)}=\dfrac{-x}{x^2+1}+\dfrac{x+2}{x^2+2x+2}.$

例 4-70　将 $\dfrac{2x^2+x-7}{(x-2)(x-1)^2}$ 分解成部分分式.

解：设 $\dfrac{2x^2+x-7}{(x-2)(x-1)^2}=\dfrac{A}{x-2}+\dfrac{B}{x-1}+\dfrac{C}{(x-1)^2}$，

其中 A、B、C 为待定系数. 先对其通分，再利用等式两边的恒等性，得

$$2x^2+x-7=A(x-1)^2+B(x-2)(x-1)+C(x-2).$$

令 $x=2$，得 $A=3$；令 $x=1$，得 $C=4$.

最后比较等式两边 x^2 的系数，得 $A+B=2$，所以 $B=-1$，

因此　　　　　$\dfrac{2x^2+x-7}{(x-2)(x-1)^2}=\dfrac{3}{x-2}+\dfrac{-1}{x-1}+\dfrac{4}{(x-1)^2}.$

如果被积函数为有理真分式，可根据上述有理真分式的 4 种类型的积分的求法，直接将它分解为几个部分分式的代数和，再逐个求积分.

如果被积函数为有理假分式，可先利用多项式除法把它化成一个多项式与一个有理真分式之和，多项式可以直接积分，再把有理真分式分解为部分分式的和，分别求出各部分分式的积分.

例 4-71　求 $\displaystyle\int\dfrac{1}{3x^2-2x-1}\mathrm{d}x$.

解：由例 4-68 知　$\dfrac{1}{3x^2-2x-1}=\dfrac{-3}{4(3x+1)}+\dfrac{1}{4(x-1)}$，

因此　　　$\displaystyle\int\dfrac{1}{3x^2-2x-1}\mathrm{d}x=\int\dfrac{-3}{4(3x+1)}\mathrm{d}x+\int\dfrac{1}{4(x-1)}\mathrm{d}x$

$$=-\dfrac{3}{4}\cdot\dfrac{1}{3}\ln|3x+1|+\dfrac{1}{4}\ln|x-1|+C$$

$$=-\dfrac{1}{4}\ln|3x+1|+\dfrac{1}{4}\ln|x-1|+C.$$

例 4 - 72　求 $\int \dfrac{-x+2}{(x^2+1)(x^2+2x+2)}\mathrm{d}x$.

解： 由例 4 - 69 知　$\dfrac{-x+2}{(x^2+1)(x^2+2x+2)}=\dfrac{-x}{x^2+1}+\dfrac{x+2}{x^2+2x+2}$,

因此

$$
\begin{aligned}
\int \frac{-x+2}{(x^2+1)(x^2+2x+2)}\mathrm{d}x &= -\int \frac{x}{x^2+1}\mathrm{d}x+\int \frac{x+2}{x^2+2x+2}\mathrm{d}x\\
&= -\frac{1}{2}\int \frac{1}{x^2+1}\mathrm{d}(x^2+1)+\int \frac{x+1+1}{x^2+2x+2}\mathrm{d}x\\
&= -\frac{1}{2}\ln(x^2+1)+\int \frac{x+1}{x^2+2x+2}\mathrm{d}x+\int \frac{1}{x^2+2x+2}\mathrm{d}x\\
&= -\frac{1}{2}\ln(x^2+1)+\frac{1}{2}\ln(x^2+2x+2)+\int \frac{1}{(x+1)^2+1}\mathrm{d}x\\
&= -\frac{1}{2}\ln(x^2+1)+\frac{1}{2}\ln(x^2+2x+2)+\arctan(x+1)+C.
\end{aligned}
$$

例 4 - 73　求 $\int \dfrac{2x^2+x-7}{(x-2)(x-1)^2}\mathrm{d}x$.

解： 由例 4 - 70 知　$\dfrac{2x^2+x-7}{(x-2)(x-1)^2}=\dfrac{3}{x-2}+\dfrac{-1}{x-1}+\dfrac{4}{(x-1)^2}$,

因此

$$
\begin{aligned}
\int \frac{2x^2+x-7}{(x-2)(x-1)^2}\mathrm{d}x &= \int \frac{3}{x-2}\mathrm{d}x+\int \frac{-1}{x-1}\mathrm{d}x+\int \frac{4}{(x-1)^2}\mathrm{d}x\\
&= 3\ln|x-2|-\ln|x-1|+4\int \frac{1}{(x-1)^2}\mathrm{d}(x-1)\\
&= 3\ln|x-2|-\ln|x-1|-\frac{4}{x-1}+C.
\end{aligned}
$$

例 4 - 74　求 $\int \dfrac{\mathrm{d}x}{x(x-1)^2}$.

解： 设 $\dfrac{1}{x(x-1)^2}=\dfrac{A}{x}+\dfrac{B}{(x-1)^2}+\dfrac{C}{x-1}=\dfrac{A(x-1)^2+Bx+Cx(x-1)}{x(x-1)^2}$.

比较分子，得 $A(x-1)^2+Bx+Cx(x-1)=1$.

令 $x=0$ ，得 $A=1$ ；令 $x=1$ ，得 $B=1$. 将 $A=1$ ，$B=1$ ，$x=2$ 代入得 $C=-1$ ，故

$$
\frac{1}{x(x-1)^2}=\frac{1}{x}+\frac{1}{(x-1)^2}-\frac{1}{x-1} ,
$$

所以

$$
\begin{aligned}
\int \frac{\mathrm{d}x}{x(x-1)^2} &= \int \frac{1}{x}\mathrm{d}x+\int \frac{1}{(x-1)^2}\mathrm{d}x-\int \frac{1}{x-1}\mathrm{d}x\\
&= \ln|x|-\frac{1}{x-1}-\ln|x-1|+C\\
&= \ln\left|\frac{x}{x-1}\right|-\frac{1}{x-1}+C.
\end{aligned}
$$

例 4 - 75　求 $\displaystyle\int \frac{1}{(1+2x)(1+x^2)}\mathrm{d}x$.

解： 设

$$\frac{1}{(1+2x)(1+x^2)}=\frac{A}{1+2x}+\frac{Bx+C}{1+x^2}=\frac{A(1+x^2)+(1+2x)(Bx+C)}{(1+2x)(1+x^2)}.$$

比较等式两边的分子，得　$A(1+x^2)+(1+2x)(Bx+C)=1$，

整理得到

$$(A+2B)x^2+(B+2C)x+C+A=1,$$

比较同类项系数，有

$$A+2B=0,\ B+2C=0,\ C+A=1,$$

解得

$$A=\frac{4}{5},\ B=-\frac{2}{5},\ C=\frac{1}{5},$$

故

$$\frac{1}{(1+2x)(1+x^2)}=\frac{4}{5(1+2x)}+\frac{-2x+1}{5(1+x^2)},$$

所以

$$\int \frac{1}{(1+2x)(1+x^2)}\mathrm{d}x=\int \frac{4}{5(1+2x)}\mathrm{d}x+\int \frac{-2x+1}{5(1+x^2)}\mathrm{d}x$$

$$=\frac{2}{5}\int \frac{1}{1+2x}\mathrm{d}(1+2x)-\frac{1}{5}\int \frac{2x}{1+x^2}\mathrm{d}x+\frac{1}{5}\int \frac{1}{1+x^2}\mathrm{d}x$$

$$=\frac{2}{5}\ln|1+2x|-\frac{1}{5}\ln(1+x^2)+\frac{1}{5}\arctan x+C.$$

例 4 - 76　求 $\displaystyle\int \frac{x^4}{x+1}\mathrm{d}x$.

解： 这是有理假分式的不定积分.

因为

$$\frac{x^4}{x+1}=x^3-x^2+x-1+\frac{1}{x+1},$$

所以

$$\int \frac{x^4}{x+1}\mathrm{d}x=\frac{1}{4}x^4-\frac{1}{3}x^3+\frac{1}{2}x^2-x+\ln|x+1|+C.$$

4 - 4 - 2　三角函数有理式的不定积分

对形如 $\displaystyle\int f(\sin x,\cos x,\tan x)\mathrm{d}x$ 的三角函数有理式的积分，通常采用"万能替换"的方法，将其化为有理函数的不定积分，即

设 $u=\tan \dfrac{x}{2}$（称为半角变换），则 $x=2\arctan u$，$\mathrm{d}x=\dfrac{2}{1+u^2}\mathrm{d}u$，

$$\sin x = 2\sin\frac{x}{2}\cos\frac{x}{2} = \frac{2\tan\frac{x}{2}}{\sec^2\frac{x}{2}} = \frac{2\tan\frac{x}{2}}{1+\tan^2\frac{x}{2}} = \frac{2u}{1+u^2},$$

$$\cos x = \cos^2\frac{x}{2} - \sin^2\frac{x}{2} = \frac{1-\tan^2\frac{x}{2}}{\sec^2\frac{x}{2}} = \frac{1-\tan^2\frac{x}{2}}{1+\tan^2\frac{x}{2}} = \frac{1-u^2}{1+u^2}.$$

这是万能替换中基本的换元. 一般来说，三角函数有理式的积分通过万能替换都能求解，但计算不一定是最简单的.

例 4 - 77   求 $\displaystyle\int \frac{2}{3+\cos x}\mathrm{d}x$.

解： 设 $\tan\dfrac{x}{2} = u$，则 $\cos x = \dfrac{1-u^2}{1+u^2}$，$\mathrm{d}x = \dfrac{2}{1+u^2}\mathrm{d}u$，

$$\int \frac{2}{3+\cos x}\mathrm{d}x = \int \frac{2}{3+\dfrac{1-u^2}{1+u^2}} \cdot \frac{2}{1+u^2}\mathrm{d}u$$

$$= \int \frac{2}{2+u^2}\mathrm{d}u$$

$$= \sqrt{2}\arctan\frac{u}{\sqrt{2}} + C$$

$$= \sqrt{2}\arctan\left(\frac{1}{\sqrt{2}}\tan\frac{x}{2}\right) + C.$$

例 4 - 78   求 $\displaystyle\int \frac{\sin x}{1+\sin x}\mathrm{d}x$.

解 1： 设 $\tan\dfrac{x}{2} = u$，则 $\sin x = \dfrac{2u}{1+u^2}$，$\mathrm{d}x = \dfrac{2}{1+u^2}\mathrm{d}u$，

$$\int \frac{\sin x}{1+\sin x}\mathrm{d}x = \int \frac{\dfrac{2u}{1+u^2}}{1+\dfrac{2u}{1+u^2}} \frac{2}{1+u^2}\mathrm{d}u = 4\int \frac{u}{(1+u^2)(1+u^2+2u)}\mathrm{d}u$$

$$= 2\int\left(\frac{1}{1+u^2} - \frac{1}{1+u^2+2u}\right)\mathrm{d}u = 2\int\frac{1}{1+u^2}\mathrm{d}u - 2\int\frac{1}{(1+u)^2}\mathrm{d}u$$

$$= 2\arctan u + \frac{2}{1+u} + C = 2\arctan\left(\tan\frac{x}{2}\right) + \frac{2}{1+\tan\dfrac{x}{2}} + C$$

$$= x + \frac{2}{1+\tan\dfrac{x}{2}} + C.$$

万能替换能够求出结果，但过程有时比较麻烦. 下面看第二种解法.

解 2： $\displaystyle\int \frac{\sin x}{1+\sin x}\mathrm{d}x = \int \frac{\sin x\,(1-\sin x)}{(1+\sin x)(1-\sin x)}\mathrm{d}x = \int \frac{\sin x - \sin^2 x}{\cos^2 x}\mathrm{d}x$

$$= \int (\sec x \tan x - \tan^2 x)\mathrm{d}x$$

$$= \sec x - \int (\sec^2 x - 1)\mathrm{d}x$$

$$= \sec x - \tan x + x + C.$$

习题 4 - 4

求下列不定积分.

$(1)\displaystyle\int \frac{x+5}{x^2-2x-3}\mathrm{d}x;$ 　　　　$(2)\displaystyle\int \frac{1}{x^2(x^2+1)}\mathrm{d}x;$

$(3)\displaystyle\int \frac{4}{x^3+4x}\mathrm{d}x;$ 　　　　$(4)\displaystyle\int \frac{2}{x(x^2-1)}\mathrm{d}x;$

$(5)\displaystyle\int \frac{x^2+1}{(x+1)^2(x-1)}\mathrm{d}x;$ 　　$(6)\displaystyle\int \frac{1}{x^4-1}\mathrm{d}x;$

$(7)\displaystyle\int \frac{2x-5}{(x-1)^2(x+2)}\mathrm{d}x;$ 　　$(8)\displaystyle\int \frac{1}{2+\sin x}\mathrm{d}x;$

$(9)\displaystyle\int \frac{1}{\sin^4 x}\mathrm{d}x;$ 　　　　$(10)\displaystyle\int \frac{\sin^3 x}{\cos^4 x}\mathrm{d}x;$

$(11)\displaystyle\int \frac{\sin x}{\sin^2 x+5\cos^2 x}\mathrm{d}x.$

数学建模案例 4

水污染问题[22]

生态环境是人类健康生存的根基，也是人类走向未来的依托. 随着世界人口的增长，人们对各种能源的需求日益增大，因此，有效利用能源、减少环境污染、降低安全生产事故频次、防止突发环境事件、确保生命安全的重要性日益凸显.

在环境监测中存在这样一个问题：某水塘有清水 5 万吨，从时间 $t=0$ 开始，流入含有 5% 有害物质的污水，已知污水流入的速度为每分钟 0.2 吨，在水塘中充分混合后，又以每分钟 0.2 吨的速度流出，问 30 天后水塘中有害物质的浓度为多少？如果不加治理，水塘中有害物质最终会怎样变化？

1. 模型假设

(1)假设水塘中 t 时刻有害物质的含量为 $Q(t)$；

(2)假设污水流入水塘后能够迅速混合均匀.

2. 模型求解

因为含有有害物质的污水流入速度为 0.2 吨/分钟，则单位时间内流入的有害物质为 $5\% \times 0.2$ 吨．水流出的速度为 0.2 吨/分钟，则单位时间内流出的有害物质为 $\dfrac{Q(t)}{50\,000} \times 0.2$ 吨，所以水塘内有害物质的变化率为

$$\frac{\mathrm{d}Q}{\mathrm{d}t} = 5\% \times 0.2 - \frac{Q(t)}{50\,000} \times 0.2,$$

即

$$\frac{\mathrm{d}Q}{\mathrm{d}t} = \frac{2\,500 - Q}{250\,000}. \tag{4-12}$$

分离变量，得

$$\frac{\mathrm{d}Q}{2\,500 - Q} = \frac{1}{250\,000}\mathrm{d}t,$$

两边取不定积分，得

$$\int \frac{\mathrm{d}Q}{2\,500 - Q} = \int \frac{1}{250\,000}\mathrm{d}t,$$

即

$$-\ln(2\,500 - Q) = \frac{1}{250\,000}t + C_1.$$

所以方程的通解为

$$Q = 2\,500 - C\mathrm{e}^{-\frac{1}{250\,000}t} \quad (C = \mathrm{e}^{-C_1}) \tag{4-13}$$

代入 $Q(0) = 0$，得

$$C = 2\,500,$$

从而得到方程的特解为

$$Q = 2\,500 - 2\,500\mathrm{e}^{-\frac{1}{250\,000}t}. \tag{4-14}$$

当 $t = 30$ 天时，将 $t = 43\,200$ 分钟代入通解 (4-14) 得

$$Q = 2\,500 - 2\,500\mathrm{e}^{-\frac{43\,200}{250\,000}} \approx 397 \text{(吨)},$$

即 30 天后水塘中有害物质的浓度为 $\dfrac{Q(t)}{50\,000} \times 100\% = \dfrac{397}{50\,000} \times 100\% = 0.79\%$，由通解 (4-13) 的表达式可以看出，当 $t \to \infty$ 时，$Q(t) \to 2\,500$，即如果不加治理，水塘中有害物质的浓度为 5%，终将成为污水．

由此可见，加大力度保护生态环境，实施生态环境修复工程意义重大．我们要养成良好习惯，节约生活资源，尽可能地少产生生活废物垃圾，循环利用资源，为生态环保做出贡献．

复习题四

一、填空题

1. 已知 $f(x)$ 的一个原函数是 $\ln x$，则 $\displaystyle\int f(x)\mathrm{d}x = $ _____．

2. 如果 $\displaystyle\int f(x)\mathrm{d}x = \arcsin x + C$，则 $f(x) = $ _____．

3. 已知 $\int f(x)\mathrm{d}x = \ln(1+x^2) + C$，则 $f(x) =$ _____.

4. 积分曲线族 $\int 2x\,\mathrm{d}x$ 中，通过点 $(0,1)$ 的曲线方程为 _____.

5. $\int \dfrac{x\cos x - 1}{x}\mathrm{d}x =$ _____.

6. $\int \dfrac{1}{(x+1)^2}\mathrm{d}x =$ _____.

7. $\int \dfrac{\mathrm{e}^x}{1+\mathrm{e}^x}\mathrm{d}x =$ _____.

8. 若 $\int f(x)\mathrm{d}x = F(x) + C$，则 $\int f(ax+b)\mathrm{d}x =$ _____.

9. 若 $\int f'(x^2)\mathrm{d}x = x^4 + C$，则 $f(x) =$ _____.

10. 设 $f(x) = \sqrt{1-x^2}$，则 $\int f'(\sin x)\cos x\,\mathrm{d}x =$ _____.

11. 若 $\int f(x)\mathrm{d}x = x^2 + C$，则 $\int x f(1+x^2)\mathrm{d}x =$ _____.

12. $\int x\,\mathrm{d}\left(\dfrac{1}{1+x^2}\right) =$ _____.

二、选择题

1. $f(x)$ 的一个原函数是 $\dfrac{\ln x}{x}$，则 $\int f'(x)\mathrm{d}x = ($　　$)$.

A. $\dfrac{\ln x}{x} + C$　　　　B. $\dfrac{1}{x} + C$　　　　C. $\dfrac{1-\ln x}{x^2} + C$　　　　D. $\dfrac{1-2\ln x}{x} + C$

2. $\int f(x)\mathrm{d}x = 2\sin\dfrac{x}{2} + C$，则 $f(x) = ($　　$)$.

A. $\cos\dfrac{x}{2} + C$　　B. $\cos\dfrac{x}{2}$　　　C. $2\cos\dfrac{x}{2} + C$　　D. $2\cos\dfrac{x}{2}$

3. $\int \cos 2x\,\mathrm{d}x = ($　　$)$.

A. $\sin x\cos x + C$　　B. $-\dfrac{1}{2}\sin 2x + C$　　C. $2\sin 2x + C$　　　　D. $\sin 2x + C$

4. 如果 $f(x) = \mathrm{e}^{-x}$，则 $\int \dfrac{f'(\ln x)}{x}\mathrm{d}x = ($　　$)$.

A. $-\dfrac{1}{x} + C$　　　B. $\dfrac{1}{x} + C$　　　　C. $-\ln x + C$　　　D. $\ln x + C$

5. $\int \dfrac{f'(x)}{1+[f(x)]^2}\mathrm{d}x = ($　　$)$.

A. $\ln[1 + f(x)] + C$　　　　　　B. $\tan f(x) + C$

C. $\dfrac{1}{2}\arctan f(x) + C$　　　　　D. $\arctan f(x) + C$

6. 设 $f(x)=\sin x$，则 $\int x f'(x)\mathrm{d}x=($).

A. $x\cos x+\sin x+C$ 　　　　B. $x\cos x-\sin x+C$

C. $x\sin x-\cos x+C$ 　　　　D. $x\sin x+\cos x+C$

7. 设 $f(x)$ 有连续导数，则下列选项中正确的是( ).

A. $\int f'(2x)\mathrm{d}x=\dfrac{1}{2}f(2x)+C$ 　　　B. $\int f'(2x)\mathrm{d}x=f(2x)+C$

C. $\left[\int f(2x)\mathrm{d}x\right]'=2f(2x)$ 　　　D. $\int f'(2x)\mathrm{d}x=f(x)+C$

8. 设 $\ln x$ 是 $f(x)$ 的一个原函数，则 $f(x)$ 的另一个原函数是(其中 $a>0$ 为常数)( ).

A. $\ln|x+a|$ 　　　B. $\dfrac{1}{a}\ln ax$ 　　　C. $\ln|ax|$ 　　　D. $a\ln x$

9. 若 $\int f'(x^2)\mathrm{d}x=x^4+C$，则 $f(x)=($).

A. x^2+C 　　　B. $\dfrac{8}{5}x^{\frac{5}{2}}+C$ 　　　C. $\dfrac{1}{3}x^3+C$ 　　　D. x^4+C

10. $\int \sec^7(5x)\tan(5x)\mathrm{d}x=($).

A. $\dfrac{1}{7}\sec^7(5x)+C$ 　　　　B. $\dfrac{1}{5}\sec^7(5x)+C$

C. $\dfrac{1}{35}\sec^7(5x)+C$ 　　　　D. $35\sec^7(5x)+C$

三、计算题

1. 计算下列积分.

(1) $\int e^x(1-3^x)\mathrm{d}x$；　　　(2) $\int \dfrac{x^2-1}{x^2+1}\mathrm{d}x$；　　　(3) $\int \cos^2 x\,\mathrm{d}x$；

(4) $\int (5-2x)^9\mathrm{d}x$；　　　(5) $\int \cos^5 x\sqrt{\sin x}\,\mathrm{d}x$；　　　(6) $\int \dfrac{1}{x^2-x-6}\mathrm{d}x$；

(7) $\int \dfrac{2x}{5+3x^2}\mathrm{d}x$；　　　(8) $\int x^2 e^{-x^3}\mathrm{d}x$；　　　(9) $\int x\sqrt{2+x^2}\,\mathrm{d}x$；

(10) $\int \dfrac{\sin\sqrt{u}}{\sqrt{u}}\mathrm{d}u$；　　　(11) $\int \tan^3 x\sec x\,\mathrm{d}x$；　　　(12) $\int \dfrac{\sqrt{x+1}-1}{\sqrt{x+1}+1}\mathrm{d}x$；

(13) $\int \dfrac{1}{x^2\cdot\sqrt{x^2+3}}\mathrm{d}x$；　　(14) $\int \dfrac{\ln x}{x^2}\mathrm{d}x$；　　　(15) $\int x^2\cos x\,\mathrm{d}x$.

2. 若 $f'(\sin^2 x)=\cos 2x+\tan^2 x\,(0<x<1)$，求 $f(x)$.

3. 设 $\int x f(x)\mathrm{d}x=\arcsin x+C$，求 $\int f(x)\mathrm{d}x$.

4. 设 $f'(e^x)=x$，求 $\int x^2 f(x)\mathrm{d}x$.

拓展阅读 4

中国的数学家——刘徽[16-17]

刘徽（约 225—295 年），山东邹平市人，魏晋期间我国伟大的数学家，中国古典数学理论的奠基者之一，在世界数学史上，他也占有突出的地位. 他的杰作《九章算术注》和《海岛算经》，是留给我们的宝贵的数学遗产.

《九章算术》约成书于东汉之初. 它的内容之丰富，水平之高，影响之大，堪称中国古代数学著作之最，可与欧几里得的《几何原本》媲美. 书中载有 246 个应用题目的解法，涉及算术、初等代数、初等几何等多方面内容. 现行中小学课程中的分数四则运算、正负数运算、几何图形的面积和体积、方程、勾股定理，以及各种应用题的解法等内容，在《九章算术》里都有深入的研究. 由于当时还没有发明印刷术，只能靠笔来抄写，因此在辗转传抄的过程中，难免会出现很多的错误，加上原书中是以问题集的形式编成的，文字叙述过于简单，特别是未能说明公式的来源或推导过程，使人难以理解. 这种状况极大地妨碍了数学科学的发展. 刘徽自幼熟读《九章算术》，他在掌握《九章算术》全部内容的基础上，以深厚的数学功底、卓越的数学才能，历尽艰辛，给《九章算术》补充了全面、系统的注释，写下了《九章算术注》. 他不仅对一些公式和定理加以逻辑地证明，还对一些概念补充了严格的定义，力图把各种数学方法、数学理论之间的关系找出来，追根寻源，深入探求原理，因而创立了完整的数学理论，使这部中国古代的数学著作熠熠生辉，对我国古代数学体系的形成和发展发挥了重要作用.

在《九章算术注》中，他精辟地阐明了各种解题方法的逻辑，提出了简要的证明，指出了个别解法的错误. 尤其可贵的是，他还做了许多创造性的工作，提出了不少远远超过原著的新理论. 他是世界上最早提出十进小数概念的人，并用十进小数来表示无理数的立方根. 在代数方面，他正确地提出了正负数的概念及其加减运算的法则，他说"两算得失相反，要令正、负以名之". "算"是算筹，代表数字. 两种得失相反的数，分别叫作正数和负数. 他提出的正负数的概念与现在数学课本中的定义完全一致. 在几何方面，他提出了"割圆术"，即将圆周用内接或外切正多边形穷竭的一种求圆面积和圆周长的方法. 他说"割之弥细，所失弥少，割之又割，以至于不可割，则与圆周合体，而无所失矣."这段话包含了初步的极限思想，思路非常明晰，为我国古代的圆周率计算确立了理论基础. 刘徽使用这个方法，从圆内接正六边形开始，边数依次加倍，正十二边形、正二十四边形……直到正192 边形，从而获得了圆周率 π 的近似值 157/50，这相当于 π≈3.14 的结果. 他还继续计算，直到求出圆内接正 3 072 边形的面积并得到了 π 的近似值 3 927/1 250，相当于 π≈3.141 6 的结果. 后人为纪念他称之为"徽率". 刘徽提出的计算圆周率的科学方法，奠定了此后千余年来中国圆周率计算在世界上的领先地位.

第5章 定积分及其应用

本章讨论积分学的另一个基本问题——定积分问题. 在科学技术和现实生活的很多问题中, 经常需要计算某些"和式的极限", 定积分就是由和式的极限抽象出来的数学概念. 本章将从几何问题和物理问题出发, 引出定积分的概念, 然后讨论定积分的性质和计算方法, 最后介绍定积分的应用.

5-1 定积分的概念与性质

定积分是高等数学中的重要概念之一, 它起源于求图形的面积和体积等实际问题. 阿基米德通过"穷竭法", 刘徽通过"割圆术", 计算一些几何体的面积和体积, 这些便是定积分的雏形. 本节将介绍定积分的概念与性质, 为了便于理解, 下面从两个实际问题入手.

5-1-1 引例

1. 曲边梯形的面积

设 $y = f(x)$ 在区间 $[a, b]$ 上非负、连续. 由直线 $x = a$、$x = b$、$y = 0$ 及曲线 $y = f(x)$ 所围成的平面图形称为曲边梯形(见图 5-1).

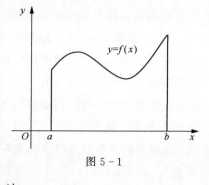

图 5-1

我们知道, 矩形的高是不变的, 它的面积可按公式底×高来计算, 但曲边梯形在底边上各点的高 $f(x)$ 是变化的, 所以曲边梯形的面积不能直接利用矩形的面积公式来计算. 然而由于曲边梯形的高 $f(x)$ 在区间 $[a, b]$ 上连续变化, 在很小一段区间上它的变化很小, 近似于不变, 回顾"割圆术"的思想可得到曲边梯形面积的计算方法.

将区间 $[a, b]$ 划分成许多小区间, 以这些小区间的端点对应的函数值作为高, 那么曲边梯形也相应地被划分成许多小曲边梯形. 由于每个小曲边梯形的底部都很小, 因此高可以看作近似不变, 那么, 每个小曲边梯形就可以近似地看成小矩形(见图 5-2). 将所有这些小矩形的面积求和就可得到曲边梯形面积的近似值. 不难想象, 区间分割越细, 近似的程度越好. 若把区间 $[a, b]$ 无限细分下去, 使每个小区间的长度都趋于 0, 这时所有小矩形

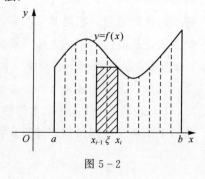

图 5-2

面积和的极限就是曲边梯形的面积．上述思路主要可以分成以下 4 步．

（1）分割：在区间$[a,b]$中任意插入若干个分点 $a=x_0<x_1<x_2<\cdots<x_n=b$，将$[a,b]$分成 n 个小区间：$[x_0,x_1]$，$[x_1,x_2]$，$\cdots$，$[x_{n-1},x_n]$．小区间的长度依次为
$$\Delta x_1=x_1-x_0,\Delta x_2=x_2-x_1,\cdots,\Delta x_n=x_n-x_{n-1}.$$

过各个分点作平行于 y 轴的直线段，将曲边梯形分成 n 个小曲边梯形．

（2）近似代替：在每个小区间$[x_{i-1},x_i]$上任取一点 ξ_i，取以 $\Delta x_i=x_i-x_{i-1}$ 为底、$f(\xi_i)$为高的小矩形面积作为小曲边梯形面积 ΔA_i 的近似值，即 $\Delta A_i\approx f(\xi_i)\Delta x_i$．

（3）求和：对各个小矩形的面积求和，就可得到曲边梯形面积 A 的近似值，即
$$A=\sum_{i=1}^{n}\Delta A_i\approx\sum_{i=1}^{n}f(\xi_i)\Delta x_i.$$

（4）取极限：记 $\lambda=\max_{0\leqslant i\leqslant n}\{\Delta x_i\}$，当 $\lambda\to0$，即所有小区间长度的最大值趋于 0 时，小矩形面积和的极限即曲边梯形的面积，即
$$A=\lim_{\lambda\to0}\sum_{i=1}^{n}\Delta A_i=\lim_{\lambda\to0}\sum_{i=1}^{n}f(\xi_i)\Delta x_i.$$

2. 变速直线运动路程的计算

设某物体做变速直线运动，速度 v 与时间 t 的函数关系为 $v=v(t)$，则该物体在时间$[T_1,T_2]$内经过的路程 S 可按照引例 1 类似进行分析．在匀速直线运动中，路程可以直接用公式——路程＝速度×时间来计算，但在变速直线运动中，速度不是常量，而是随时间变化的变量，不能直接用公式来计算路程．可以把时间间隔分小，在很短的时间内，速度的变化很小，从而可将它看作匀速直线运动，这样就可以计算出小段时间内路程的近似值，再求和，以得到整个路程的近似值．最后将时间间隔无限细分，整个路程近似值的极限就是变速直线运动的路程精确值．具体计算步骤如下．

（1）用分点 $T_1=t_0<t_1<t_2<\cdots<t_n=T_2$ 将时间区间$[T_1,T_2]$分成 n 个小区间．

（2）在每个小区间$[t_{i-1},t_i]$上任取一点 τ_i，以 τ_i 时刻的速度$v(\tau_i)$代替$[t_{i-1},t_i]$各个时刻的速度，就可得到区间$[t_{i-1},t_i]$上路程的近似值，即 $\Delta S_i\approx v(\tau_i)\Delta t_i$．

（3）将每个小时间段的路程近似值求和 $\sum_{i=1}^{n}v(\tau_i)\Delta t_i$，就可得到路程 S 的近似值，即
$$S\approx\sum_{i=1}^{n}v(\tau_i)\Delta t_i.$$

（4）记 $\lambda=\max_{0\leqslant i\leqslant n}\{\Delta t_i\}$，当 $\lambda\to0$ 时，上述和式的极限就是变速直线运动的路程
$$S=\lim_{\lambda\to0}\sum_{i=1}^{n}v(\tau_i)\Delta t_i.$$

上述两个问题虽然实际意义不同，一个是几何量，另一个是物理量，但解决问题的基本方法和步骤却完全相同，最终都归结为一种特殊和式的极限．抛开问题的背景，根据它们在数量关系上共同的本质和特征，就可得到定积分的定义．

5-1-2 定积分的定义与几何意义

1. 定积分的定义

定义 5-1 设函数 $f(x)$ 在 $[a,b]$ 上有界，用任意分点
$$a=x_0<x_1<x_2<\cdots<x_n=b$$
将 $[a,b]$ 分成 n 个小区间，小区间的长度为 $\Delta x_i=x_i-x_{i-1}$，$i=1,2,\cdots,n$. 在每个小区间 $[x_{i-1},x_i]$ 上任取一点 $\xi_i(x_{i-1}\leqslant\xi_i\leqslant x_i)$，作乘积 $f(\xi_i)\Delta x_i$ 的和 $S=\sum\limits_{i=1}^{n}f(\xi_i)\Delta x_i$，记 $\lambda=\max\{\Delta x_1,\Delta x_2,\cdots,\Delta x_n\}$. 如果当 $\lambda\to0$ 时，和 S 总趋于确定的极限 I，且与区间 $[a,b]$ 的分法及小区间 $[x_{i-1},x_i]$ 上点 ξ_i 的取法无关，则称此极限值 I 为函数 $f(x)$ 在区间 $[a,b]$ 上的定积分，记作 $\displaystyle\int_a^b f(x)\mathrm{d}x$，即

$$\int_a^b f(x)\mathrm{d}x=I=\lim_{\lambda\to0}\sum_{i=1}^{n}f(\xi_i)\Delta x_i.$$

其中，$f(x)$ 称为被积函数，$f(x)\mathrm{d}x$ 称为被积表达式，x 称为积分变量，a 称为积分下限，b 称为积分上限，$[a,b]$ 称为积分区间.

注意

(1)定积分是特殊和式的极限，它是一个常数，它只与被积函数 $f(x)$ 及积分区间 $[a,b]$ 有关，与积分变量所用的字母无关. 如

$$\int_a^b f(x)\mathrm{d}x=\int_a^b f(t)\mathrm{d}t=\int_a^b f(u)\mathrm{d}u.$$

(2)区间 $[a,b]$ 的划分是任意的，对于不同的划分，将有不同的和式 $\sum\limits_{i=1}^{n}f(\xi_i)\Delta x_i$. 即使对同一种划分，由于 ξ_i 可在 $[x_{i-1},x_i]$ 上任意选取，也将产生无数多个和数. 定义要求，无论区间 $[a,b]$ 怎样划分，ξ_i 在 $[x_{i-1},x_i]$ 上怎样选取，当 $\lambda\to0$ 时，所有和都趋于同一个极限 I. 这时，才说定积分存在.

(3)在定积分定义中要求积分限 $a<b$，现补充如下规定：

当 $a=b$ 时，$\displaystyle\int_a^b f(x)\mathrm{d}x=0$；

当 $a>b$ 时，$\displaystyle\int_a^b f(x)\mathrm{d}x=-\int_b^a f(x)\mathrm{d}x$.

根据定积分的定义可知，前面两个实例可分别表述为

(1)由直线 $x=a$、$x=b$、$y=0$ 及 $y=f(x)$ 所围成的平面曲边梯形的面积
$$A=\int_a^b f(x)\mathrm{d}x;$$

(2) 物体在变速直线运动中在时间 $[T_1,T_2]$ 经过的路程 $S=\displaystyle\int_{T_1}^{T_2}v(t)\mathrm{d}t$.

定积分是特殊和式的极限,那么函数 $f(x)$ 在 $[a,b]$ 上满足什么条件才可积呢? 这里给出两个充分条件.

定理 5-1　若函数 $f(x)$ 在 $[a,b]$ 上连续,则 $f(x)$ 在 $[a,b]$ 上可积.

定理 5-2　若函数 $f(x)$ 在 $[a,b]$ 上有界,且只有有限个间断点,则 $f(x)$ 在 $[a,b]$ 上可积.

2. 定积分的几何意义

如果 $f(x)>0$,图形在 x 轴上方,积分值为正,有 $\int_a^b f(x)\mathrm{d}x = A$,$A$ 表示曲边梯形的面积.

如果 $f(x)\leqslant 0$,图形在 x 轴下方,积分值为负,有 $\int_a^b f(x)\mathrm{d}x = -A$,如图 5-3 所示.

如果 $f(x)$ 在 $[a,b]$ 上有正有负,则积分值就等于曲线 $y=f(x)$ 在 x 轴上方图形的面积减去 x 轴下方图形的面积,如图 5-4 所示,有 $\int_a^b f(x)\mathrm{d}x = A_1 - A_2 + A_3 - A_4 + A_5$.

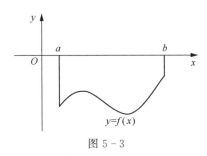

图 5-3

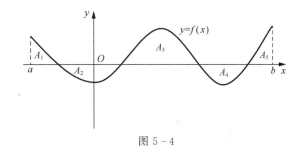

图 5-4

例 5-1　利用定义计算定积分 $\int_0^1 x^2\mathrm{d}x$.

解:因为被积函数 x^2 在 $[0,1]$ 上连续,所以定积分存在,且积分值与 $[0,1]$ 的分法及 ξ_i 的取法无关,因此可在一种分割方式下计算其极限值. 为了便于计算,这里采用将区间等分的方式.

(1)分割:将区间 $[0,1]$ 分成 n 等份(见图 5-5),取分点 $x_i = \dfrac{i}{n}$,每个小区间 $[x_{i-1},x_i]$ 的长度为 $\Delta x_i = \dfrac{1}{n}(i=1,2,\cdots,n)$.

(2)近似代替:在每个小区间上选取右端点为 ξ_i,即 $\xi_i = x_i = \dfrac{i}{n}$,则

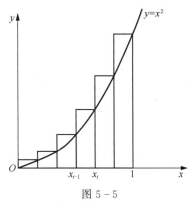

图 5-5

$$f(\xi_i)\Delta x_i = f\left(\frac{i}{n}\right)\cdot\frac{1}{n} = \frac{i^2}{n^3}(i=1,2,\cdots,n).$$

（3）求和：

$$S_n = \sum_{i=1}^{n} f(\xi_i)\Delta x_i = \frac{1}{n^3}\sum_{i=1}^{n} i^2 = \frac{1}{n^3} \cdot \frac{n(n+1)(2n+1)}{6} = \frac{1}{6}\left(1+\frac{1}{n}\right)\left(2+\frac{1}{n}\right).$$

（4）取极限：当 $\Delta x_i = \dfrac{1}{n} \to 0$，即 $n \to \infty$ 时，有

$$\int_0^1 x^2 \mathrm{d}x = \lim_{\Delta x_i \to 0}\sum_{i=1}^{n} f(\xi_i)\Delta x_i = \lim_{n\to\infty}\frac{1}{6}\left(1+\frac{1}{n}\right)\left(2+\frac{1}{n}\right) = \frac{1}{3}.$$

从求解上例的过程可以看出，定积分的定义为求解定积分提供了一种科学、严密、直观的方法，这也是微积分学中重要的数学思想方法的完美体现. 但是这种方法通常计算复杂、求解困难，所以将在 5-2 节介绍新的方法，使定积分的求解更加便捷.

例 5-2 利用定积分的几何意义，求 $\displaystyle\int_{-1}^{1}\sqrt{1-x^2}\,\mathrm{d}x$ 的值.

解： 定积分 $\displaystyle\int_{-1}^{1}\sqrt{1-x^2}\,\mathrm{d}x$ 在几何上表示为以 $O(0,0)$ 为圆心、半径为 1 的上半圆的面积，所以 $\displaystyle\int_{-1}^{1}\sqrt{1-x^2}\,\mathrm{d}x = \frac{\pi}{2}$.

5-1-3 定积分的性质

设函数 $f(x)$，$g(x)$ 在所讨论的区间上可积，则定积分有如下性质.

性质 1 $\displaystyle\int_a^b kf(x)\mathrm{d}x = k\int_a^b f(x)\mathrm{d}x$ （k 为常数）.

性质 2 $\displaystyle\int_a^b [f(x)\pm g(x)]\mathrm{d}x = \int_a^b f(x)\mathrm{d}x \pm \int_a^b g(x)\mathrm{d}x$.

性质 3（积分区间可加性） $\displaystyle\int_a^b f(x)\mathrm{d}x = \int_a^c f(x)\mathrm{d}x + \int_c^b f(x)\mathrm{d}x$（$c$ 为任意实数）.

注意

无论 c 是 $[a,b]$ 的内分点还是外分点该式都成立. 这是因为

当 $a<c<b$ 时，即 c 是 $[a,b]$ 的内分点时，上式显然成立；

当 $a<b<c$ 时，即 c 是 $[a,b]$ 的外分点时（$c<a<b$ 的情况可类似说明），

有 $$\int_a^c f(x)\mathrm{d}x = \int_a^b f(x)\mathrm{d}x + \int_b^c f(x)\mathrm{d}x,$$

即 $$\int_a^b f(x)\mathrm{d}x = \int_a^c f(x)\mathrm{d}x - \int_b^c f(x)\mathrm{d}x = \int_a^c f(x)\mathrm{d}x + \int_c^b f(x)\mathrm{d}x.$$

所以该式成立.

性质 4 如果在 $[a,b]$ 上，$f(x)$ 恒等于 1，则 $\displaystyle\int_a^b \mathrm{d}x = b-a$ （$a<b$）.

性质 5（不等式性质） 如果在 $[a,b]$ 上，$f(x) \geqslant 0$，则 $\displaystyle\int_a^b f(x)\mathrm{d}x \geqslant 0$（$a<b$）.

推论 1 如果在 $[a,b]$ 上 $f(x) \geqslant g(x)$，则 $\displaystyle\int_a^b f(x)\mathrm{d}x \geqslant \int_a^b g(x)\mathrm{d}x$ （$a<b$）.

推论 2　$\left| \int_a^b f(x)\mathrm{d}x \right| \leqslant \int_a^b |f(x)|\mathrm{d}x \quad (a < b).$

性质 6(估值定理)　如果在 $[a,b]$ 上，$m \leqslant f(x) \leqslant M$，则有

$$m(b-a) \leqslant \int_a^b f(x)\mathrm{d}x \leqslant M(b-a) \quad (a < b).$$

性质 7(积分中值定理)　如果 $f(x)$ 在闭区间 $[a,b]$ 上连续，则在该区间上至少存在一点 ξ，使下式成立：

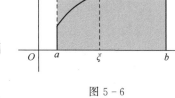

$$\int_a^b f(x)\mathrm{d}x = f(\xi)(b-a) \quad (a \leqslant \xi \leqslant b).$$

中值定理的几何意义：曲边梯形的面积等于与它同底而高为 $f(\xi)$ 的一个矩形的面积，如图 $5-6$ 所示.

图 $5-6$

例 5 - 3　比较定积分 $\int_0^1 x\mathrm{d}x$ 与 $\int_0^1 \ln(1+x)\mathrm{d}x$ 的大小.

解：令 $f(x) = x - \ln(1+x)$，

因为

$$f'(x) = 1 - \frac{1}{1+x} = \frac{x}{1+x} > 0, \ x \in (0,1),$$

所以 $f(x)$ 在 $[0,1]$ 单调递增，于是 $f(x) \geqslant f(0) = 0$，即 $x \geqslant \ln(1+x)$，由性质 5 的推论 1 可知

$$\int_0^1 x\mathrm{d}x \geqslant \int_0^1 \ln(1+x)\mathrm{d}x.$$

例 5 - 4　估计定积分 $\int_0^{\frac{\pi}{2}} (1 + \cos^4 x)\mathrm{d}x$ 的值.

解：在区间 $\left[0, \frac{\pi}{2}\right]$ 上，$1 \leqslant 1 + \cos^4 x \leqslant 2$，

由性质 6 得

$$\frac{\pi}{2} \leqslant \int_0^{\frac{\pi}{2}} (1 + \cos^4 x)\mathrm{d}x \leqslant 2 \cdot \frac{\pi}{2},$$

即

$$\frac{\pi}{2} \leqslant \int_0^{\frac{\pi}{2}} (1 + \cos^4 x)\mathrm{d}x \leqslant \pi.$$

例 5 - 5　设 $f(x)$ 在 $(0, +\infty)$ 上连续，又设 $\lim\limits_{x \to +\infty} f(x) = \mathrm{e}^2$，求 $\lim\limits_{x \to +\infty} \int_x^{x+2} f(t)\mathrm{d}t$.

解：因为 $f(x)$ 在 $(0, +\infty)$ 上连续，所以在 $[x_1, x_2]$ 上也连续，根据积分中值定理有

$$\int_x^{x+2} f(t)\mathrm{d}t = f(\xi)(x + 2 - x) = 2f(\xi), \ x < \xi < x + 2,$$

所以

$$\lim_{x \to +\infty} \int_x^{x+2} f(t)\mathrm{d}t = 2\lim_{\xi \to +\infty} f(\xi) = 2\mathrm{e}^2.$$

习题 5 - 1

1. 利用定积分的几何意义计算下列定积分的值.

$(1) \int_{-2}^2 (x+1)\mathrm{d}x$；　　　　　　$(2) \int_{-2}^2 2\sqrt{4 - x^2}\,\mathrm{d}x$.

2. 比较下列各组积分值的大小.

(1) $\int_0^1 x\,\mathrm{d}x$ 与 $\int_0^1 x^2\,\mathrm{d}x$；

(2) $\int_0^1 \mathrm{e}^x\,\mathrm{d}x$ 与 $\int_0^1 \mathrm{e}^{x^2}\,\mathrm{d}x$；

(3) $\int_1^{\mathrm{e}} \ln x\,\mathrm{d}x$ 与 $\int_1^{\mathrm{e}} \ln^2 x\,\mathrm{d}x$.

3. 估计下列定积分值的范围.

(1) $\int_0^1 \dfrac{1}{1+x^2}\,\mathrm{d}x$； (2) $\int_{\frac{1}{\sqrt{3}}}^{\sqrt{3}} x\arctan x\,\mathrm{d}x$.

5 - 2 微积分基本公式

通过 5 - 1 节的例子，我们看到如果按照定积分的定义来计算定积分，是相当困难的. 因此需要寻求一种简单有效的计算定积分的方法，即下面将要介绍的牛顿和莱布尼茨创建的微积分基本公式.

5 - 2 - 1 积分上限函数

通过引例 2，我们知道，若物体以速度 $v = v(t)(v(t) \geqslant 0)$ 做变速直线运动，那么在时间间隔 $[T_1, T_2]$ 内物体所经过的路程 S 可以表示为 $S = \int_{T_1}^{T_2} v(t)\mathrm{d}t$.

另外，如果已知该变速直线运动的路程函数为 $S = S(t)$，在时间间隔 $[T_1, T_2]$ 内物体所经过的路程 S 就可以表示为 $S(T_2) - S(T_1)$. 由此可见路程函数 $S(t)$ 与速度函数 $v(t)$ 之间有如下关系：

$$\int_{T_1}^{T_2} v(t)\mathrm{d}t = S(T_2) - S(T_1).$$

由于 $S'(t) = v(t)$，即 $S(t)$ 是 $v(t)$ 的原函数，也就是说，定积分 $\int_{T_1}^{T_2} v(t)\mathrm{d}t$ 等于被积函数 $v(t)$ 的原函数 $S(t)$ 在区间 $[T_1, T_2]$ 上的增量 $S(T_2) - S(T_1)$.

从变速直线运动的路程这个特殊问题中得出来的关系，在一定的条件下具有普遍性. 它揭示了定积分与原函数之间的关系. 下面推导一般的结果.

设函数 $f(x)$ 在区间 $[a, b]$ 上连续，x 为区间 $[a, b]$ 内的某一定点，由定理 5 - 1 知，定积分 $\int_a^x f(x)\mathrm{d}x$ 存在. 根据定积分的定义可知，定积分的值只与被积函数、积分区间有关，而与积分变量所用的字母无关. 为了避免积分变量所用的字母和积分上限所用的字母混淆，把积分变量改写为 t，于是上面的定积分就可以写成 $\int_a^x f(t)\mathrm{d}t$. 如果上限 x 在 $[a, b]$ 上任意变动，则对于每一个取定的 x 值，定积分 $\int_a^x f(t)\mathrm{d}t$ 都有一个对应值. 这样上限为变量的积分

$\displaystyle\int_a^x f(t)\mathrm{d}t$ 就是一个关于 x 的函数，称此函数为积分上限函数，记作 $\varPhi(x)$，即

$$\varPhi(x) = \int_a^x f(t)\mathrm{d}t \quad (a \leqslant x \leqslant b).$$

这个函数具有下面的重要性质.

定理 5-3　如果函数 $f(x)$ 在$[a,b]$上连续，则积分上限函数 $\varPhi(x) =$ $\displaystyle\int_a^x f(t)\mathrm{d}t$ 在区间$[a,b]$上可导，并且

积分上限函数

$$\varPhi'(x) = \frac{\mathrm{d}}{\mathrm{d}x}\int_a^x f(t)\mathrm{d}t = \left[\int_a^x f(t)\mathrm{d}t\right]' = f(x) \quad (a \leqslant x \leqslant b).$$

证明：因为 $\varPhi(x) = \displaystyle\int_a^x f(t)\mathrm{d}t$，则函数 $\varPhi(x)$ 在 x 处的增量为

$$\begin{aligned}
\Delta\varPhi(x) &= \varPhi(x+\Delta x) - \varPhi(x), \; x+\Delta x \in [a,b] \\
&= \int_a^{x+\Delta x} f(t)\mathrm{d}t - \int_a^x f(t)\mathrm{d}t \\
&= \int_a^x f(t)\mathrm{d}t + \int_x^{x+\Delta x} f(t)\mathrm{d}t - \int_a^x f(t)\mathrm{d}t = \int_x^{x+\Delta x} f(t)\mathrm{d}t.
\end{aligned}$$

由积分中值定理，有

$$\int_x^{x+\Delta x} f(t)\mathrm{d}t = f(\xi)\Delta x,\; \xi \text{ 介于 } x \text{ 与 } x+\Delta x \text{ 之间},$$

即

$$\Delta\varPhi(x) = f(\xi)\Delta x,$$

则

$$\lim_{\Delta x \to 0} \frac{\Delta\varPhi(x)}{\Delta x} = \lim_{\Delta x \to 0} \frac{f(\xi)\Delta x}{\Delta x} = \lim_{\Delta x \to 0} f(\xi) = f(x).$$

由导数的定义可知，函数 $\varPhi(x)$ 可导，且 $\varPhi'(x) = f(x)$.

若 $x = a$，取 $\Delta x > 0$，同理可证 $\varPhi'_+(a) = f(a)$；若 $x = b$，取 $\Delta x < 0$，则同理可证 $\varPhi'_-(b) = f(b)$.

定理 5-3 说明积分上限的函数 $\varPhi(x) = \displaystyle\int_a^x f(t)\mathrm{d}t$ 是 $f(x)$ 的一个原函数.

同样可讨论积分下限函数

$$\int_x^b f(t)\mathrm{d}t = -\int_b^x f(t)\mathrm{d}t$$

当 $f(x)$ 满足定理 5-3 中的条件时，有

$$\left(\int_x^b f(t)\mathrm{d}t\right)' = \left(-\int_b^x f(t)\mathrm{d}t\right)' = -f(x).$$

推论　若函数 $f(x)$ 在$[a,b]$上连续，$\varPhi(x) = \displaystyle\int_{a(x)}^{b(x)} f(t)\mathrm{d}t$，$a \leqslant a(x) < b(x) \leqslant b$，$a(x)$，$b(x)$ 在$[a,b]$上可导，则

$$\varPhi'(x) = \frac{\mathrm{d}}{\mathrm{d}x}\int_{a(x)}^{b(x)} f(t)\mathrm{d}t = b'(x)f[b(x)] - a'(x)f[a(x)].$$

例 5 - 6　求 $\Phi(x) = \int_a^x \sin^2 t \, \mathrm{d}t$ 的导数.

解：$\Phi'(x) = \dfrac{\mathrm{d}}{\mathrm{d}x} \displaystyle\int_a^x \sin^2 t \, \mathrm{d}t = \sin^2 x$.

例 5 - 7　求 $\Phi(x) = \int_2^{x^3} \mathrm{e}^{t^2} \, \mathrm{d}t$ 的导数.

解：$\Phi'(x) = \dfrac{\mathrm{d}}{\mathrm{d}x} \displaystyle\int_2^{x^3} \mathrm{e}^{t^2} \, \mathrm{d}t = \mathrm{e}^{(x^3)^2} \cdot (x^3)' = 3x^2 \mathrm{e}^{x^6}$.

例 5 - 8　求 $\displaystyle\int_{x^2}^0 \ln(3t + 1) \, \mathrm{d}t$ 的导数.

解：$\left[\displaystyle\int_{x^2}^0 \ln(3t + 1) \, \mathrm{d}t \right]' = \left[-\displaystyle\int_0^{x^2} \ln(3t + 1) \, \mathrm{d}t \right]' = -2x \ln(3x^2 + 1)$.

例 5 - 9　求极限 $\displaystyle\lim_{x \to 0} \dfrac{\displaystyle\int_0^{x^2} \cos t^2 \, \mathrm{d}t}{x^2}$.

解：所求极限是一个 $\dfrac{0}{0}$ 型未定式，可用洛必达法则求解.

因为
$$\dfrac{\mathrm{d}}{\mathrm{d}x} \int_0^{x^2} \cos t^2 \, \mathrm{d}t = 2x \cos x^4,$$

所以
$$\lim_{x \to 0} \dfrac{\displaystyle\int_0^{x^2} \cos t^2 \, \mathrm{d}t}{x^2} = \lim_{x \to 0} \dfrac{\left(\displaystyle\int_0^{x^2} \cos t^2 \, \mathrm{d}t \right)'}{2x} = \lim_{x \to 0} \dfrac{2x \cos x^4}{2x} = \lim_{x \to 0} \cos x^4 = 1.$$

例 5 - 10　求 $\displaystyle\lim_{x \to 0} \dfrac{\displaystyle\int_x^0 \ln(1 + t) \, \mathrm{d}t}{x^2}$.

解：所求极限是一个 $\dfrac{0}{0}$ 型未定式，用洛必达法则求解.

$$\lim_{x \to 0} \dfrac{\displaystyle\int_x^0 \ln(1 + t) \, \mathrm{d}t}{x^2} = \lim_{x \to 0} \dfrac{-\ln(1 + x)}{2x} = \lim_{x \to 0} \dfrac{-x}{2x} = -\dfrac{1}{2}.$$

例 5 - 11　设 $f(x)$ 在 $(-\infty, +\infty)$ 内连续，且 $f(x) > 0$. 证明 $F(x) = \dfrac{\displaystyle\int_0^x t f(t) \, \mathrm{d}t}{\displaystyle\int_0^x f(t) \, \mathrm{d}t}$ 在 $(0, +\infty)$ 内单调递增.

证明：因为 $\dfrac{\mathrm{d}}{\mathrm{d}x} \displaystyle\int_0^x t f(t) \, \mathrm{d}t = x f(x)$，$\dfrac{\mathrm{d}}{\mathrm{d}x} \displaystyle\int_0^x f(t) \, \mathrm{d}t = f(x)$，

所以　$F'(x) = \dfrac{x f(x) \displaystyle\int_0^x f(t) \, \mathrm{d}t - f(x) \displaystyle\int_0^x t f(t) \, \mathrm{d}t}{\left[\displaystyle\int_0^x f(t) \, \mathrm{d}t \right]^2} = \dfrac{f(x) \displaystyle\int_0^x (x - t) f(t) \, \mathrm{d}t}{\left[\displaystyle\int_0^x f(t) \, \mathrm{d}t \right]^2}$.

又因为 $f(x) > 0$，由定积分的性质知，当 $x > 0$ 时 $\displaystyle\int_0^x f(t) \, \mathrm{d}t > 0$，

当 $t \in (0, x)$ 时，$(x - t)f(t) > 0$，所以 $\int_0^x (x - t)f(t)\mathrm{d}t > 0$，

故当 $x > 0$ 时，$F'(x) > 0$，$F(x)$ 在 $(0, +\infty)$ 内单调递增.

例 5－12 设函数 $f(x)$ 在闭区间 $[0, 1]$ 上连续，且 $f(x) < 1$，证明方程

$$2x - \int_0^x f(t)\mathrm{d}t - 1 = 0$$

在开区间 $(0, 1)$ 内有且仅有一个实根.

证明： 设 $F(x) = 2x - \int_0^x f(t)\mathrm{d}t - 1$.

根据已知条件可知，$F(x)$ 在 $[0, 1]$ 上连续，且

$$F(0) = -1 < 0,$$

$$F(1) = 1 - \int_0^1 f(t)\mathrm{d}t = 1 - f(\xi) > 0 (根据积分中值定理，其中 0 < \xi < 1).$$

由零点定理可知方程 $F(x) = 0$ 在开区间 $(0, 1)$ 内至少有一个实根，又因为

$$F'(x) = 2 - f(x) > 0,$$

所以 $F(x)$ 单调增加，故方程在开区间 $(0, 1)$ 内有且仅有一个实根.

注意

若被积函数中出现上限变量 x，求导时需先通过换元把被积函数中的 x 移出，再求导.

例 5－13 设 $F(x) = \int_0^{2\sqrt{x}} tf(x + t^2)\mathrm{d}t$，求 $F'(x)$.

解： 这里 t 是积分变量，要先把被积函数中的 x 移到积分符号外面，所以先换元.

令 $x + t^2 = u$，则 $\mathrm{d}u = 2t\mathrm{d}t$（因为积分变量是 t），即 $\mathrm{d}t = \dfrac{1}{2t}\mathrm{d}u$.

当 $t = 0$ 时，$u = x$；当 $t = 2\sqrt{x}$ 时，$u = 5x$. 于是

$$F(x) = \int_x^{5x} tf(u) \frac{1}{2t}\mathrm{d}u = \int_x^{5x} \frac{1}{2}f(u)\mathrm{d}u,$$

$$F'(x) = \frac{1}{2}[f(5x) \cdot 5 - f(x)] = \frac{5}{2}f(5x) - \frac{1}{2}f(x).$$

5－2－2 微积分基本公式

定理 5－4 如果 $F(x)$ 是连续函数 $f(x)$ 在区间 $[a, b]$ 上的一个原函数，那么

$$\int_a^b f(x)\mathrm{d}x = F(b) - F(a).$$

微积分基本公式

证明： 已知 $F(x)$ 是 $f(x)$ 的一个原函数，另外由于积分上限函数 $\Phi(x) = \int_a^x f(t)\mathrm{d}t$ 也是 $f(x)$ 的一个原函数，因此，$F(x)$ 与 $\Phi(x)$ 只相差一个常数，即

$$\int_a^x f(t)\mathrm{d}t = F(x) + C.$$

令 $x=a$，得 $C=-F(a)$.

再令 $x=b$，得 $\int_a^b f(x)\mathrm{d}x=F(b)-F(a)$.

上述公式称为牛顿-莱布尼茨公式，也称为微积分基本公式，也可表示为

$$\int_a^b f(x)\mathrm{d}x=\Big[\,F(x)\,\Big]_a^b=F(b)-F(a).$$

牛顿-莱布尼茨公式进一步揭示了定积分与原函数或不定积分之间的联系. 牛顿-莱布尼茨公式表明，一个连续函数在区间 $[a,b]$ 上的定积分，等于它的任意一个原函数在区间 $[a,b]$ 上的增量. 这就给出了一个有效而简便的计算定积分的方法，即先求出被积函数 $f(x)$ 的任意一个原函数 $F(x)$，然后将积分上限 b、下限 a 分别代入原函数 $F(x)$ 中，作差 $F(b)-F(a)$，即可求出定积分的值.

例 5 – 14 求 $\int_0^1 \dfrac{1}{\sqrt{1-x^2}}\mathrm{d}x$.

解：$\int_0^1 \dfrac{1}{\sqrt{1-x^2}}\mathrm{d}x=\Big[\,\arcsin x\,\Big]_0^1=\arcsin 1-\arcsin 0=\dfrac{\pi}{2}-0=\dfrac{\pi}{2}$.

例 5 – 15 求 $\int_0^{\frac{\pi}{4}} \tan^2 x\,\mathrm{d}x$.

解：$\int_0^{\frac{\pi}{4}} \tan^2 x\,\mathrm{d}x=\int_0^{\frac{\pi}{4}}(\sec^2 x-1)\mathrm{d}x=\Big[\,\tan x-x\,\Big]_0^{\frac{\pi}{4}}=1-\dfrac{\pi}{4}$.

例 5 – 16 计算 $\int_0^{\frac{\pi}{2}} \cos^2 \dfrac{x}{2}\mathrm{d}x$.

解：$\int_0^{\frac{\pi}{2}} \cos^2 \dfrac{x}{2}\mathrm{d}x=\int_0^{\frac{\pi}{2}} \dfrac{1+\cos x}{2}\mathrm{d}x=\dfrac{1}{2}\Big[\,x+\sin x\,\Big]_0^{\frac{\pi}{2}}$

$$=\dfrac{1}{2}\Big(\dfrac{\pi}{2}+1\Big)=\dfrac{\pi}{4}+\dfrac{1}{2}.$$

例 5 – 17 求 $\int_0^1 \dfrac{\mathrm{e}^x}{1+\mathrm{e}^x}\mathrm{d}x$.

解：$\int_0^1 \dfrac{\mathrm{e}^x}{1+\mathrm{e}^x}\mathrm{d}x=\int_0^1 \dfrac{1}{1+\mathrm{e}^x}\mathrm{d}(1+\mathrm{e}^x)=\Big[\,\ln(1+\mathrm{e}^x)\,\Big]_0^1$

$$=\ln(1+\mathrm{e})-\ln 2=\ln \dfrac{1+\mathrm{e}}{2}.$$

例 5 – 18 设 $f(x)=\begin{cases}x+1 & x\geqslant 0\\ \mathrm{e}^{-x} & x<0\end{cases}$，求 $\int_{-1}^2 f(x)\mathrm{d}x$.

解：由定积分性质 3，有

$$\int_{-1}^2 f(x)\mathrm{d}x=\int_{-1}^0 f(x)\mathrm{d}x+\int_0^2 f(x)\mathrm{d}x=\int_{-1}^0 \mathrm{e}^{-x}\mathrm{d}x+\int_0^2(x+1)\mathrm{d}x$$

$$=\Big[\,-\mathrm{e}^{-x}\,\Big]_{-1}^0+\Big[\,\dfrac{1}{2}x^2+x\,\Big]_0^2=\mathrm{e}+3.$$

若被积函数含有绝对值符号，一般需要先找出积分区间的分界点，把被积函数化为分段函数再求解.

例 5 - 19　计算 $\displaystyle\int_0^3 |2-x|\,\mathrm{d}x$

解： $\displaystyle\int_0^3 |2-x|\,\mathrm{d}x = \int_0^2 |2-x|\,\mathrm{d}x + \int_2^3 |2-x|\,\mathrm{d}x = \int_0^2 (2-x)\,\mathrm{d}x + \int_2^3 (x-2)\,\mathrm{d}x$

$$= \left[2x - \frac{1}{2}x^2\right]_0^2 + \left[\frac{1}{2}x^2 - 2x\right]_2^3 = \frac{5}{2}.$$

例 5 - 20　汽车以 72km/h 的速度行驶，到某处时需要减速停车．设汽车以等加速度 $a = -5\mathrm{m/s^2}$ 开始刹车．问从开始刹车到停车，汽车驶过了多少距离？

解： 要算出从开始刹车到停车经过的时间．设开始刹车的时刻为 $t=0$，此时汽车的速度为 $v_0 = 72\mathrm{km/h} = \dfrac{72 \times 1\,000}{3\,600}\mathrm{m/s} = 20\mathrm{m/s}.$

刹车后汽车减速行驶，其速度为 $v(t) = v_0 + at = 20 - 5t.$

当汽车停住时，速度 $v(t) = 0$，故有

$$v(t) = 20 - 5t = 0 \Rightarrow t = 4(\mathrm{s}).$$

于是这段时间内，汽车所驶过的距离为

$$s = \int_0^4 v(t)\,\mathrm{d}t = \int_0^4 (20-5t)\,\mathrm{d}t = \left[20t - 5 \times \frac{t^2}{2}\right]_0^4 = 40(\mathrm{m}).$$

因此，汽车在刹车后驶过了 40m 才停住．

习题 5 - 2

1. 求下列函数的导数．

(1) $\Phi(x) = \displaystyle\int_0^x \ln(2+t^2)\,\mathrm{d}t$；

(2) $\Phi(x) = \displaystyle\int_{x^2}^{-2} \mathrm{e}^{2t}\sin t\,\mathrm{d}t.$

2. 设 $f(x)$ 是连续函数，试求以下函数的导数．

(1) $F(x) = \displaystyle\int_{\cos x}^{\sin x} \mathrm{e}^{f(t)}\,\mathrm{d}t$；

(2) $F(x) = \displaystyle\int_0^x xf(t)\,\mathrm{d}t$；

(3) $F(x) = \displaystyle\int_0^x f(x-t)\,\mathrm{d}t.$

3. 求下列极限．

(1) $\displaystyle\lim_{x\to0} \frac{\displaystyle\int_0^x \tan^2 t\,\mathrm{d}t}{x^3}$；

(2) $\displaystyle\lim_{x\to0} \frac{\displaystyle\int_0^x 2t\cos t\,\mathrm{d}t}{1-\cos x}$；

(3) $\displaystyle\lim_{x\to0} \frac{\displaystyle\int_0^x \cos t^2\,\mathrm{d}t}{\ln(1+x)}$；

(4) $\displaystyle\lim_{x\to+\infty} \frac{\displaystyle\int_3^x (\arctan t)^2\,\mathrm{d}t}{\sqrt{1+x^2}}.$

4. 计算下列定积分．

(1) $\displaystyle\int_1^{\sqrt{e}} \frac{1}{x}\,\mathrm{d}x$；

(2) $\displaystyle\int_0^1 \frac{x}{1+x^2}\,\mathrm{d}x$；

(3) $\int_1^0 \dfrac{3x^4 + 3x^2 + 1}{1 + x^2} dx$;　　　　(4) $\int_0^{\frac{\pi}{2}} \sin^2 \dfrac{x}{2} dx$;

(5) $\int_0^{\frac{\pi}{4}} \dfrac{\tan x}{\cos^2 x} dx$;　　　　(6) $\int_0^1 (2x-1)^{100} dx$;

(7) $\int_0^{\pi} \cos\left(\dfrac{x}{4} + \dfrac{\pi}{4}\right) dx$;　　　　(8) $\int_{\frac{1}{\pi}}^{\frac{2}{\pi}} \dfrac{1}{x^2} \sin \dfrac{1}{x} dx$;

(9) $\int_{-2}^0 \dfrac{1}{1 + e^x} dx$;　　　　(10) $\int_0^1 \dfrac{1}{\sqrt{16 - x^2}} dx$.

5. 求定积分 $\int_0^{\pi} |\cos x| dx$.

6. 求 $\int_{-2}^2 \max\{x, x^2\} dx$.

7. 近年来，世界范围内每年的石油消耗呈指数级增长，且增长指数大约为 0.07. 1987 年初，石油消耗率大约为每年 161 亿桶. 设 $t = 0$ 表示 1987 年消耗率 $R(t) = 161 e^{0.07t}$（亿桶），试用此式估计从 1987 到 2007 石油消耗的总量.（消耗率是石油消耗的总量的导数.）

8. 设函数 $y = f(x)$ 由方程 $\int_0^{y^2} e^{t^2} dt + \int_x^0 \sin t \, dt = 0$ 所确定，求 $\dfrac{dy}{dx}$.

5-3　定积分的换元法与分部积分法

由 5-2 节知道，定积分的计算可以转化为原函数的增量问题. 在第 4 章中，我们知道用换元积分法和分部积分法可以求出一些函数的原函数. 因此，在一定条件下，可以用换元积分法和分部积分法来计算定积分，本节将讨论定积分的这两种计算方法.

5-3-1　定积分的换元法

定理 5-5　若函数 $f(x)$ 在区间 $[a, b]$ 上连续，函数 $x = \varphi(t)$ 在区间 $[\alpha, \beta]$ 上单调且有连续导数 $\varphi'(t)$，当 t 在 $[\alpha, \beta]$ 上变化时，$\varphi(t)$ 在 $[a, b]$ 上变化，且 $\varphi(\alpha) = a$，$\varphi(\beta) = b$，则

定积分的换元法

$$\int_a^b f(x) dx = \int_\alpha^\beta f[\varphi(t)] \varphi'(t) dt.$$

注意

(1) 用换元积分法计算定积分时，用 $x = \varphi(t)$ 把原来的变量 x 替换成新变量 t，积分限必须同时改变，即"换元必换限".

(2) 求出 $f[\varphi(t)] \varphi'(t)$ 的原函数 $\Phi(t)$ 后，不需要像计算不定积分那样回代原来的变量 x，只需要把新变量 t 的上、下限分别代入 $\Phi(t)$ 中，然后相减.

(3) 换元时，如果积分变量不变（例如用凑微分法时），则积分限不变，即"凑元不换限".

例 5 - 21　计算 $\displaystyle\int_0^{\frac{\pi}{2}} \cos^3 x \sin x \, \mathrm{d}x$.

解： 设 $\cos x = t$，则 $\mathrm{d}t = -\sin x \, \mathrm{d}x$.

当 $x = 0$ 时，$t = 1$；当 $x = \dfrac{\pi}{2}$ 时，$t = 0$. 于是

$$\text{原式} = -\int_1^0 t^3 \, \mathrm{d}t = \int_0^1 t^3 \, \mathrm{d}t = \left[\frac{1}{4} t^4 \right]_0^1 = \frac{1}{4}.$$

例 5 - 22　求 $\displaystyle\int_0^9 \frac{\mathrm{d}x}{1 + \sqrt{x}}$.

解： 设 $\sqrt{x} = t$，即 $x = t^2 \, (t \geqslant 0)$，则 $\mathrm{d}x = 2t \, \mathrm{d}t$.

当 $x = 0$ 时，$t = 0$；当 $x = 9$ 时，$t = 3$. 于是

$$\int_0^9 \frac{\mathrm{d}x}{1 + \sqrt{x}} = \int_0^3 \frac{2t \, \mathrm{d}t}{1 + t} = 2\int_0^3 \left(1 - \frac{1}{1+t} \right) \mathrm{d}t$$

$$= 2\left[t - \ln|1 + t| \right]_0^3 = 2(3 - \ln 4).$$

例 5 - 23　计算 $\displaystyle\int_0^3 \frac{x + 2}{\sqrt{x + 1}} \, \mathrm{d}x$.

解： 设 $\sqrt{x + 1} = t$，即 $x = t^2 - 1$，则 $\mathrm{d}x = 2t \, \mathrm{d}t$.

当 $x = 0$ 时，$t = 1$；当 $x = 3$ 时，$t = 2$. 于是

$$\int_0^3 \frac{x + 2}{\sqrt{x + 1}} \, \mathrm{d}x = \int_1^2 \frac{t^2 - 1 + 2}{t} \cdot 2t \, \mathrm{d}t = 2\int_1^2 (t^2 + 1) \, \mathrm{d}t$$

$$= 2\left[\frac{t^3}{3} + t \right]_1^2 = 2\left[\left(\frac{8}{3} + 2 \right) - \left(\frac{1}{3} + 1 \right) \right] = \frac{20}{3}.$$

例 5 - 24　求 $\displaystyle\int_0^1 \frac{1}{(1 + x^2)^2} \, \mathrm{d}x$.

解： 设 $x = \tan t$，则 $\mathrm{d}x = \sec^2 t \, \mathrm{d}t$.

当 $x = 0$ 时，$t = 0$；当 $x = 1$ 时，$t = \dfrac{\pi}{4}$. 于是

$$\int_0^1 \frac{1}{(1 + x^2)^2} \, \mathrm{d}x = \int_0^{\frac{\pi}{4}} \frac{\sec^2 t}{\sec^4 t} \, \mathrm{d}t = \int_0^{\frac{\pi}{4}} \cos^2 t \, \mathrm{d}t = \int_0^{\frac{\pi}{4}} \frac{1 + \cos 2t}{2} \, \mathrm{d}t$$

$$= \frac{1}{2}\left[t + \frac{1}{2} \sin 2t \right]_0^{\frac{\pi}{4}} = \frac{1}{2}\left(\frac{\pi}{4} + \frac{1}{2} \right) = \frac{\pi}{8} + \frac{1}{4}.$$

例 5 - 25　计算 $\displaystyle\int_0^1 \sqrt{1 - x^2} \, \mathrm{d}x$.

解： 设 $x = \sin t$，则 $\mathrm{d}x = \cos t \, \mathrm{d}t$.

当 $x = 0$ 时，$t = 0$；当 $x = 1$ 时，$t = \dfrac{\pi}{2}$.

$$\int_0^1 \sqrt{1 - x^2} \, \mathrm{d}x = \int_0^{\frac{\pi}{2}} \sqrt{1 - \sin^2 t} \, \mathrm{d}(\sin t) = \int_0^{\frac{\pi}{2}} \cos^2 t \, \mathrm{d}t = \left[\frac{1}{4} \sin 2t + \frac{t}{2} \right]_0^{\frac{\pi}{2}} = \frac{\pi}{4}.$$

若应用第一类换元积分法（即凑微分法）可以求出被积函数的原函数，就不用换元，直接凑微分求出原函数，然后应用牛顿-莱布尼茨公式求出结果即可.

例 5 - 26　求 $\int_1^4 \dfrac{1}{\sqrt{x}\,(1+x)}\mathrm{d}x$.

解 1：$\int_1^4 \dfrac{1}{\sqrt{x}\,(1+x)}\mathrm{d}x = 2\int_1^4 \dfrac{\mathrm{d}(\sqrt{x})}{1+x} = 2\int_1^4 \dfrac{\mathrm{d}(\sqrt{x})}{1+(\sqrt{x})^2} = \Big[2\arctan\sqrt{x}\,\Big]_1^4$

$$= 2(\arctan 2 - \arctan 1) = 2\arctan 2 - \dfrac{\pi}{2}.$$

解 2：设 $u = \sqrt{x}$，则 $x = u^2$，$\mathrm{d}x = 2u\,\mathrm{d}u$.

当 $x=1$ 时，$u=1$；当 $x=4$ 时，$u=2$. 于是

$$\int_1^4 \dfrac{1}{\sqrt{x}\,(1+x)}\mathrm{d}x = \int_1^2 \dfrac{1}{u(1+u^2)}\cdot 2u\,\mathrm{d}u = 2\int_1^2 \dfrac{1}{1+u^2}\mathrm{d}u = 2\Big[\arctan u\Big]_1^2$$

$$= 2(\arctan 2 - \arctan 1) = 2\arctan 2 - \dfrac{\pi}{2}.$$

利用定积分的换元法，可以得到奇、偶函数积分的一个重要性质.

例 5 - 27　设 $f(x)$ 在区间 $[-a,a]\,(a>0)$ 上连续，则

(1) 若 $f(x)$ 为奇函数，则 $\int_{-a}^a f(x)\mathrm{d}x = 0$；

(2) 若 $f(x)$ 为偶函数，则 $\int_{-a}^a f(x)\mathrm{d}x = 2\int_0^a f(x)\mathrm{d}x$；

证明：

$$\int_{-a}^a f(x)\mathrm{d}x = \int_{-a}^0 f(x)\mathrm{d}x + \int_0^a f(x)\mathrm{d}x.$$

奇偶函数的积分

对积分 $\int_{-a}^0 f(x)\mathrm{d}x$ 进行变量代换，令 $x = -t$，则 $\mathrm{d}x = -\mathrm{d}t$，所以

$$\int_{-a}^0 f(x)\mathrm{d}x = -\int_a^0 f(-t)\mathrm{d}t = \int_0^a f(-t)\mathrm{d}t = \int_0^a f(-x)\mathrm{d}x.$$

(1) 若 $f(x)$ 是奇函数，则 $f(-x) = -f(x)$（见图 5 - 7），于是

$$\int_{-a}^a f(x)\mathrm{d}x = \int_0^a f(-x)\mathrm{d}x + \int_0^a f(x)\mathrm{d}x = \int_0^a [f(-x)+f(x)]\mathrm{d}x = 0.$$

(2) 若 $f(x)$ 是偶函数，则 $f(-x) = f(x)$（见图 5 - 8），于是

$$\int_{-a}^a f(x)\mathrm{d}x = \int_0^a f(-x)\mathrm{d}x + \int_0^a f(x)\mathrm{d}x$$

$$= \int_0^a [f(-x)+f(x)]\mathrm{d}x = 2\int_0^a f(x)\mathrm{d}x.$$

注意

例 5 - 27 反映了奇、偶函数在关于原点对称的区间 $[-a,a]$ 上定积分的特殊性质，这一性质常被用来简化定积分的计算.

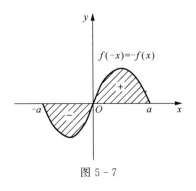

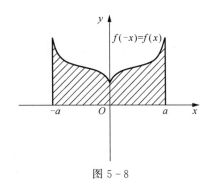

图 5 - 7　　　　　　　　　　　　　　图 5 - 8

例 5 - 28　计算 $\int_{-1}^{1} x \sqrt{1-x^2} \, \mathrm{d}x$.

解：因为被积函数 $y = x \sqrt{1-x^2}$ 在 $[-1,1]$ 上是奇函数，所以由例 5 - 27 可知

$$\int_{-1}^{1} x \sqrt{1-x^2} \, \mathrm{d}x = 0.$$

例 5 - 29　求 $\int_{-\frac{\pi}{2}}^{\frac{\pi}{2}} \sqrt{1-\cos 2x} \, \mathrm{d}x$.

解：因为被积函数 $f(x) = \sqrt{1-\cos 2x}$ 是偶函数，它的积分区间 $\left[-\dfrac{\pi}{2}, \dfrac{\pi}{2}\right]$ 关于原点
对称，所以

$$\int_{-\frac{\pi}{2}}^{\frac{\pi}{2}} \sqrt{1-\cos 2x} \, \mathrm{d}x = 2\int_{0}^{\frac{\pi}{2}} \sqrt{1-\cos 2x} \, \mathrm{d}x = 2\int_{0}^{\frac{\pi}{2}} \sqrt{2\sin^2 x} \, \mathrm{d}x$$

$$= 2\sqrt{2} \int_{0}^{\frac{\pi}{2}} \sin x \, \mathrm{d}x$$

$$= \left[-2\sqrt{2}\cos x\right]_{0}^{\frac{\pi}{2}} = 2\sqrt{2}.$$

例 5 - 30　求 $\int_{-2}^{2} \dfrac{x^2 + x\cos x}{2+\sqrt{4-x^2}} \, \mathrm{d}x$.

解：被积函数为非奇非偶函数，但拆开之后各自具有奇偶性. $\dfrac{x^2}{2+\sqrt{4-x^2}}$ 在 $[-2,2]$
是连续的偶函数，$\dfrac{x\cos x}{2+\sqrt{4-x^2}}$ 在 $[-2,2]$ 是连续的奇函数. 因此，

$$\int_{-2}^{2} \dfrac{x^2 + x\cos x}{2+\sqrt{4-x^2}} \, \mathrm{d}x = \int_{-2}^{2} \dfrac{x^2}{2+\sqrt{4-x^2}} \, \mathrm{d}x + \int_{-2}^{2} \dfrac{x\cos x}{2+\sqrt{4-x^2}} \, \mathrm{d}x$$

$$= 2\int_{0}^{2} \dfrac{x^2}{2+\sqrt{4-x^2}} \, \mathrm{d}x = 2\int_{0}^{2} (2-\sqrt{4-x^2}) \, \mathrm{d}x$$

$$= 4\int_{0}^{2} \mathrm{d}x - 2\int_{0}^{2} \sqrt{4-x^2} \, \mathrm{d}x$$

$$= 8 - 2\pi.$$

> **注意**
>
> 利用定积分的几何意义可知，$2\int_0^2 \sqrt{4-x^2}\,\mathrm{d}x$ 表示半径为 2 的半圆的面积.

例 5-31 设 $f(x)$ 在 $[0,1]$ 上连续，证明：

$(1)\displaystyle\int_0^{\frac{\pi}{2}} f(\sin x)\,\mathrm{d}x = \int_0^{\frac{\pi}{2}} f(\cos x)\,\mathrm{d}x$；

$(2)\displaystyle\int_0^{\pi} x f(\sin x)\,\mathrm{d}x = \frac{\pi}{2}\int_0^{\pi} f(\sin x)\,\mathrm{d}x$，并由此计算 $\displaystyle\int_0^{\pi} \frac{x\sin x}{1+\cos^2 x}\,\mathrm{d}x$.

证明：（1）设 $x = \dfrac{\pi}{2} - t$，则 $\mathrm{d}x = -\mathrm{d}t$，且当 $x=0$ 时，$t=\dfrac{\pi}{2}$；当 $x=\dfrac{\pi}{2}$ 时，$t=0$.
于是

$$\int_0^{\frac{\pi}{2}} f(\sin x)\,\mathrm{d}x = -\int_{\frac{\pi}{2}}^{0} f\left[\sin\left(\frac{\pi}{2}-t\right)\right]\mathrm{d}t$$

$$= \int_0^{\frac{\pi}{2}} f(\cos t)\,\mathrm{d}t = \int_0^{\frac{\pi}{2}} f(\cos x)\,\mathrm{d}x.$$

即

$$\int_0^{\frac{\pi}{2}} f(\sin x)\,\mathrm{d}x = \int_0^{\frac{\pi}{2}} f(\cos x)\,\mathrm{d}x.$$

（2）设 $x = \pi - t$，则 $\mathrm{d}x = -\mathrm{d}t$，且当 $x=0$ 时，$t=\pi$；当 $x=\pi$ 时，$t=0$.
于是

$$\int_0^{\pi} x f(\sin x)\,\mathrm{d}x = -\int_{\pi}^{0} (\pi-t) f[\sin(\pi-t)]\mathrm{d}t$$

$$= \int_0^{\pi} (\pi-t) f(\sin t)\,\mathrm{d}t$$

$$= \int_0^{\pi} \pi f(\sin t)\,\mathrm{d}t - \int_0^{\pi} t f(\sin t)\,\mathrm{d}t$$

$$= \pi\int_0^{\pi} f(\sin x)\,\mathrm{d}x - \int_0^{\pi} x f(\sin x)\,\mathrm{d}x,$$

所以

$$\int_0^{\pi} x f(\sin x)\,\mathrm{d}x = \frac{\pi}{2}\int_0^{\pi} f(\sin x)\,\mathrm{d}x.$$

利用上述结论，得

$$\int_0^{\pi} \frac{x\sin x}{1+\cos^2 x}\,\mathrm{d}x = \frac{\pi}{2}\int_0^{\pi} \frac{\sin x}{1+\cos^2 x}\,\mathrm{d}x = -\frac{\pi}{2}\int_0^{\pi} \frac{\mathrm{d}(\cos x)}{1+\cos^2 x}$$

$$= -\frac{\pi}{2}\Big[\arctan(\cos x)\Big]_0^{\pi}$$

$$= -\frac{\pi}{2}\left(-\frac{\pi}{4}-\frac{\pi}{4}\right) = \frac{\pi^2}{4}.$$

5 - 3 - 2　定积分的分部积分法

如果 $u(x)$，$v(x)$ 在 $[a,b]$ 上具有连续导数，由乘积的求导法则，可知

$$(uv)' = u'v + uv'.$$

对上式两边积分，得　　$\displaystyle\int_a^b (uv)' \mathrm{d}x = \int_a^b u'v\,\mathrm{d}x + \int_a^b uv'\,\mathrm{d}x,$

移项，得　　　　　　$\displaystyle\int_a^b uv'\,\mathrm{d}x = \left[uv\right]_a^b - \int_a^b vu'\,\mathrm{d}x,$

即　　　　　　　　　$\displaystyle\int_a^b u\,\mathrm{d}v = \left[uv\right]_a^b - \int_a^b v\,\mathrm{d}u.$

这就是**定积分的分部积分公式**.

在分部积分法中一般仍按照"反、对、幂、三、指"的顺序优先选取 u.

例 5 - 32　计算 $\displaystyle\int_0^\pi x\cos x\,\mathrm{d}x.$

解：$\displaystyle\int_0^\pi x\cos x\,\mathrm{d}x = \int_0^\pi x\,\mathrm{d}(\sin x) = \left[x\sin x\right]_0^\pi - \int_0^\pi \sin x\,\mathrm{d}x = \left[\cos x\right]_0^\pi = -2.$

例 5 - 33　求 $\displaystyle\int_0^1 x\arctan x\,\mathrm{d}x.$

解：$\displaystyle\int_0^1 x\arctan x\,\mathrm{d}x = \frac{1}{2}\int_0^1 \arctan x\,\mathrm{d}(x^2) = \left[\frac{x^2}{2}\arctan x\right]_0^1 - \frac{1}{2}\int_0^1 \frac{x^2}{1+x^2}\mathrm{d}x$

$\displaystyle\qquad = \frac{\pi}{8} - \frac{1}{2}\int_0^1 \left(1 - \frac{1}{1+x^2}\right)\mathrm{d}x = \frac{\pi}{8} - \frac{1}{2}\left[x - \arctan x\right]_0^1$

$\displaystyle\qquad = \frac{\pi}{4} - \frac{1}{2}.$

例 5 - 34　计算定积分 $\displaystyle\int_0^{\frac{\pi}{4}} \frac{x\,\mathrm{d}x}{1+\cos 2x}.$

解：因为

$$1 + \cos 2x = 2\cos^2 x,$$

所以

$$\int_0^{\frac{\pi}{4}} \frac{x\,\mathrm{d}x}{1+\cos 2x} = \int_0^{\frac{\pi}{4}} \frac{x\,\mathrm{d}x}{2\cos^2 x} = \int_0^{\frac{\pi}{4}} \frac{x}{2}\mathrm{d}(\tan x) = \frac{1}{2}\left[x\tan x\right]_0^{\frac{\pi}{4}} - \frac{1}{2}\int_0^{\frac{\pi}{4}} \tan x\,\mathrm{d}x$$

$$= \frac{\pi}{8} - \frac{1}{2}\left[\ln\sec x\right]_0^{\frac{\pi}{4}} = \frac{\pi}{8} - \frac{\ln 2}{4}.$$

与不定积分类似，有些定积分求解时既要用到分部积分法，也要用到换元法，有时还会多次用到分部积分法.

例 5 - 35　求 $\displaystyle\int_0^1 \mathrm{e}^{\sqrt{x}}\,\mathrm{d}x.$

解：令 $t = \sqrt{x}$，则 $x = t^2$，$\mathrm{d}x = 2t\,\mathrm{d}t$，且当 $x = 0$ 时，$t = 0$；当 $x = 1$ 时，$t = 1$.

$$\int_0^1 \mathrm{e}^{\sqrt{x}}\,\mathrm{d}x = 2\int_0^1 t\,\mathrm{e}^t\,\mathrm{d}t = 2\int_0^1 t\,\mathrm{d}(\mathrm{e}^t) = 2\left(\left[t\,\mathrm{e}^t\right]_0^1 - \int_0^1 \mathrm{e}^t\,\mathrm{d}t\right) = 2\left(\mathrm{e} - \left[\mathrm{e}^t\right]_0^1\right) = 2.$$

例 5 - 36　求 $\int_0^{\frac{\pi}{2}} \mathrm{e}^{2x} \cos x\, \mathrm{d}x$.

解：
$$\int_0^{\frac{\pi}{2}} \mathrm{e}^{2x}\cos x\,\mathrm{d}x = \int_0^{\frac{\pi}{2}} \mathrm{e}^{2x}\,\mathrm{d}(\sin x) = \left[\mathrm{e}^{2x}\sin x\right]_0^{\frac{\pi}{2}} - \int_0^{\frac{\pi}{2}} \sin x\,\mathrm{d}(\mathrm{e}^{2x})$$
$$= \mathrm{e}^\pi - \int_0^{\frac{\pi}{2}} 2\mathrm{e}^{2x}\sin x\,\mathrm{d}x = \mathrm{e}^\pi - \int_0^{\frac{\pi}{2}} 2\mathrm{e}^{2x}\,\mathrm{d}(-\cos x)$$
$$= \mathrm{e}^\pi + \left[2\mathrm{e}^{2x}\cos x\right]_0^{\frac{\pi}{2}} - \int_0^{\frac{\pi}{2}} 4\mathrm{e}^{2x}\cos x\,\mathrm{d}x$$
$$= \mathrm{e}^\pi - 2 - 4\int_0^{\frac{\pi}{2}} \mathrm{e}^{2x}\cos x\,\mathrm{d}x .$$

移项，整理得到 $\int_0^{\frac{\pi}{2}} \mathrm{e}^{2x}\cos x\,\mathrm{d}x = \dfrac{\mathrm{e}^\pi - 2}{5}$.

例 5 - 37　求 $\int_0^3 \arcsin\sqrt{\dfrac{x}{1+x}}\,\mathrm{d}x$.

解 1： 先用分部积分法，再用换元法.
$$\int_0^3 \arcsin\sqrt{\frac{x}{1+x}}\,\mathrm{d}x = \left[x\arcsin\sqrt{\frac{x}{1+x}}\right]_0^3 - \int_0^3 \frac{\sqrt{x}\,\mathrm{d}x}{2(1+x)}$$
$$\xlongequal{t=\sqrt{x}} \pi - \int_0^{\sqrt{3}} \frac{t\,\mathrm{d}(t^2)}{2(1+t^2)} = \pi - \int_0^{\sqrt{3}} \frac{t^2\,\mathrm{d}t}{1+t^2}$$
$$= \pi - \left[t - \arctan t\right]_0^{\sqrt{3}} = \frac{4\pi}{3} - \sqrt{3} .$$

解 2： 先用换元法，再用分部积分法.

令 $\arcsin\sqrt{\dfrac{x}{1+x}} = t$ ，则 $\dfrac{x}{1+x} = \sin^2 t \Rightarrow x = \tan^2 t$ ，$\mathrm{d}x = \mathrm{d}(\tan^2 t)$.

当 $x=0$ 时，$t=0$；当 $x=3$ 时，$t=\dfrac{\pi}{3}$. 于是

$$\int_0^3 \arcsin\sqrt{\frac{x}{1+x}}\,\mathrm{d}x = \int_0^{\frac{\pi}{3}} t\,\mathrm{d}(\tan^2 t) = \left[t\cdot\tan^2 t\right]_0^{\frac{\pi}{3}} - \int_0^{\frac{\pi}{3}} \tan^2 t\,\mathrm{d}t$$
$$= \frac{\pi}{3}\cdot\tan^2\frac{\pi}{3} - \int_0^{\frac{\pi}{3}} (\sec^2 t - 1)\,\mathrm{d}t = \pi - \left[\tan t - t\right]_0^{\frac{\pi}{3}} = \frac{4\pi}{3} - \sqrt{3} .$$

例 5 - 38　推导 $I_n = \int_0^{\frac{\pi}{2}} \sin^n x\,\mathrm{d}x$（$n$ 为正整数）的递推公式，并计算 $\int_0^\pi \sin^5 x\,\mathrm{d}x$.

解： $I_n = \int_0^{\frac{\pi}{2}} \sin^n x\,\mathrm{d}x = \int_0^{\frac{\pi}{2}} \sin^{n-1} x\,\mathrm{d}(-\cos x) = \left[-\sin^{n-1} x\cos x\right]_0^{\frac{\pi}{2}} + \int_0^{\frac{\pi}{2}} \cos x\,\mathrm{d}(\sin^{n-1} x)$

$$= \int_0^{\frac{\pi}{2}} (n-1)\cos^2 x\,\sin^{n-2} x\,\mathrm{d}x = (n-1)\int_0^{\frac{\pi}{2}} (1-\sin^2 x)\cdot\sin^{n-2} x\,\mathrm{d}x$$
$$= (n-1)\int_0^{\frac{\pi}{2}} \sin^{n-2} x\,\mathrm{d}x - (n-1)\int_0^{\frac{\pi}{2}} \sin^n x\,\mathrm{d}x ,$$

即 $I_n = (n-1)I_{n-2} - (n-1)I_n$，整理得 $I_n = \dfrac{n-1}{n}I_{n-2}$.

由此得 $I_{n-2} = \dfrac{n-3}{n-2}I_{n-4}$，于是 $I_n = \dfrac{n-1}{n} \cdot \dfrac{n-3}{n-2}I_{n-4}$.

依此类推. 每用一次递推公式 $I_n = \dfrac{n-1}{n}I_{n-2}$，$n$ 减少 2，继续下去最后减至 $I_0 = \dfrac{\pi}{2}$
（n 为偶数）或 $I_1 = 1$（n 为奇数），最后得到以下结论.

（1）当 n 为奇数时，

$$I_n = \frac{n-1}{n} \cdot \frac{n-3}{n-2} \cdot \cdots \cdot \frac{4}{5} \cdot \frac{2}{3} \cdot 1$$

（2）当 n 为偶数时，

$$I_n = \frac{n-1}{n} \cdot \frac{n-3}{n-2} \cdot \cdots \cdot \frac{3}{4} \cdot \frac{1}{2} \cdot \frac{\pi}{2}.$$

所以
$$\int_0^{\frac{\pi}{2}} \sin^5 x \, \mathrm{d}x = \frac{4}{5} \cdot \frac{2}{3} \cdot 1 = \frac{8}{15},$$

由上述结论，得

$$\int_0^{\pi} \sin^5 x \, \mathrm{d}x = \int_0^{\frac{\pi}{2}} \sin^5 x \, \mathrm{d}x + \int_{\frac{\pi}{2}}^{\pi} \sin^5 x \, \mathrm{d}x = 2\int_0^{\frac{\pi}{2}} \sin^5 x \, \mathrm{d}x = \frac{16}{15}.$$

（因为 $\displaystyle\int_{\frac{\pi}{2}}^{\pi} \sin^5 x \, \mathrm{d}x = -\int_{\frac{\pi}{2}}^0 \sin^5(\pi - u)\, \mathrm{d}u = \int_0^{\frac{\pi}{2}} \sin^5(\pi - u)\, \mathrm{d}u = \int_0^{\frac{\pi}{2}} \sin^5 u \, \mathrm{d}u.$）

例 5 - 39　求 $\displaystyle\int_{-\frac{\pi}{2}}^{\frac{\pi}{2}} (\sin^4 x + x^3)\, \mathrm{d}x$.

解： 因为积分区间 $\left[-\dfrac{\pi}{2}, \dfrac{\pi}{2}\right]$ 为对称区间，且 $\sin^4 x$ 为偶函数，x^3 为奇函数，所以

$$\int_{-\frac{\pi}{2}}^{\frac{\pi}{2}} (\sin^4 x + x^3)\, \mathrm{d}x = \int_{-\frac{\pi}{2}}^{\frac{\pi}{2}} \sin^4 x \, \mathrm{d}x + \int_{-\frac{\pi}{2}}^{\frac{\pi}{2}} x^3 \, \mathrm{d}x$$
$$= 2\int_0^{\frac{\pi}{2}} \sin^4 x \, \mathrm{d}x = 2 \times \frac{3}{4} \times \frac{1}{2} \times \frac{\pi}{2} = \frac{3}{8}\pi.$$

例 5 - 40　设 $f''(x)$ 连续，$f(\pi) = 2$，且 $\displaystyle\int_0^{\pi} [f(x) + f''(x)]\sin x \, \mathrm{d}x = 5$，求 $f(0)$.

解： $\displaystyle\int_0^{\pi} [f(x) + f''(x)]\sin x \, \mathrm{d}x = \int_0^{\pi} f(x)\sin x \, \mathrm{d}x + \int_0^{\pi} f''(x)\sin x \, \mathrm{d}x$
$$= \int_0^{\pi} f(x)\, \mathrm{d}(-\cos x) + \int_0^{\pi} \sin x \, \mathrm{d}[f'(x)]$$
$$= [f(x) \cdot (-\cos x)]_0^{\pi} + \int_0^{\pi} f'(x)\cos x \, \mathrm{d}x +$$
$$\quad [f'(x) \cdot \sin x]_0^{\pi} - \int_0^{\pi} f'(x) \cdot \cos x \, \mathrm{d}x$$
$$= f(\pi) + f(0) = 2 + f(0),$$

又因为 $\displaystyle\int_0^{\pi} [f(x) + f''(x)]\sin x \, \mathrm{d}x = 5$，故 $f(0) = 3$.

注意

对于被积函数中含有积分上限函数的定积分计算问题，一般采用分部积分法求解.

例 5 - 41　设 $f(x) = \int_1^x \dfrac{1}{\sqrt{1+t^3}}\mathrm{d}t$，求 $\int_0^1 x f(x)\mathrm{d}x$.

解：$\displaystyle\int_0^1 x f(x)\mathrm{d}x = \frac{1}{2}\int_0^1 f(x)\mathrm{d}(x^2) = \left[\frac{1}{2}x^2 f(x)\right]_0^1 - \frac{1}{2}\int_0^1 x^2 f'(x)\mathrm{d}x$

$$= -\frac{1}{2}\int_0^1 x^2 \frac{1}{\sqrt{1+x^3}}\mathrm{d}x = -\frac{1}{6}\int_0^1 \frac{1}{\sqrt{1+x^3}}\mathrm{d}(1+x^3)$$

$$= -\frac{1}{3}\left[\sqrt{1+x^3}\right]_0^1 = \frac{1}{3}(1-\sqrt{2}).$$

习题 5 - 3

1. 用定积分的换元法计算下列积分.

(1) $\displaystyle\int_0^1 (x-1)^2 \mathrm{d}x$；

(2) $\displaystyle\int_{-2}^2 \frac{1}{4+x^2}\mathrm{d}x$；

(3) $\displaystyle\int_{-2}^{-1} \frac{1}{x^2+4x+5}\mathrm{d}x$；

(4) $\displaystyle\int_0^1 \frac{1}{9x^2+6x+1}\mathrm{d}x$；

(5) $\displaystyle\int_{-\frac{\pi}{2}}^{\frac{\pi}{2}} \frac{1}{1+\cos x}\mathrm{d}x$；

(6) $\displaystyle\int_0^{\frac{\pi}{2}} \sqrt{1+\cos 2x}\,\mathrm{d}x$；

(7) $\displaystyle\int_0^{\frac{\pi}{2}} (1-\cos x)\sin^2 x\,\mathrm{d}x$；

(8) $\displaystyle\int_{\frac{1}{\pi}}^{\frac{2}{\pi}} \frac{1}{x^2}\sin\frac{1}{x}\mathrm{d}x$；

(9) $\displaystyle\int_0^{\frac{\pi}{2}} \cos^5 x \sin x\,\mathrm{d}x$；

(10) $\displaystyle\int_0^1 \sqrt{4-x^2}\,\mathrm{d}x$；

(11) $\displaystyle\int_0^2 \frac{\mathrm{d}x}{\sqrt{x+1}+\sqrt{(x+1)^3}}$；

(12) $\displaystyle\int_{\frac{\pi}{6}}^{\frac{\pi}{2}} \cot^2 x\,\mathrm{d}x$；

(13) $\displaystyle\int_0^1 \frac{1}{\sqrt{4-x^2}}\mathrm{d}x$；

(14) $\displaystyle\int_{-1}^0 \frac{x}{\sqrt{4-x^2}}\mathrm{d}x$；

(15) $\displaystyle\int_1^{e^2} \frac{1}{x\sqrt{\ln x+1}}\mathrm{d}x$；

(16) $\displaystyle\int_{-1}^1 (|x|+\sin x)x^2 \mathrm{d}x$.

2. 用分部积分法计算下列定积分.

(1) $\displaystyle\int_0^{e-1} \ln(x+1)\mathrm{d}x$；

(2) $\displaystyle\int_0^{\frac{\sqrt{3}}{2}} \arccos x\,\mathrm{d}x$；

(3) $\displaystyle\int_0^1 x\,\mathrm{e}^{-x}\mathrm{d}x$；

(4) $\displaystyle\int_0^{\frac{\pi}{2}} x\cos x\,\mathrm{d}x$；

(5) $\displaystyle\int_0^{\frac{\pi}{2}} \mathrm{e}^{2x}\cos x\,\mathrm{d}x$；

(6) $\displaystyle\int_0^1 x\,\mathrm{e}^x \mathrm{d}x$；

(7) $\displaystyle\int_0^{\frac{1}{2}} \arcsin x\,\mathrm{d}x$；

(8) $\displaystyle\int_0^{\frac{\pi}{2}} x^2 \sin x\,\mathrm{d}x$.

3. 已知 $f(x)$ 满足方程 $f(x)=3x-\sqrt{1-x^2}\int_0^1 f^2(x)\mathrm{d}x$，求 $f(x)$.

4. 求函数 $I(x)=\int_1^x t(1+2\ln t)\mathrm{d}t$ 在 $[1,e]$ 上的最大值与最小值.

5-4　广义积分

前面研究的定积分，积分区间为有限区间且被积函数在积分区间上是有界的. 但是在一些实际问题中，常常会遇到积分区间无限或被积函数为无界函数的积分. 因此在本节中将对定积分从这两个方面加以推广，从而得到广义上的积分.

5-4-1　无限区间上的广义积分

引例　曲线 $y=\mathrm{e}^{-x}$ 与 x 轴正半轴及 y 轴所围成的图形可以向右无限延伸，但开口图形的面积有限（见图 5-9）.

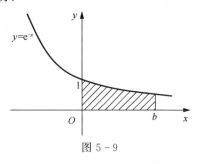

图 5-9

解：在区间 $[0,+\infty)$ 上任取一大于 0 的数 b，求区间 $[0,b]$ 上的曲边梯形的面积，然后令 $b\to+\infty$，无限区间上的积分问题即可得到解决.

因为

$$\int_0^b \mathrm{e}^{-x}\mathrm{d}x=-\int_0^b \mathrm{e}^{-x}\mathrm{d}(-x)=\Big[-\mathrm{e}^{-x}\Big]_a^0=\mathrm{e}^0-\mathrm{e}^{-b}=1-\mathrm{e}^{-b},$$

故所求面积为

$$A=\lim_{b\to+\infty}\int_0^b \mathrm{e}^{-x}\mathrm{d}x=\lim_{b\to+\infty}(1-\mathrm{e}^{-b})=1.$$

定义 5-2　设函数 $f(x)$ 在 $[a,+\infty)$ 上连续，取 $b>a$，如果极限

$$\lim_{b\to+\infty}\int_a^b f(x)\mathrm{d}x$$

存在，则称此极限为函数 $f(x)$ 在无穷区间 $[a,+\infty)$ 上的广义积分，记作 $\int_a^{+\infty} f(x)\mathrm{d}x$，即

$$\int_a^{+\infty} f(x)\mathrm{d}x=\lim_{b\to+\infty}\int_a^b f(x)\mathrm{d}x.$$

此时也称广义积分 $\int_a^{+\infty} f(x)\mathrm{d}x$ 收敛. 如果上述极限不存在，则称广义积分 $\int_a^{+\infty} f(x)\mathrm{d}x$ 发散.

类似地，连续函数 $f(x)$ 在无穷区间 $(-\infty,b]$ 上的广义积分定义为

$$\int_{-\infty}^b f(x)\mathrm{d}x=\lim_{a\to-\infty}\int_a^b f(x)\mathrm{d}x\quad (a<b).$$

此时，如果极限 $\lim_{a\to-\infty}\int_a^b f(x)\mathrm{d}x$ 存在，则称广义积分 $\int_{-\infty}^b f(x)\mathrm{d}x$ 收敛；如果极限 $\lim_{a\to-\infty}\int_a^b f(x)\mathrm{d}x$ 不存在，则称广义积分 $\int_{-\infty}^b f(x)\mathrm{d}x$ 发散.

连续函数 $f(x)$ 在无穷区间 $(-\infty,+\infty)$ 上的广义积分定义为

$$\int_{-\infty}^{+\infty} f(x)\mathrm{d}x=\int_{-\infty}^c f(x)\mathrm{d}x+\int_c^{+\infty} f(x)\mathrm{d}x\,(c\text{ 为任意常数}).$$

此时，如果上式右端的两个广义积分 $\int_{-\infty}^{c} f(x)\mathrm{d}x$ 和 $\int_{c}^{+\infty} f(x)\mathrm{d}x$ 都收敛，则称广义积分 $\int_{-\infty}^{+\infty} f(x)\mathrm{d}x$ 收敛；否则就称广义积分 $\int_{-\infty}^{+\infty} f(x)\mathrm{d}x$ 发散.

上述 3 种积分统称为无穷限的广义积分.

例 5-42 计算广义积分 $\int_{-\infty}^{0} \mathrm{e}^x \mathrm{d}x$.

解： $\int_{-\infty}^{0} \mathrm{e}^x \mathrm{d}x = \lim\limits_{a\to-\infty} \int_{a}^{0} \mathrm{e}^x \mathrm{d}x = \lim\limits_{a\to-\infty} \left[\mathrm{e}^x \right]_{a}^{0} = \lim\limits_{a\to-\infty} (1 - \mathrm{e}^a) = 1.$

为了书写简便，在运算中常常省去极限符号，将 ∞ 当成"数"，使用微积分基本公式的格式，即

$$\int_{a}^{+\infty} f(x)\mathrm{d}x = \left[F(x) \right]_{a}^{+\infty} = F(+\infty) - F(a),$$

$$\int_{-\infty}^{b} f(x)\mathrm{d}x = \left[F(x) \right]_{-\infty}^{b} = F(b) - F(-\infty),$$

$$\int_{-\infty}^{+\infty} f(x)\mathrm{d}x = \left[F(x) \right]_{-\infty}^{+\infty} = F(+\infty) - F(-\infty).$$

其中，$F(x)$ 是 $f(x)$ 的一个原函数，$F(\pm\infty)$ 应理解为 $F(\pm\infty) = \lim\limits_{x\to\pm\infty} F(x)$.

例 5-43 计算广义积分 $\int_{0}^{+\infty} \dfrac{\mathrm{d}x}{1+x^2}$，$\int_{-\infty}^{0} \dfrac{\mathrm{d}x}{1+x^2}$，$\int_{-\infty}^{+\infty} \dfrac{\mathrm{d}x}{1+x^2}$.

解： $\int_{0}^{+\infty} \dfrac{\mathrm{d}x}{1+x^2} = \left[\arctan x \right]_{0}^{+\infty} = \dfrac{\pi}{2} - 0 = \dfrac{\pi}{2},$

$$\int_{-\infty}^{0} \dfrac{\mathrm{d}x}{1+x^2} = \left[\arctan x \right]_{-\infty}^{0} = 0 - \left(-\dfrac{\pi}{2}\right) = \dfrac{\pi}{2},$$

$$\int_{-\infty}^{+\infty} \dfrac{\mathrm{d}x}{1+x^2} = \left[\arctan x \right]_{-\infty}^{+\infty} = \dfrac{\pi}{2} - \left(-\dfrac{\pi}{2}\right) = \pi.$$

例 5-44 计算广义积分 $\int_{\frac{2}{\pi}}^{+\infty} \dfrac{1}{x^2} \sin \dfrac{1}{x} \mathrm{d}x$.

解： $\int_{\frac{2}{\pi}}^{+\infty} \dfrac{1}{x^2} \sin \dfrac{1}{x} \mathrm{d}x = -\int_{\frac{2}{\pi}}^{+\infty} \sin \dfrac{1}{x} \mathrm{d}\left(\dfrac{1}{x}\right) = -\lim\limits_{b\to+\infty} \int_{\frac{2}{\pi}}^{b} \sin \dfrac{1}{x} \mathrm{d}\left(\dfrac{1}{x}\right)$

$$= \lim\limits_{b\to+\infty} \left[\cos \dfrac{1}{x} \right]_{\frac{2}{\pi}}^{b} = \lim\limits_{b\to+\infty} \left[\cos \dfrac{1}{b} - \cos \dfrac{\pi}{2} \right] = 1.$$

例 5-45 求 $\int_{1}^{+\infty} \dfrac{1}{x(1+x^2)} \mathrm{d}x$.

解： $\int_{1}^{+\infty} \dfrac{1}{x(1+x^2)} \mathrm{d}x = \int_{1}^{+\infty} \left(\dfrac{1}{x} - \dfrac{x}{1+x^2} \right) \mathrm{d}x$

$$= \left[\ln|x| - \dfrac{1}{2} \ln(1+x^2) \right]_{1}^{+\infty} = \left[\ln \dfrac{|x|}{\sqrt{1+x^2}} \right]_{1}^{+\infty}$$

$$= 0 - \ln \dfrac{1}{\sqrt{2}} = \dfrac{1}{2} \ln 2.$$

这里 $\lim\limits_{x\to+\infty}\ln\dfrac{x}{\sqrt{1+x^2}}=\ln\lim\limits_{x\to+\infty}\dfrac{x}{\sqrt{1+x^2}}=\ln1=0.$

例 5－46　讨论广义积分 $\displaystyle\int_1^{+\infty}\dfrac{\mathrm{d}x}{x^p}$ 的敛散性.

解：当 $p=1$ 时，

$$\int_1^{+\infty}\frac{\mathrm{d}x}{x}=\Big[\ln x\Big]_1^{+\infty}=+\infty,$$

当 $p\neq1$ 时，

$$\int_1^{+\infty}\frac{\mathrm{d}x}{x^p}=\left[\frac{1}{-p+1}x^{-p+1}\right]_1^{+\infty}=\begin{cases}\dfrac{1}{p-1}&p>1\\+\infty&p<1\end{cases}.$$

因此，广义积分 $\displaystyle\int_1^{+\infty}\dfrac{\mathrm{d}x}{x^p}$ 当 $p>1$ 时收敛，当 $p\leqslant1$ 时发散.

例 5－47　讨论 $\displaystyle\int_a^{+\infty}\dfrac{\mathrm{d}x}{x\,(\ln x)^p}$ 的敛散性($a>1$).

解：(1) 当 $p>1$ 时，

$$\int_a^{+\infty}\frac{\mathrm{d}x}{x\,(\ln x)^p}=\int_a^{+\infty}\frac{\mathrm{d}(\ln x)}{(\ln x)^p}=\left[\frac{1}{(1-p)(\ln x)^{p-1}}\right]_a^{+\infty}$$
$$=\frac{1}{1-p}\left[0-\frac{1}{(\ln a)^{p-1}}\right]=\frac{1}{(p-1)(\ln a)^{p-1}},$$

所以广义积分收敛.

(2) 当 $p=1$ 时，

$$\int_a^{+\infty}\frac{\mathrm{d}x}{x\ln x}=\int_a^{+\infty}\frac{\mathrm{d}(\ln x)}{\ln x}=\Big[\ln|\ln(x)|\Big]_a^{+\infty}=+\infty,$$

所以广义积分发散.

(3) 当 $p<1$ 时，

$$\int_a^{+\infty}\frac{\mathrm{d}x}{x\,(\ln x)^p}=\int_a^{+\infty}\frac{\mathrm{d}(\ln x)}{(\ln x)^p}=\left[\frac{(\ln x)^{1-p}}{1-p}\right]_a^{+\infty}=+\infty,$$

所以广义积分发散.

综上，有 $\displaystyle\int_a^{+\infty}\dfrac{\mathrm{d}x}{x\,(\ln x)^p}=\begin{cases}+\infty&p\leqslant1\\\dfrac{1}{(p-1)(\ln a)^{p-1}}&p>1\end{cases}(a>1).$

5－4－2　无界函数的广义积分

现在把定积分推广到被积函数为无界函数的情形.

定义 5－3　设函数 $f(x)$ 在 $(a,b]$ 上连续，当 $x\to a^+$ 时，$f(x)\to\infty$. 取 $\varepsilon>0$，如果极限 $\lim\limits_{\varepsilon\to0^+}\displaystyle\int_{a+\varepsilon}^b f(x)\mathrm{d}x$ 存在，则称此极限为无界函数 $f(x)$ 在 $(a,b]$ 上的广义积分，记作

$$\int_a^b f(x)\mathrm{d}x = \lim_{\varepsilon \to 0^+}\int_{a+\varepsilon}^b f(x)\mathrm{d}x.$$

此时也称广义积分 $\int_a^b f(x)\mathrm{d}x$ 收敛. 如果上述极限不存在, 则称广义积分 $\int_a^b f(x)\mathrm{d}x$ 发散.

类似地, 函数 $f(x)$ 在 $[a, b)$ 上连续, 而 $\lim\limits_{x \to b^-}f(x)=\infty$, 广义积分定义为

$$\int_a^b f(x)\mathrm{d}x = \lim_{\varepsilon \to 0^+}\int_a^{b-\varepsilon} f(x)\mathrm{d}x.$$

此时, 如果极限 $\lim\limits_{\varepsilon \to 0^+}\int_a^{b-\varepsilon} f(x)\mathrm{d}x$ 存在, 则称广义积分 $\int_a^b f(x)\mathrm{d}x$ 收敛; 如果极限 $\lim\limits_{\varepsilon \to 0^+}\int_a^{b-\varepsilon} f(x)\mathrm{d}x$ 不存在, 则称广义积分 $\int_a^b f(x)\mathrm{d}x$ 发散.

函数 $f(x)$ 在 $[a,b]$ 上除点 $c(a<c<b)$ 外连续, 而 $\lim\limits_{x \to c}f(x)=\infty$, 广义积分定义为

$$\int_a^b f(x)\mathrm{d}x = \int_a^c f(x)\mathrm{d}x + \int_c^b f(x)\mathrm{d}x.$$

此时, 如果上式右端的两个广义积分 $\int_a^c f(x)\mathrm{d}x$ 和 $\int_c^b f(x)\mathrm{d}x$ 都收敛, 则称广义积分 $\int_a^b f(x)\mathrm{d}x$ 收敛, 否则, 就称广义积分 $\int_a^b f(x)\mathrm{d}x$ 发散.

上述 3 种积分统称为无界函数的广义积分, 也称瑕积分.

例 5-48 求广义积分 $\int_0^a \dfrac{\mathrm{d}x}{\sqrt{a^2-x^2}}$ $(a>0)$.

解： 因为 $x=a$ 是被积函数的无穷间断点, 所以

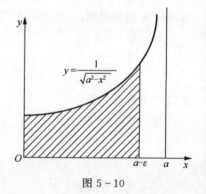

$$\int_0^a \dfrac{\mathrm{d}x}{\sqrt{a^2-x^2}} = \lim_{\varepsilon \to 0^+}\int_0^{a-\varepsilon} \dfrac{\mathrm{d}x}{\sqrt{a^2-x^2}} = \lim_{\varepsilon \to 0^+}\left[\arcsin\dfrac{x}{a}\right]_0^{a-\varepsilon}$$

$$= \lim_{\varepsilon \to 0^+}\arcsin\dfrac{a-\varepsilon}{a} = \dfrac{\pi}{2}.$$

几何解释：由曲线 $y=\dfrac{1}{\sqrt{a^2-x^2}}$（见图 5-10）, x 轴、y 轴与 $x=a$ 所围成的开口图形的面积为 $\dfrac{\pi}{2}$.

图 5-10

例 5-49 计算广义积分 $\int_0^1 \ln x\, \mathrm{d}x$.

解： 该积分是瑕积分, $x=0$ 是瑕点.

$$\int_0^1 \ln x\,\mathrm{d}x = \lim_{\varepsilon \to 0^+}\int_\varepsilon^1 \ln x\,\mathrm{d}x = \lim_{\varepsilon \to 0^+}\left(\left[x\ln x\right]_\varepsilon^1 - \int_\varepsilon^1 \mathrm{d}x\right) = \lim_{\varepsilon \to 0^+}\left[x\ln x - x\right]_\varepsilon^1 = -1.$$

例 5-50 证明广义积分 $\int_0^1 \dfrac{1}{x^p}\mathrm{d}x$ 当 $p<1$ 时收敛, 当 $p \geqslant 1$ 时发散.

证明： 当 $p=1$ 时, $\int_0^1 \dfrac{1}{x^p}\mathrm{d}x = \int_0^1 \dfrac{1}{x}\mathrm{d}x = \lim\limits_{\varepsilon \to 0^+}\int_{0+\varepsilon}^1 \dfrac{1}{x}\mathrm{d}x = \lim\limits_{\varepsilon \to 0^+}\left[\ln x\right]_\varepsilon^1 = +\infty$

当 $p \neq 1$ 时，$\int_0^1 \dfrac{1}{x^p}\mathrm{d}x = \left[\dfrac{1}{-p+1}x^{-p+1}\right]_0^1 = \begin{cases} \dfrac{1}{1-p} & p < 1 \\ +\infty, & p > 1 \end{cases}$，

从而广义积分 $\int_0^1 \dfrac{1}{x^p}\mathrm{d}x$ 当 $p<1$ 时收敛，当 $p \geqslant 1$ 时发散，即

$$\int_0^1 \frac{1}{x^p}\mathrm{d}x = \begin{cases} \dfrac{1}{1-p} & p < 1 \\ +\infty & p \geqslant 1 \end{cases}.$$

有的广义积分通过代换可以变为常义积分，有的常义积分通过代换也可以变为广义积分.

例 5 - 51　求 $\int_0^1 \dfrac{x^4}{\sqrt{1-x^2}}\mathrm{d}x$.

解：该积分是瑕积分，$x=1$ 是瑕点.

令 $x=\sin u$，$\mathrm{d}x = \cos u\,\mathrm{d}u$. 当 $x=0$ 时，$u=0$；当 $x=1$ 时，$u=\dfrac{\pi}{2}$. 于是

$$\int_0^1 \frac{x^4}{\sqrt{1-x^2}}\mathrm{d}x = \int_0^{\frac{\pi}{2}} \frac{\sin^4 u}{\cos u}\cdot\cos u\,\mathrm{d}u = \int_0^{\frac{\pi}{2}} \sin^4 u\,\mathrm{d}u = \frac{3}{4}\times\frac{1}{2}\times\frac{\pi}{2} = \frac{3\pi}{16}.$$

例 5 - 52　讨论广义积分 $\int_0^2 \dfrac{1}{x^2-4x+3}\mathrm{d}x$ 的敛散性.

解：由于 $\int_0^2 \dfrac{1}{x^2-4x+3}\mathrm{d}x = \int_0^2 \dfrac{1}{(x-3)(x-1)}\mathrm{d}x$，

该积分是瑕积分，$x=1$ 是瑕点，因此先考虑 $\int_0^1 \dfrac{1}{x^2-4x+3}\mathrm{d}x$，

$$\int_0^1 \frac{1}{x^2-4x+3}\mathrm{d}x = \int_0^1 \frac{1}{(x-3)(x-1)}\mathrm{d}x = \frac{1}{2}\int_0^1\left(\frac{1}{x-3}-\frac{1}{x-1}\right)\mathrm{d}x$$

$$= \frac{1}{2}\left[\ln\left|\frac{x-3}{x-1}\right|\right]_0^1 = \frac{1}{2}\left(\lim_{x\to 1}\ln\left|\frac{x-3}{x-1}\right| - \ln 3\right).$$

因为 $\lim\limits_{x\to 1}\ln\left|\dfrac{x-3}{x-1}\right|$ 不存在，所以 $\int_0^1 \dfrac{1}{x^2-4x+3}\mathrm{d}x$ 发散，因此 $\int_0^2 \dfrac{1}{x^2-4x+3}\mathrm{d}x$ 也发散.

习题 5 - 4

1. 讨论下列广义积分的敛散性，若收敛，求出其值.

(1) $\int_2^{+\infty} \dfrac{1}{x}\mathrm{d}x$；

(2) $\int_0^{+\infty} x\,\mathrm{e}^{-x^2}\mathrm{d}x$；

(3) $\int_e^{+\infty} \dfrac{1}{x\ln^2 x}\mathrm{d}x$；

(4) $\int_5^{+\infty} \dfrac{1}{x(x+5)}\mathrm{d}x$；

(5) $\int_{\frac{2}{\pi}}^{+\infty} \dfrac{1}{x^2}\sin\dfrac{1}{x}\mathrm{d}x$；

(6) $\int_0^{+\infty} \dfrac{\arctan x}{1+x^2}\mathrm{d}x$；

(7) $\int_0^{+\infty} \dfrac{x}{1+x^2} \mathrm{d}x$;   (8) $\int_e^{+\infty} \dfrac{1}{x\ln x} \mathrm{d}x$;

(9) $\int_{-\infty}^{+\infty} \dfrac{1}{x^2+2x+2} \mathrm{d}x$;   (10) $\int_0^{+\infty} \sin x \, \mathrm{d}x$;

(11) $\int_{-\infty}^{+\infty} \dfrac{1}{x^2+x+1} \mathrm{d}x$;   (12) $\int_{-\infty}^{+\infty} \dfrac{1}{a^2+x^2} \mathrm{d}x$.

2. 讨论下列广义积分的敛散性，若收敛，求出其值.

(1) $\int_1^2 \dfrac{1}{x\ln x} \mathrm{d}x$;   (2) $\int_0^2 \dfrac{1}{(1-x)^3} \mathrm{d}x$;

(3) $\int_0^{\frac{\pi}{2}} \dfrac{1}{\sin x} \mathrm{d}x$;   (4) $\int_0^{+\infty} \dfrac{\arctan x}{x^2} \mathrm{d}x$.

5 - 5 定积分的应用

定积分是求总量的数学模型，在几何学、物理学、经济学等方面都有着广泛的应用.

在定积分概念的引入中，介绍了曲边梯形面积和变速直线运动的路程的计算，都采用了四步法：分割、近似代替、求和、取极限. 简单起见，我们常常将其简化为关键的两步.

以求连续曲线 $y=f(x)(f(x)\geqslant 0)$ 为曲边、区间 $[a,b]$ 为底的曲边梯形的面积为例来进行分析. 当把 $[a,b]$ 任意分成若干个子区间后，在 $[a,b]$ 上的量 A 等于各子区间上对应的部分量 ΔA_i 之和.

第一步：在区间 $[a,b]$ 内任取一个子区间 $[x,x+\mathrm{d}x]$，对应的小曲边梯形的面积可近似为以 $\mathrm{d}x$ 为宽、$f(x)$ 为高(取 $[x,x+\mathrm{d}x]$ 的左端点 x 为 ξ)的小矩形面积，即 $\Delta A \approx f(x) \mathrm{d}x$. 简单起见，这里省略了下标 i. $f(x)\mathrm{d}x$ 称为**面积微元**，记作 $\mathrm{d}A = f(x)\mathrm{d}x$.

第二步：将这些面积微元在 $[a,b]$ 上无限累加，就可得到曲边梯形的面积

$$A = \sum \Delta A \approx \sum f(x)\mathrm{d}x,$$

即

$$A = \lim \sum f(x)\mathrm{d}x = \int_a^b f(x)\mathrm{d}x.$$

一般地，如果某一实际问题中的所求量 U 符合下列条件：

(1)U 取决于变量 x 的变化区间 $[a,b]$ 和定义在该区间上的连续函数 $f(x)$ ；

(2)U 对于区间 $[a,b]$ 具有可加性，也就是说，如果把 $[a,b]$ 分成多个部分区间，则 U 相应地分成许多部分量，而 U 等于所有部分量之和；

(3)在区间 $[a,b]$ 的任一子区间 $[x,x+\mathrm{d}x]$ 上对应的部分量 ΔU 能近似地表示为 $f(x)$ 与 $\mathrm{d}x$ 的乘积，即 $\Delta U \approx f(x)\mathrm{d}x$，就可以考虑用定积分来表达这个量 U. 通常把 ΔU 的近似值 $f(x)\mathrm{d}x$ 称为 U 的元素(或微元)，且记作 $\mathrm{d}U$，这里 $\mathrm{d}U$ 与 ΔU 之差是比 Δx 高阶的无穷小，即

$$\mathrm{d}U = f(x)\mathrm{d}x.$$

那么，所求量 $$U = \int_a^b \mathrm{d}U = \int_a^b f(x)\mathrm{d}x.$$

这里的 $dU=f(x)dx$ 称为所求量 U 的微元. 上述分析、解决问题的方法通常称作**微元法**或**元素法**.

下面利用元素法解决一些几何学和物理学中的问题.

5-5-1　平面图形的面积

1. 直角坐标系下的方程

(1)求由连续曲线 $y=f(x)$、$x=a$、$x=b$ 及 x 轴所围图形的面积.

根据定积分的几何意义可知，当 $f(x)\geqslant 0$ 时，所围图形的面积为 $A=\displaystyle\int_a^b f(x)dx$；

当 $f(x)<0$ 时，如图 5-11 所示，所围图形的面积为 $A=-\displaystyle\int_a^b f(x)dx$；

当 $f(x)$ 在 $[a,b]$ 既有正值又有负值时，如图 5-12 所示，所围图形的面积为各部分面积的和，即

$$A=A_1+A_2+A_3=\int_a^c f(x)dx-\int_c^0 f(x)dx+\int_0^b f(x)dx.$$

综上得到由连续曲线 $y=f(x)$、$x=a$、$x=b$ 及 x 轴所围图形的面积为

$$A=\int_a^b |f(x)|dx.$$

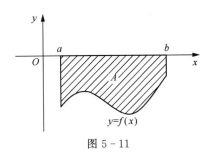

图 5-11

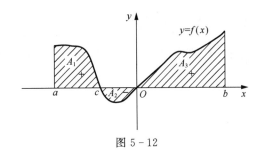

图 5-12

类似地，有以下结论.

(2)(上下型)由上、下两条连续曲线 $y=f_1(x)$、$y=f_2(x)(f_2(x)\geqslant f_1(x))$ 及 $x=a$、$x=b$ 所围成的图形(见图 5-13)的面积微元 $dA=[f_2(x)-f_1(x)]dx$，面积为

$$A=\int_a^b [f_2(x)-f_1(x)]dx.$$

(3)连续曲线 $x=\varphi(y)$、$y=c$、$y=d$ 及 y 轴所围图形的面积微元 $dA=\varphi(y)dy$，面积为

$$A=\int_c^d |\varphi(y)|dy.$$

(4)(左右型)由左、右两条连续曲线 $x=\varphi_1(y)$、$x=\varphi_2(y)(\varphi_2(y)\geqslant\varphi_1(y))$ 及 $y=c$、$y=d$ 所围图形(见图 5-14)的面积微元 $dA=[\varphi_2(y)-\varphi_1(y)]dy$，面积为

$$A=\int_c^d [\varphi_2(y)-\varphi_1(y)]dy.$$

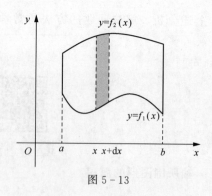

图 5-13

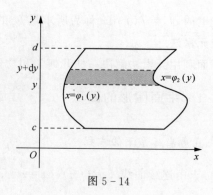

图 5-14

计算平面图形的面积的一般步骤如下:

(1)画出所围区域的草图,根据被积函数的特点确定积分变量;

(2)求出曲线与坐标轴或曲线间的交点,找出积分的上下限;

(3)根据所给公式,求出所围图形的面积.

例 5-53 求由曲线 $y=x^2$ 及 $y=2-x^2$ 所围成的平面图形的面积.

解: 这两条曲线所围图形如图 5-15 所示,两曲线的交点为 $(-1,1)$ 及 $(1,1)$.

所求面积为

$$A=\int_{-1}^{1}(2-2x^2)\mathrm{d}x=4\int_{0}^{1}(1-x^2)\mathrm{d}x=4\left[x-\frac{1}{3}x^3\right]_{0}^{1}=\frac{8}{3}.$$

例 5-54 求由曲线 $y=\sin x$、$y=\cos x$ 与直线 $x=0$、$x=\frac{\pi}{2}$ 所围成的平面图形的面积.

解: 所围图形如图 5-16 所示. 此图形为上下型结构,可将 x 作为积分变量. 又因为

此图形由两部分组成,于是解方程组 $\begin{cases} y=\cos x \\ y=\sin x \end{cases}$,得到交点为 $\left(\frac{\pi}{4},\frac{\sqrt{2}}{2}\right)$. 所以,所求面积为

$$A=A_1+A_2=\int_{0}^{\frac{\pi}{4}}(\cos x-\sin x)\mathrm{d}x+\int_{\frac{\pi}{4}}^{\frac{\pi}{2}}(\sin x-\cos x)\mathrm{d}x$$

$$=\left[\sin x+\cos x\right]_{0}^{\frac{\pi}{4}}+\left[-\cos x-\sin x\right]_{\frac{\pi}{4}}^{\frac{\pi}{2}}=2\sqrt{2}-2.$$

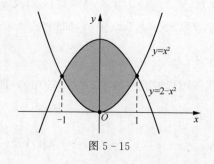

图 5-15

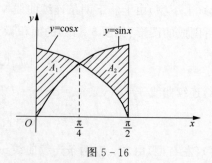

图 5-16

例 5-55 求由抛物线 $y=x^2$ 及 $y^2=8x$ 所围成的图形的面积.

解: 曲线所围图形如图 5-17 所示. 求出两抛物线的交点为 $(0,0)$ 和 $(2,4)$.

解 1：将此图形看作上下型结构，选取 x 为积分变量，于是所求面积为

$$A = \int_0^2 (2\sqrt{2x} - x^2)\mathrm{d}x = \left[\frac{4\sqrt{2}}{3} x^{\frac{3}{2}} - \frac{1}{3} x^3 \right]_0^2 = \frac{8}{3}.$$

解 2：将此图形看作左右型结构，选取 y 为积分变量，则有

$$A = \int_0^4 \left(\sqrt{y} - \frac{y^2}{8} \right) \mathrm{d}y = \left[\frac{2}{3} y^{\frac{3}{2}} - \frac{y^3}{24} \right]_0^4 = \frac{8}{3}.$$

例 5 - 56　求由曲线 $x = 2y^2$ 和 $x = 1 + y^2$ 所围成的图形的面积.

解：曲线所围图形如图 5 - 18 所示. 此图形为左右型结构，选取 y 为积分变量.
由方程组

$$\begin{cases} x = 2y^2 \\ x = 1 + y^2 \end{cases}$$

得曲线交点为 $(2, -1)$ 和 $(2, 1)$.

所以，所求面积为

$$A = \int_{-1}^1 \left[(1 + y^2) - 2y^2 \right] \mathrm{d}y = \int_{-1}^1 (1 - y^2)\mathrm{d}y$$

$$= 2 \int_0^1 (1 - y^2)\mathrm{d}y = 2 \left[y - \frac{1}{3} y^3 \right]_0^1 = \frac{4}{3}.$$

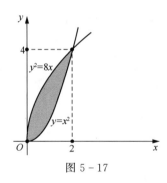

图 5 - 17

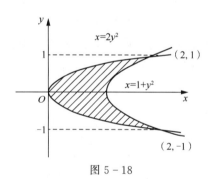

图 5 - 18

例 5 - 57　求由抛物线 $y^2 = 2x$ 及直线 $y = x - 4$ 所围成的图形的
面积.

解：所围图形如图 5 - 19 所示. 求出抛物线与直线的交点 $A(8, 4)$，
$B(2, -2)$.

例 5 - 57

解 1：将此图形看作左右型结构，选取 y 为积分变量，则所求面积为

$$A = \int_{-2}^4 \left(y + 4 - \frac{y^2}{2} \right) \mathrm{d}y = \left[\frac{y^2}{2} + 4y - \frac{y^3}{6} \right]_{-2}^4 = 18.$$

解 2：将此图形看作上下型结构，选取 x 为积分变量，分成两块 A_1 和 A_2，所求面
积为

$$A = A_1 + A_2 = \int_0^2 \left[\sqrt{2x} - (-\sqrt{2x}) \right] \mathrm{d}x + \int_2^8 \left[\sqrt{2x} - (x - 4) \right] \mathrm{d}x = 18.$$

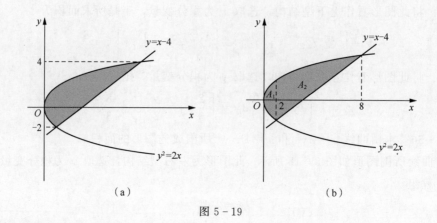

图 5 - 19

2. 极坐标情形

对于某些平面图形，用极坐标计算它们的面积比较方便.

设 $M(x,y)$ 为平面内一点. 点 M 也可用有序数组 ρ、θ 来表示，其中 ρ 表示从原点 O 到点 M 的距离，称为极径. θ 表示从 x 轴逆时针旋转到线段 OM 的转角，称为极角（见图 5 - 20），极角的范围为 $0 \leqslant \theta < 2\pi$. 有序数组 (ρ,θ) 就叫作点 M 的极坐标，这样建立的坐标系叫作极坐标系. 坐标原点 O 称为极点，Ox 轴称为极轴.

极坐标

由极坐标定义易知，点 M 的直角坐标与极坐标的转化关系为

$$\begin{cases} x = \rho\cos\theta \\ y = \rho\sin\theta \end{cases} \quad \text{或} \quad \begin{cases} \rho = \sqrt{x^2 + y^2} \\ \theta = \arctan\dfrac{y}{x} \end{cases}.$$

在许多情况下，与圆有关的曲线方程用极坐标表示更方便. 如圆 $x^2 + y^2 = R^2$ 的极坐标方程为 $\rho = R$；圆 $x^2 + y^2 = 2ax$ 的极坐标方程为 $\rho = 2a\cos\theta$.

设由平面曲线 $\rho = \rho(\theta)$ ($\rho(\theta) \geqslant 0$) 及两条射线 $\theta = \alpha$、$\theta = \beta$ ($\beta > \alpha$) 围成的平面图形，将其简称为曲边扇形，如图 5 - 21 所示. 求这一曲边扇形的面积.

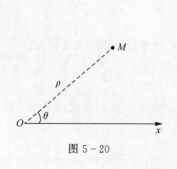

图 5 - 20

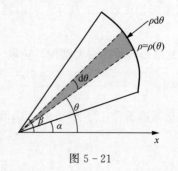

图 5 - 21

取 θ 为积分变量，其变化区间为 $[\alpha,\beta]$. 在 $[\alpha,\beta]$ 上任取一小区间 $[\theta,\theta+\mathrm{d}\theta]$，小窄曲边扇形的面积近似于以 $\mathrm{d}\theta$ 为中心角、$\rho=\rho(\theta)$ 为半径的小扇形面积（如图 5 - 21 所示的阴影部分），从而得到面积微元

$$\mathrm{d}A=\frac{1}{2}\rho^2(\theta)\mathrm{d}\theta.$$

于是所求面积为 $A=\dfrac{1}{2}\displaystyle\int_{\alpha}^{\beta}\left[\rho(\theta)\right]^2\mathrm{d}\theta$.

例 5 - 58　计算双纽线 $\rho^2=a^2\cos2\theta(a>0)$ 所围成的图形的面积（见图 5 - 22）.

解：由图形的对称性可以看出，所围图形的面积为第一象限图形面积的 4 倍.

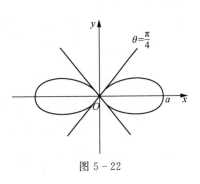

图 5 - 22

在第一象限内 θ 的变化范围为 $\left[0,\dfrac{\pi}{4}\right]$，代入极坐标面积公式，得所求图形的面积为

$$A=4\times\frac{1}{2}\int_{0}^{\frac{\pi}{4}}a^2\cos2\theta\,\mathrm{d}\theta=\left[a^2\sin2\theta\right]_{0}^{\frac{\pi}{4}}=a^2.$$

例 5 - 59　求心形线 $\rho=a(1+\cos\theta)$ 所围平面图形的面积 $(a>0)$.

解：心形线所围成的图形如图 5 - 23 所示. 这个图形关于极轴对称，因此这个图形的面积 A 是极轴以上部分图形面积的 2 倍.

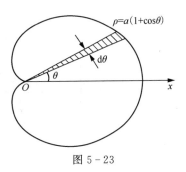

图 5 - 23

在极轴上方 θ 的变化范围为 $[0,\pi]$，代入极坐标面积公式，得所求图形的面积为

$$\begin{aligned}
A&=2\int_{0}^{\pi}\mathrm{d}A=a^2\int_{0}^{\pi}(1+\cos\theta)^2\mathrm{d}\theta\\
&=a^2\int_{0}^{\pi}(1+2\cos\theta+\cos^2\theta)\mathrm{d}\theta\\
&=a^2\left[\frac{3\theta}{2}+2\sin\theta+\frac{1}{4}\sin2\theta\right]_{0}^{\pi}\\
&=\frac{3}{2}\pi a^2.
\end{aligned}$$

5 - 5 - 2　立体的体积

1. 旋转体体积

旋转体是由一个平面图形绕其内一条直线旋转一周而形成的立体. 这条直线称为旋转轴. 圆柱、圆台、球可以分别看作由矩形、直角梯形、半圆绕着某条边旋转而成的旋转体.

（1）绕 x 轴旋转而形成的旋转体的体积

设有连续曲线 $y=f(x)(f(x)\geqslant0)$，求它与直线 $x=a$、$x=b(a<b)$ 所围成图形绕 x 轴旋转一周而形成的旋转体体积，如图 5－24 所示．

对旋转体的体积进行切片处理．以 x 为积分变量，它的变化区间为 $[a,b]$，考虑 $[a,b]$ 上任一小区间 $[x,x+\mathrm{d}x]$ 的窄曲边梯形绕 x 轴旋转一周而形成的薄片的体积，可以将其近似看作一个小圆柱体，$f(x)$ 为小圆柱体底面半径，$\mathrm{d}x$ 为小圆柱体的高，体积元素 $\mathrm{d}V=\pi[f(x)]^2\mathrm{d}x$，故所求旋转体的体积为

$$V=\int_a^b \pi\left[f(x)\right]^2\mathrm{d}x.$$

（2）绕 y 轴旋转而形成的旋转体的体积

类似地，如图 5－25 所示，由曲线 $x=\varphi(y)$、直线 $y=c$、$y=d(c<d)$ 及 y 轴所围成的曲边梯形绕 y 轴旋转，所得旋转体体积为

$$V=\int_c^d \pi\left[\varphi(y)\right]^2\mathrm{d}y.$$

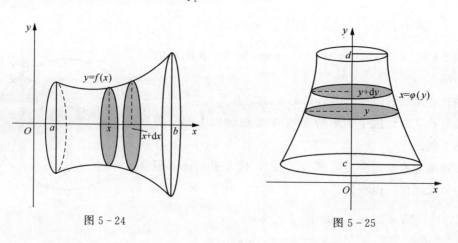

图 5－24   图 5－25

例 5－60 计算由抛物线 $y=\sqrt{2x}$、x 轴，及直线 $x=4$ 所围成的曲边梯形绕 x 轴旋转而形成的旋转体的体积．

解：所围立体如图 5－26 所示．x 处垂直于 x 轴的截面圆的半径为 $\sqrt{2x}$，体积元素 $\mathrm{d}V=\pi(\sqrt{2x})^2\mathrm{d}x$，所以所求旋转体的体积为

$$V=\int_0^4 \pi(\sqrt{2x})^2\mathrm{d}x=\int_0^4 2\pi x\,\mathrm{d}x=16\pi.$$

例 5－61 计算由椭圆 $\dfrac{x^2}{3}+y^2=1$ 绕 y 轴旋转而形成的旋转体（旋转椭球体）的体积．

解：所围立体如图 5－27 所示．体积元素 $\mathrm{d}V=\pi(3-3y^2)\mathrm{d}y$，所以所求旋转体的体积为

$$V=\int_{-1}^1 \pi(3-3y^2)\mathrm{d}y=6\pi\int_0^1(1-y^2)\mathrm{d}y=4\pi.$$

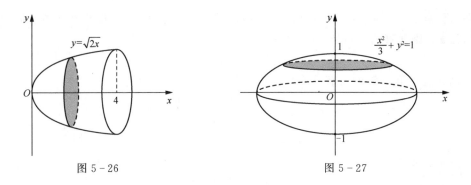

图 5 - 26　　　　　　　　　　　　　　图 5 - 27

2. 平行截面面积为已知的立体体积

如图 5 - 28 所示，有一立体在过点 $x=a$，$x=b$ 且垂直于 x 轴的两个平面之间. 用过点 x 且垂直于 x 轴的平面截此立体，设所得截面的面积为 $A(x)$，且 $A(x)$ 是关于 x 的已知连续函数，那么该立体的体积可以用元素法来计算.

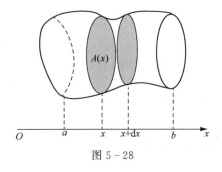

图 5 - 28

取 x 为积分变量，$x\in[a,b]$. 在区间 $[a,b]$ 上任取一小区间 $[x,x+\mathrm{d}x]$，该区间上的小立体的体积近似于底面积为 $A(x)$、高为 $\mathrm{d}x$ 的扁柱体的体积，则体积元素 $\mathrm{d}V=A(x)\mathrm{d}x$. 在区间 $[a,b]$ 上求定积分，便可得到所求立体的体积

$$V=\int_a^b A(x)\mathrm{d}x.$$

例 5 - 62　设某一立体，其底面为 xOy 面上的圆 $x^2+y^2=9$，而垂直于 x 轴的所有截面都是正方形（见图 5 - 29），求此立体的体积.

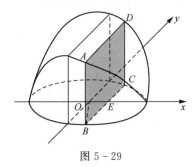

图 5 - 29

解：任意取一垂直于 x 轴的截面 $ABCD$，设其面积为 $A(x)$，设此平面与底面中心 O 的距离为 x，则在直角三角形 $\triangle OEB$ 中有

$$EB^2 = OB^2 - OE^2 = 9 - x^2.$$

又因为垂直于 x 轴的所有截面都是正方形，所以

$$AB = 2EB \Rightarrow AB^2 = 4EB^2.$$

从而
$$AB^2 = 36 - 4x^2,$$
$$A(x) = AB^2 = 36 - 4x^2.$$

所以，所求体积为

$$V = \int_{-3}^{3} (36 - 4x^2)\mathrm{d}x = 2\int_{0}^{3} (36 - 4x^2)\mathrm{d}x = 144.$$

5 - 5 - 3　曲线的弧长

1. 平面曲线弧长的概念

设 A、B 为曲线弧的两个端点（见图 5-30）. 在弧 $\overset{\frown}{AB}$ 上依次任取分点 $A = M_0, M_1, M_2, \cdots, M_{n-1}, M_n = B$. 依次连接相邻的分点，得到内接折线. 当分点的数目无限增加且每一小段 $M_{i-1}M_i$ 都缩向一点时，如果内折线长度 $\sum_{i=1}^{n} |M_{i-1}M_i|$ 的极限存在，则称此极限为曲线弧 $\overset{\frown}{AB}$ 的长度. 此时称此曲线弧 $\overset{\frown}{AB}$ 是可求长的. 当 $f'(x)$ 连续时，称曲线 $y = f(x)$ 为光滑曲线. **光滑曲线**是可求长的.

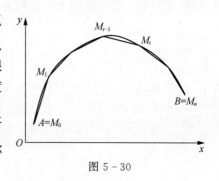

图 5 - 30

2. 平面曲线弧长的计算公式

设平面曲线弧 $\overset{\frown}{AB}$ 的直角坐标方程为 $y = f(x)$ $(a \leqslant x \leqslant b)$，其中 $f(x)$ 在 $[a, b]$ 上具有一阶连续导数，计算这条曲线弧 $\overset{\frown}{AB}$ 的长度（简称为弧长）.

这里仍用元素法分析，取 x 为积分变量，它的变化区间为 $[a, b]$. 在 $[a, b]$ 上任取一小区间 $[x, x + \mathrm{d}x]$，设与此小区间相对应的曲线弧 $\overset{\frown}{PQ}$ 的长度为 Δs，则 Δs 可以用曲线在点 $(x, f(x))$ 处的切线上相应的一小段线段长 $|PT|$ 来近似代替（见图 5-31）. 又由于

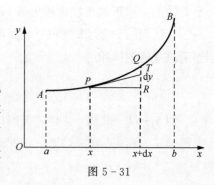

图 5 - 31

$$|PT| = \sqrt{|PR|^2 + |RT|^2} = \sqrt{(\mathrm{d}x)^2 + (\mathrm{d}y)^2}$$
$$= \sqrt{1 + y'^2}\,\mathrm{d}x,$$

即得弧长元素（也称为弧微分公式）$\mathrm{d}s = \sqrt{1 + y'^2}\,\mathrm{d}x$. 因此所求弧长为

$$s = \int_{a}^{b} \sqrt{1 + y'^2}\,\mathrm{d}x = \int_{a}^{b} \sqrt{1 + [f'(x)]^2}\,\mathrm{d}x.$$

几种特殊情形如下.

(1)若平面曲线弧由参数方程 $\begin{cases} x=\varphi(t) \\ y=\psi(t) \end{cases}(\alpha\leqslant t\leqslant\beta)$ 给出，其中 $\varphi(t)$，$\psi(t)$ 在 $[\alpha,\beta]$ 上具有连续的导数，这时弧长元素为

$$ds=\sqrt{(dx)^2+(dy)^2}=\sqrt{\varphi'^2(t)+\psi'^2(t)}\,dt,$$

于是所求弧长为

$$s=\int_\alpha^\beta\sqrt{\varphi'^2(t)+\psi'^2(t)}\,dt.$$

(2)若平面曲线弧由极坐标方程 $\rho=\rho(\theta)(\alpha\leqslant\theta\leqslant\beta)$ 给出，其中 $\rho(\theta)$ 在 $[\alpha,\beta]$ 上具有连续的导数，由于

$$\begin{cases} x=\rho(\theta)\cos\theta \\ y=\rho(\theta)\sin\theta \end{cases}(\alpha\leqslant\theta\leqslant\beta),$$

因此弧长元素为

$$ds=\sqrt{(dx)^2+(dy)^2}=\sqrt{\rho^2(\theta)+\rho'^2(\theta)}\,d\theta,$$

于是所求弧长为

$$s=\int_\alpha^\beta\sqrt{\rho^2(\theta)+\rho'^2(\theta)}\,d\theta.$$

例 5 - 63　求曲线 $y=\dfrac{1}{2}(e^x+e^{-x})$ 上从 $x=0$ 到 $x=1$ 之间的一段弧长.

解：取 x 为积分变量，$y'=\dfrac{1}{2}(e^x-e^{-x})$，所求弧长为

$$s=\int_0^1\sqrt{1+y'^2}\,dx=\int_0^1\sqrt{1+\frac{1}{4}(e^x-e^{-x})^2}\,dx=\frac{1}{2}\int_0^1(e^x+e^{-x})\,dx=\frac{1}{2}(e-e^{-1}).$$

例 5 - 64　求摆线 $\begin{cases} x=t-\sin t \\ y=1-\cos t \end{cases}(0\leqslant t\leqslant 2\pi)$ 一拱的弧长(见图 5 - 32).

解：曲线由参数方程给出，取 t 为积分变量，弧长元素为

$$ds=\sqrt{(dx)^2+(dy)^2}=\sqrt{(1-\cos t)^2+\sin^2 t}\,dt$$
$$=\sqrt{2(1-\cos t)}\,dt=2\sin\frac{t}{2}\,dt,$$

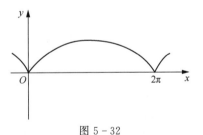

图 5 - 32

从而，所求弧长为 $s=\int_0^{2\pi}2\sin\dfrac{t}{2}\,dt=2\left[-2\cos\dfrac{t}{2}\right]_0^{2\pi}=8.$

例 5 - 65　求极坐标系下曲线 $\rho=a\left(\sin\dfrac{\theta}{3}\right)^3(a>0,0\leqslant\theta\leqslant 3\pi)$ 的长度 s.

解：因为 $\rho'=3a\left(\sin\dfrac{\theta}{3}\right)^2\cdot\cos\dfrac{\theta}{3}\cdot\dfrac{1}{3}=a\left(\sin\dfrac{\theta}{3}\right)^2\cdot\cos\dfrac{\theta}{3}$，所以

$$s=\int_0^{3\pi}\sqrt{a^2\left(\sin\frac{\theta}{3}\right)^6+a^2\left(\sin\frac{\theta}{3}\right)^4\left(\cos\frac{\theta}{3}\right)^2}\,d\theta$$
$$=a\int_0^{3\pi}\left(\sin\frac{\theta}{3}\right)^2\,d\theta=\frac{3}{2}\pi a.$$

5-5-4 定积分在物理学上的应用

1. 变力做功

由物理学知道，如果物体在与运动方向一致的恒力 F 作用下沿直线运动了一段路程 s，那么力 F 对物体所做的功为

$$W = F \cdot s.$$

如果物体沿直线运动过程中所受到的力 F 不是恒定的而是变化的，就不能直接用上述公式计算变力所做的功。由于力 $F(x)$ 是变力，所求功是区间 $[a,b]$ 上非均匀分布的整体量，因此可以利用定积分来解决。

利用元素法，由于变力 $F(x)$ 是连续变化的，因此可以设想将在微小区间 $[x,x+\mathrm{d}x]$ 上物体所受的力近似地看作 $F(x)$，于是 $F(x)\mathrm{d}x$ 可作为变力 $F(x)$ 在区间 $[x,x+\mathrm{d}x]$ 上对物体所做的功的近似值，也就是说功的元素为

$$\mathrm{d}W = F(x)\mathrm{d}x.$$

对元素 $\mathrm{d}W$ 从 a 到 b 求定积分，就得到变力所做的功

$$W = \int_a^b F(x)\mathrm{d}x.$$

例 5-66 已知弹簧每拉长 $0.02\mathrm{m}$ 需要 $9.8\mathrm{N}$ 的力，求把弹簧拉长 $0.1\mathrm{m}$ 所做的功。

解： 如图 5-33 所示，取弹簧的平衡位置为坐标原点，以拉伸方向为 x 轴正方向建立坐标系。因为弹簧在弹性限度内，拉伸（或压缩）弹簧所需的力 F 和弹簧的伸长量 x 成正比，所以若取 k 为比例系数，则

$$F = kx.$$

又 $x=0.02$，$F=9.8$，将其代入上式得

$$k = 4.9 \times 10^2,$$

所以，功的元素为 $\mathrm{d}W = F\mathrm{d}x = 4.9 \times 10^2 x\,\mathrm{d}x$，故

$$W = \int_0^{0.1} \mathrm{d}W = \int_0^{0.1} 4.9 \times 10^2 x\,\mathrm{d}x = 4.9 \times 10^2 \left[\frac{x^2}{2}\right]_0^{0.1}$$

$$= 2.45(\mathrm{J}).$$

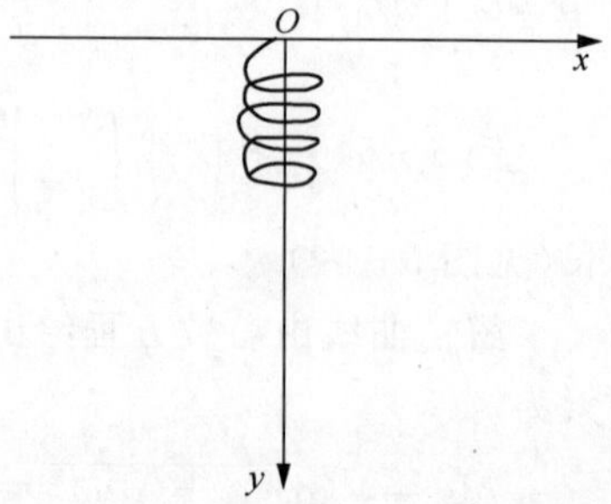

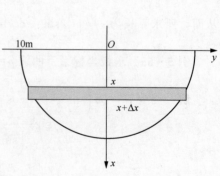

图 5-33

例 5-67 设有一直径为 $20\mathrm{m}$ 的半球形水池，池内注满水，若要把水抽尽，问至少需做多少功。

解： 如图 5-34 所示，建立直角坐标系，选取 x 为积分变量，取任一小区间 $[x,x+\mathrm{d}x]$，该微元上水的体积为

$$\Delta V \approx \pi y^2 \Delta x = \pi(100-x^2)\Delta x.$$

抽出这层水需做的功为

$$\Delta W \approx g\rho\pi(100-x^2)\Delta x \cdot x = g\pi\rho x(100-x^2)\Delta x.$$

其中 $\rho = 1\,000\mathrm{kg/m^3}$ 是水的密度，$g = 9.8\mathrm{m/s^2}$ 是重力加速度，

故功微元 $\mathrm{d}W = g\pi\rho x(100-x^2)\mathrm{d}x.$

图 5-34

所求功为

$$W = \int_0^{10} g\pi\rho x(100 - x^2)\mathrm{d}x = g\pi\rho \int_0^{10} x(100 - x^2)\mathrm{d}x = g\frac{\pi\rho}{4} \times 10^4$$

$$= 2500\pi\rho g \approx 7.693 \times 10^7(\text{J}).$$

2. 水压力

由物理学知道，在水深 h 处的压强为 $p = \rho g h$，这里 ρ 是水的密度．如果有一面积为 A 的平板水平放置在水深为 h 处，那么平板一侧所受到的水压力为

$$P = p \cdot A = \rho g h A.$$

当平板铅直放置在水中时，由于在不同深度处压强 p 不相同，因此平板一侧所受的水压力不能用上述公式计算，下面用定积分解决．

设一薄板 $abAB$ 铅直放置在水中，求此薄板一侧所受的水压力 P．建立坐标系如图 5 - 35所示．曲线 AB 的方程为

$$y = f(x)(a \leqslant x \leqslant b).$$

取水的深度 x 为积分变量，它的变化区间为 $[a, b]$，在区间 $[a, b]$ 上任取一小区间 $[x, x + \mathrm{d}x]$，设水作用在此小区间上的相应的小曲边梯形的压力为 ΔP．当 $\mathrm{d}x$ 很小时，小曲边梯形上各点处的压强可近似地看作不变，近似等于深度为 x 处的压强，于是压力 ΔP 的近似值（即压力元素）为

$$\mathrm{d}P = 压强 \times 面积 = \rho g x \cdot y\,\mathrm{d}x = \rho g x f(x)\mathrm{d}x.$$

对元素 $\mathrm{d}P$ 从 a 到 b 求定积分，便得到变力所做的功为

$$P = \rho g \int_a^b x f(x)\mathrm{d}x.$$

例 5 - 68　一等腰梯形闸门，梯形的上、下底分别为 50m 和 30m，高为 20m，如果闸门的顶部高出水面 4m，求闸门一侧所受到的压力．

解：面积为 s 的薄片水平放置在距离表面深度为 h、密度为 ρ 的液体中所受到的压力为 $F = \rho g h s$（见图 5 - 36）．建立坐标系，梯形腰 AB 所在的直线方程

$$y = -\frac{1}{2}x + 23.$$

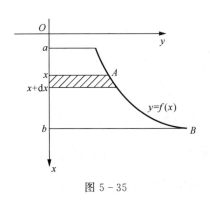

图 5 - 35

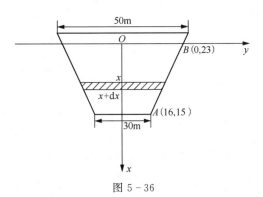

图 5 - 36

将梯形分成许多小横条，任一小横条高为 dx，宽为 $2y$，所在深度为 x，则小横条所受到的压力，即压力微元 dP 为

$$dP = 2\rho g x y\, dx = 2\rho g x\left(-\frac{1}{2}x+23\right)dx = \rho g(46x-x^2),$$

所以闸门所受到的压力 P 为

$$P = \rho g\int_0^{16}(46x-x^2)dx = 4\,522.67\rho g \approx 4.43\times10^7(\text{N}).$$

习题 5－5

1. 求出下列各曲线所围成的平面图形的面积.

(1) $y=x^2$, $y=2-x$；

(2) $y=\dfrac{1}{x}$, $y=x$, $x=2$；

(3) $y=x^3$, $y=\sqrt{x}$；

(4) $y=x$, $y=\sqrt{x}$；

(5) $y+1=x^2$, $y=1+x$；

(6) $x=y^2+1$, $y=-1$, $y=1$, $x=0$；

(7) $y=x$, $y=2x$, $y=2$；

(8) $y=\sqrt{2x-x^2}$, $y=x$.

2. 求下列曲线所围成的图形按指定的轴旋转形成的旋转体的体积.

(1) $y=x^2$, $y=0$, $x=2$, 绕 x 轴；

(2) $y=\sqrt{x}$, $x=4$, $y=0$, 绕 x 轴；

(3) $x=5-y^2$, $x=1$, 绕 y 轴；

(4) $y=x^2$, $x=4$, $y=0$, 绕 y 轴.

3. 求下列曲线的弧长.

(1) 曲线 $x=a(\cos t+t\sin t)$, $y=a(\sin t-t\cos t)$ $(a>0, 0\leqslant t\leqslant 2\pi)$；

(2) 曲线 $y=x^{\frac{3}{2}}$ 在 $0\leqslant x\leqslant 4$ 一段的弧；

(3) 曲线 $y=\ln(\cos x)$ 在 $0\leqslant x\leqslant\dfrac{\pi}{4}$ 一段的弧；

(4) 曲线 $x=\arctan t$, $y=\dfrac{1}{2}\ln(1+t^2)$ 从 $t=0$ 到 $t=1$ 的弧.

4. 求抛物线 $y^2=2px$ 及其在点 $\left(\dfrac{p}{2},p\right)$ 处的法线所围成的图形的面积.

5. 求阿基米德螺线 $r=a\theta(a>0)$ 上相应于 θ 从 0 到 2π 一段弧与极轴围成的面积.

6. 求由星形线 $\begin{cases}x=a\cos^3 t\\ y=a\sin^3 t\end{cases}$ 所围成的图形的面积（见图 5－37）.

7. 求三叶玫瑰线 $r=a\cos3\theta(a>0)$ 所围成的图形的面积(见图 5-38).

8. 一个密度为 1、半径为 R 的球沉入水中,与水面相切,要从水中把球取出需做多少功.

9. 一个圆柱形的水池,高为 5m,底圆半径为 3m,池内盛满了水,试计算把池内的水全部吸出所做的功.

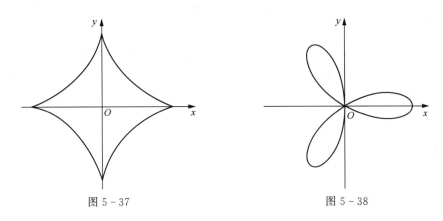

图 5-37　　　　　　　　　　图 5-38

数学建模案例 5

森林救火模型[9]

森林着火,消防站接到报警后要派多少消防队员前去救火呢? 队员派多了,森林的损失小,但是救援的费用增加了;队员派少了,森林的损失大,救援的费用相应减少. 因此,需要综合考虑森林损失和救援费用之间的关系,以总费用最小来确定派出队员的人数.

1. 问题分析

总费用包括两方面:烧毁森林的损失、救援的费用. 烧毁森林的损失主要取决于烧毁森林的面积,而烧毁森林的面积与着火的时间、灭火的时间有关,灭火的时间又取决于派出消防队员的数量. 一般来说,队员越多灭火时间就越短. 救援的费用可分两部分,一部分是灭火设备的消耗、灭火人员的费用,这笔费用与队员人数及灭火所用的时间有关;另一部分是运送队员和设备等的一次性支出,主要取决于队员人数,派出的队员多,救援费用就高.

记开始着火时刻为 $t=0$,开始救火时刻为 $t=t_1$,火被扑灭的时刻为 $t=t_2$,派出消防队员人数为 x. 森林烧毁损失为 $f_1(x)$,救援费用为 $f_2(x)$. 设 t 时刻烧毁森林的面积为 $B(t)$,则最终森林烧毁的面积为 $B(t_2)$.

损失是关于 x 的减函数,其值取决于烧毁的面积 $B(t_2)$. 救援费用是关于 x 的增函数,其值取决于队员人数 x 和救火时间. 目标函数是求损失和救援费用的总和 $C(x)$ 的最小值.

2. 模型假设

(1)损失与森林烧毁面积 $B(t_2)$ 成正比,假设比例系数为 c_1,c_1 即烧毁单位面积森林的损失,其值取决于森林的疏密程度和珍贵程度.

(2)开始救援前,火势以着火点为中心,以均匀速度向四周呈圆形蔓延,所以蔓延的半径与时间成正比.因为烧毁森林的面积与过火区域的半径平方成正比,从而火势蔓延速度 $B'(t)$ 与时间 t 成正比.也就是说对于 $0 \leqslant t \leqslant t_1$,$B'(t)=\beta t$,$\beta$ 又称为火势蔓延速度.

(3)开始救援后,设 λ 为每个队员的平均救火速度,则火势蔓延速度降为 $\beta-\lambda x$.显然必须 $x > \beta/\lambda$,否则无法灭火.

(4)每个消防队员单位时间的费用为 c_2,于是每个队员的救火费用为 $c_2(t_2-t_1)$,每个队员的一次性开支为 c_3.

3. 模型建立

根据假设条件(2)、(3),在消防队员到达之前,即 $0 \leqslant t \leqslant t_1$,火势越来越大,即 $B'(t)$ 随 t 的增加而增加;开始救援后,即 $t_1 \leqslant t \leqslant t_2$,如果消防队员救火能力充分强,火势会逐渐减小,即 $B'(t)$ 逐渐减小,且当 $t=t_2$ 时,$B'(t)=0$,如图 5-39 所示.

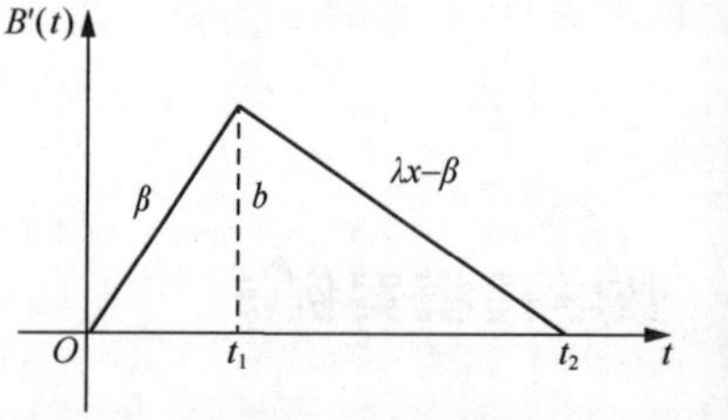

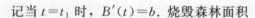

图 5-39

记当 $t=t_1$ 时,$B'(t)=b$.烧毁森林面积

$$B(t_2)=\int_0^{t_2} B'(t)\mathrm{d}t,$$

它正好是图中三角形的面积,显然有

$$B(t_2)=\frac{1}{2}bt_2.$$

由直角三角形的正切值,又有

$$t_2-t_1=\frac{b}{\lambda x-\beta},$$

因此

$$B(t_2)=\frac{1}{2}bt_1+\frac{b^2}{2(\lambda x-\beta)}.$$

森林烧毁的损失为 $c_1 B(t_2)$.

由假设条件(4)知,救援费用为 $c_2 x(t_2-t_1)+c_3$,

$$C(x)=\frac{1}{2}c_1 bt_1+\frac{c_1 b^2}{2(\lambda x-\beta)}+\frac{c_2 bx}{\lambda x-\beta}+c_3 x. \qquad (5-1)$$

令

$$\frac{\mathrm{d}C}{\mathrm{d}x}=0,$$

得到最优的派出队员人数为

$$x = \sqrt{\frac{c_1 \lambda b + 2c_2 \beta b}{2c_3 \lambda^2}} + \frac{\beta}{\lambda}. \qquad (5-2)$$

4. 模型解释

公式(5-2)包含两项：第二项是能够将火灾扑灭的最少应派出的队员人数；第一项与相关的参数有关，可以看出当消防队员的灭火速度 λ 和救援费用系数 c_3 增大时，派出的队员数应该减少，当火势蔓延速度 β、开始救援时的火势 b 以及损失系数 c_1 增加时，派出的队员人数也应该增加. 这些结果与实际都是相符的.

在实际应用这个模型时，c_1，c_2，c_3 都是已知常数，β，λ 由森林类型、消防队员素质等因素确定.

复习题五

一、填空题

1. 已知 $\Phi(x) = \int_1^x t\,\mathrm{d}t$，则 $\Phi(2) = $ _____.

2. $\int_{-1}^1 \frac{x^2}{1+x^2}\mathrm{d}x = $ _____.

3. $\int_{-1}^1 \frac{x^2 \sin^5 x}{1+\cos^4 x}\mathrm{d}x = $ _____.

4. 求极限 $\lim\limits_{x\to 0} \dfrac{\int_0^x \sin^2 t\,\mathrm{d}t}{\tan x^3} = $ _____.

5. 广义积分 $\int_1^{+\infty} \dfrac{\mathrm{d}x}{x^p}$ 若收敛，则 p 应满足 _____.

6. 设 $f(x) = \begin{cases} 1 & x < 0 \\ x & x \geqslant 0 \end{cases}$，则 $\int_{-1}^2 f(x)\mathrm{d}x = $ _____.

7. 若 $\int_0^{+\infty} \dfrac{k}{1+x^2}\mathrm{d}x = \dfrac{1}{2}$，且 k 为常数，则 $k = $ _____.

8. 曲线 $y = x^3 - 5x^2 + 6x$ 与 x 轴所围成图形的面积为 _____.

9. 曲线 $y = \dfrac{2}{9}x^{\frac{3}{2}}$ 上从 $x = 0$ 到 $x = 7$ 的弧长为 _____.

10. 已知 $f(0) = 2$，$f(2) = 3$，$f'(2) = 4$，则 $\int_0^2 x f''(x)\mathrm{d}x = $ _____.

二、选择题

1. $\dfrac{\mathrm{d}}{\mathrm{d}x}\int_a^b \arctan x\,\mathrm{d}x = ($ ___ $)$.

A. $\arctan x$ 　　 B. $\dfrac{1}{1+x^2}$ 　　 C. $\arctan b - \arctan a$ 　　 D. 0

2. 设 $\int f(x)\mathrm{d}x = x^3 + C$，则 $\int_0^2 f(x)\mathrm{d}x = ($ $)$.

A. 2   B. 4   C. 6   D. 8

3. 设 $f(x)$ 为连续函数，则 $\int_0^1 f'(2x)\mathrm{d}x = ($ $)$.

A. $f(2) - f(0)$ B. $\dfrac{1}{2}[f(1) - f(0)]$

C. $\dfrac{1}{2}[f(2) - f(0)]$ D. $f(1) - f(0)$

4. $\int_1^e \dfrac{\ln x}{x}\mathrm{d}x = ($ $)$.

A. $\dfrac{1}{2}$ B. $\dfrac{e^2}{2} - \dfrac{1}{2}$ C. $\dfrac{1}{2e^2} - \dfrac{1}{2}$ D. -1

5. 已知 $f(x) = \int_0^x (t-1)(t-2)\mathrm{d}t$，$f'(0) = ($ $)$.

A. 0   B. 1   C. -2 D. 2

6. 下列广义积分中不收敛的是(   ).

A. $\int_1^{+\infty} \dfrac{1}{\sqrt{x^3}}\mathrm{d}x$ B. $\int_2^{+\infty} \dfrac{1}{x\ln^2 x}\mathrm{d}x$ C. $\int_1^{+\infty} \dfrac{1}{\sqrt[3]{x^2}}\mathrm{d}x$ D. $\int_1^{+\infty} \dfrac{\arctan x}{1+x^2}\mathrm{d}x$

7. 下列广义积分发散的是(   ).

A. $\int_1^{+\infty} \dfrac{1}{x^2}\mathrm{d}x$ B. $\int_{-\infty}^0 e^x\mathrm{d}x$ C. $\int_{-\infty}^{+\infty} \sin x\,\mathrm{d}x$ D. $\int_e^{+\infty} \dfrac{1}{x\ln^2 x}\mathrm{d}x$

8. 极限 $\lim\limits_{n\to\infty}\left(\dfrac{n}{n^2+1^2} + \dfrac{n}{n^2+2^2} + \cdots + \dfrac{n}{n^2+n^2}\right) = ($ $)$.

A. e B. $e-1$ C. $\dfrac{\pi}{2}$ D. $\dfrac{\pi}{4}$

9. 若 $\int_0^{x^2} f(t)\mathrm{d}t = e^{x^2}$，则 $f(x) = ($ $)$.

A. e^x B. e^{x^2} C. $2x\,e^{x^2}$ D. $x\,e^{x-1}$

10. 已知函数 $y = \int_0^x \dfrac{\mathrm{d}t}{(1+t)^2}$，则 $y''(1) = ($ $)$.

A. $-\dfrac{1}{2}$ B. $-\dfrac{1}{4}$ C. $\dfrac{1}{4}$ D. $\dfrac{1}{2}$

三、计算题

1. $\int_0^1 (x^2 - x + 3)\mathrm{d}x$；   2. $\int_0^{\frac{\pi}{2}} \sin x\cos^3 x\,\mathrm{d}x$；

3. $\int_1^4 \dfrac{\mathrm{d}x}{1+\sqrt{x}}$；   4. $\int_1^e x\ln x\,\mathrm{d}x$；

5. $\int_1^e \dfrac{1}{x\sqrt{1+\ln x}}\mathrm{d}x$；   6. $\int_{-1}^0 \dfrac{3x^4 + 3x^2 + 1}{x^2 + 1}\mathrm{d}x$；

7. $\int_0^4 |1-x|\,\mathrm{d}x$；

8. $\int_0^{\ln 2} \sqrt{\mathrm{e}^x - 1}\,\mathrm{d}x$；

9. $\int_{-\infty}^{+\infty} \dfrac{1}{\mathrm{e}^x + \mathrm{e}^{-x}}\,\mathrm{d}x$；

10. $\int_0^{\mathrm{e}-1} \ln(x+1)\,\mathrm{d}x$.

四、解答题

1. 计算极限 $\lim\limits_{x \to 0} \dfrac{\displaystyle\int_{\cos x}^1 \mathrm{e}^{-t^2}\,\mathrm{d}t}{x^2}$.

2. 求抛物线 $y = 3 - x^2$ 与直线 $y = 2x$ 所围图形的面积.

3. 求抛物线 $4x = (y-4)^2$ 与直线 $x = 4$ 所围图形的面积.

4. 计算心形线 $r = a(1 - \cos\theta)$ 所围图形的面积.

5. 求由曲线 $xy = 4$ 和直线 $y = 1$，$y = 2$ 所围成的图形绕 y 轴旋转而形成的旋转体的体积.

6. 求星形线 $\begin{cases} x = a\cos^3 t \\ y = a\sin^3 t \end{cases}$ 的全长.

7. 在高为 10m、底半径为 4m 的倒圆锥形容器中存放着水，水面离容器上口 2m（见图 5-40），问需要做多少功才能将容器中的水全部从顶部抽出.

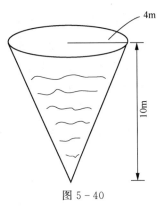

图 5-40

拓展阅读 5

陈省身：一生只做一件事[18-19]

陈省身是 20 世纪伟大的几何学家之一．他是前中央研究院首届院士、美国国家科学院院士、第三世界科学院创始成员、英国皇家学会国外会员、意大利国家科学院外籍院士、法国科学院外籍院士，1994 年当选为中国科学院首批外籍院士．

陈省身于 1911 年 10 月 28 日出生在嘉兴秀水县的一个书香门第．年幼的他喜爱数学，觉得数学既有趣又容易，常常自己主动看书．靠着自修，不满 10 岁，他就能做相当难的算术题目了．1922 年秋，陈省身举家搬迁到了天津，次年年初，陈省身就近插班进入扶轮中学，并且数学成绩优异．1926 年，陈省身在扶轮校刊上发表了 7 篇文章，展现了他对几何训练对于开发智力的作用的深刻理解，也显露出他与众不同的逻辑推理能力．

1926 年夏天，陈省身中学毕业．15 岁的他进入南开大学研修数学，成绩出类拔萃．1931 年，陈省身考入了清华大学研究院．1934 年夏，陈省身毕业于清华大学研究院，以优异的成绩拿到了汉堡大学的奖学金，赴布拉施克所在的汉堡大学数学系留学．他主动放弃了已经熟悉的"投影微分几何"，这是一次重要而关键的选择．在汉堡，他有幸接触了布拉施克、E. 凯勒、E. 嘉当等数学家的思想和学术．在他潜心研读期间发现了布拉施克论文中的一个漏洞，他补齐了相关证明，并推广了布氏的成果，写成一篇论文在汉堡数学杂志上发表，奠定了他在汉堡数学界的地位．

1936 年，陈省身获得博士学位，同时接受布拉施克的建议，决定去巴黎跟嘉当做博士后研究．有了大师面对面的指导，陈省身学到了终身受益的数学语言和思维方式．在巴黎艰苦奋斗的一年，奠定了陈省身一生学术事业的基础．

1937 年，陈省身从汉堡回到国内，正值抗日战争爆发．他随西南联大南迁，教课之余，潜心研究，笔耕不辍．他闭门苦读嘉当的论文，开始思索许多没有人思考过的问题．昆明 6 年的"闭门精思"，奠定了陈省身以后在普林斯顿所做的一些著名工作的基础．他在昆明写出的两篇文章，发表在美国普林斯顿大学与普林斯顿高级研究所合办的刊物《数学纪事》上，被邀请到普林斯顿去．

1943 年，32 岁的陈省身在美国普林斯顿高级研究所完成了关于高斯-博内公式的简单内蕴证明的论文．这篇论文被誉为数学史上划时代的论文，是陈省身一生中最重要的数学工作之一，他也因此被国际数学界尊称为"微分几何之父"．

1946 年，陈省身回到上海，中央研究院请他帮姜立夫办数学所，他一到任就把"训练新人"作为重要工作，将"代数拓扑"作为主攻方向．他想在中国建立一个以大范围或整体微分几何为主要目标的学派．他孜孜不倦地为振兴中华数学培养了一批拓扑学人才．1948 年，中央研究院数学研究所正式成立，37 岁的他出任代理所长，主持数学所一切工作，当选为中央研究院第一届最年轻的院士．

陈省身 1949 年转往芝加哥，担任美国芝加哥大学的几何学教授，10 年中复兴了美国的微分几何，形成了美国的微分几何学派；1960 年至 1979 年任美国加州大学伯克利分校教授；1981 年至 1984 年担任美国国家数学科学研究所（Mathematical Sciences Research Institute，MSRI）首任所长．1984 年，他获得了数学界的诺贝尔奖即沃尔夫数学奖，成为首位获此殊荣的华人数学家．

1984 年，陈省身应教育部的聘请，出任南开数学研究所所长．为了培养高级数学人才，他付出了自己晚年的全部心血，为中国数学的发展鞠躬尽瘁．

第6章 微分方程

在日常生活、科学技术、经济管理和自然界行为中，有许多实际问题往往需要通过寻求反映事物客观规律性的函数关系来解决．一般地，事物的规律很难完全靠实验观测认识清楚，然而却能通过数学语言表达所求函数的导数满足的关系式，也就是所谓的微分方程．本章将介绍微分方程的基本概念，讨论几种简单的微分方程的解法及其应用．

6−1 微分方程的基本概念

引例 已知曲线上任意一点的切线的斜率等于该点的横坐标的 3 倍，且曲线过点 $(2,5)$，求该曲线的方程．

解：设所求曲线的方程为 $y=y(x)$，根据导数的几何意义，可知

$$y'=3x.$$

对上式两边积分有

$$\int y'\mathrm{d}x=\int 3x\,\mathrm{d}x,$$

得

$$y=\frac{3}{2}x^2+C,$$

其中 C 为任意常数．再将曲线过点 $(2,5)$ 的条件代入上式，得

$$5=\frac{3}{2}\cdot 2^2+C=6+C,$$

由此求得 $C=-1$，则 $y=\frac{3}{2}x^2-1$ 即所求曲线的方程．

引例中的关系式 $y'=3x$ 给出未知函数的导数与自变量的关系，这个关系式就是我们在本章要介绍的微分方程．

定义 6−1 含有未知函数以及未知函数的导数或微分的方程叫作**微分方程**，其中未知函数为一元函数的微分方程叫作**常微分方程**，未知函数为多元函数的微分方程叫作**偏微分方程**．本章我们仅讨论常微分方程．

微分方程中所出现的未知函数的最高阶导数的阶数叫作微分方程的**阶**．例如 $y'=3x$ 是一阶微分方程，$y''-y^3=0$ 是二阶微分方程．

定义 6−2 代入微分方程中，使其成为恒等式的函数叫作微分方程的解．其中含有任意常数且独立任意常数的个数等于微分方程的阶数的解叫作微分方程的**通解**，给通解中任

意常数以确定值的解叫作微分方程的**特解**. 例如引例中 $y=\dfrac{3}{2}x^2+C$ 为方程 $y'=3x$ 的通解，$y=\dfrac{3}{2}x^2-1$ 为方程 $y'=3x$ 的特解.

要得到满足要求的特解，必须根据要求对微分方程附加一定的条件，这些条件叫作**初始条件**. 求微分方程满足初始条件的特解的问题叫作微分方程的**初值问题**. 例如引例实际上就是求微分方程 $y'=3x$ 满足条件 $y(2)=5$（或 $y\mid_{x=2}=5$）的初值问题.

例 6-1 验证函数 $y=3x^2$ 是一阶微分方程 $xy'=2y$ 的特解.

解：先求出所给函数 $y=3x^2$ 的导数

$$y'=6x,$$

再把 y 及 y' 代入微分方程，得

$$xy'=x \cdot 6x=2 \cdot 3x^2=2y,$$

所以函数 $y=3x^2$ 是一阶微分方程 $xy'=2y$ 的特解.

例 6-2 验证函数 $y=Ce^{-x^2}$ 是一阶微分方程 $y'=-2xy$ 的通解.

解：求出所给函数 $y=Ce^{-x^2}$ 的导数

$$y'=Ce^{-x^2} \cdot (-2x),$$

再把 y 及 y' 代入微分方程，得

$$y'=-2 \cdot x \cdot Ce^{-x^2}=-2xy,$$

所以函数 $y=Ce^{-x^2}$ 是一阶微分方程 $y'=-2xy$ 的解. 又因为解 $y=Ce^{-x^2}$ 中含有 1 个独立任意常数 C，故 $y=Ce^{-x^2}$ 是方程 $y'=-2xy$ 的通解.

习题 6-1

1. 指出下列各微分方程的阶数.

(1) $(y'')^3-x=0$；   (2) $x^2y'-y=x$；

(3) $xyy'''+y''+y+1=0$；   (4) $(3x-2y)\mathrm{d}x-(x+y)\mathrm{d}y=0$；

(5) $\dfrac{\mathrm{d}P}{\mathrm{d}t}=kP\left(1-\dfrac{P}{M}\right)$；   (6) $m\dfrac{\mathrm{d}^2x}{\mathrm{d}t^2}=-kx$.

2. 指出下列各题中的函数是否为所给微分方程的解.

(1) $y=x^3+x^2$，$y'=3x^2+2x$；

(2) $y=e^{-x}$，$2y''+y'-y=0$；

(3) $y=\dfrac{2}{3}e^x+e^{-2x}$，$y'+2y=2e^x$；

(4) $y=2\sin x-3\cos x$，$y''+y=0$.

6-2 可分离变量的微分方程

本节至 6-3 节，我们将介绍一阶微分方程

$$y'=f(x,y) \tag{6-1}$$

的求解方法，这里未知函数 $y=y(x)$ 是一个关于 x 的函数，$f(x,y)$ 是给定的一个关于 x 和 y 的二元函数. 例如，$y'=x+y$，$y'=\dfrac{y}{x}$，$y'=3xy$ 等.

一阶微分方程有时也可写成如下对称形式：

$$P(x,y)\mathrm{d}x=Q(x,y)\mathrm{d}y.$$

在对称方程中，变量 x 和 y 对称，它可以看成以 x 为自变量、y 为未知函数的方程

$$\frac{\mathrm{d}y}{\mathrm{d}x}=\frac{P(x,y)}{Q(x,y)}(Q(x,y)\neq0),$$

也可以看成以 y 为自变量、x 为未知函数的方程

$$\frac{\mathrm{d}x}{\mathrm{d}y}=\frac{Q(x,y)}{P(x,y)}(P(x,y)\neq0).$$

一阶微分方程的初值问题通常记作

$$y'=f(x,y),\ \ y\big|_{x=x_0}=y_0. \tag{6-2}$$

其中，x_0 和 y_0 都是给定的值.

6-2-1　$y'=f(x)$ 型的方程

$y'=f(x)$ 型的方程可通过两端积分求得含一个任意常数的通解.

例 6-3　求微分方程 $y'=\sin x-2x+1$ 的通解.

解：对所给的方程两端积分，得

$$y=\int(\sin x-2x+1)\mathrm{d}x=-\cos x-x^2+x+C.$$

6-2-2　可分离变量的微分方程

一般地，如果可以把方程(6-1)中右边的函数 $f(x,y)$ 写成一个只含 x 的函数与一个只含 y 的函数的乘积的形式，也就是说如果一个一阶微分方程能写成

$$\frac{\mathrm{d}y}{\mathrm{d}x}=f(x)g(y) \tag{6-3}$$

的形式，那么原方程称为**可分离变量的微分方程**.

将方程变量分离可得到

$$\frac{\mathrm{d}y}{g(y)}=f(x)\mathrm{d}x,$$

对上式两端同时求不定积分，得到方程的通解

$$\int\frac{\mathrm{d}y}{g(y)}=\int f(x)\mathrm{d}x+C.$$

可分离变量的
微分方程

式中将 $\displaystyle\int\frac{\mathrm{d}y}{g(y)}$，$\displaystyle\int f(x)\mathrm{d}x$ 分别看作两个原函数，所以加上任意常数 C.

令 $h(y)=1/g(y)$，则方程(6-3)可改写成微分形式，得

$$h(y)\mathrm{d}y=f(x)\mathrm{d}x. \tag{6-4}$$

对等式两端求积分，得

$$\int h(y)\mathrm{d}y = \int f(x)\mathrm{d}x. \tag{6-5}$$

假设 $H(y)$ 和 $F(x)$ 分别为 $h(y)$ 和 $f(x)$ 的原函数，那么方程(6-3)的通解为

$$H(y) = F(x) + C.$$

其中，C 为任意常数.

反之，如果函数 $h(y)$ 和 $f(x)$ 满足方程(6-5)，则

$$\frac{\mathrm{d}}{\mathrm{d}x}\left[\int h(y)\mathrm{d}y\right] = \frac{\mathrm{d}}{\mathrm{d}x}\left[\int f(x)\mathrm{d}x\right],$$

那么由链式求导法则得

$$\frac{\mathrm{d}}{\mathrm{d}y}\left[\int h(y)\mathrm{d}y\right]\frac{\mathrm{d}y}{\mathrm{d}x} = f(x).$$

即

$$h(y)\frac{\mathrm{d}y}{\mathrm{d}x} = f(x).$$

这就表示 $h(y)$ 和 $f(x)$ 满足方程(6-4).

例 6-4 求微分方程 $y' = 2y$ 的通解.

解：方程 $\dfrac{\mathrm{d}y}{\mathrm{d}x} = 2y$ 是可分离变量的，分离变量后可得

$$\frac{\mathrm{d}y}{y} = 2\mathrm{d}x, \quad y \neq 0,$$

对等式两端求积分得

$$\int \frac{\mathrm{d}y}{y} = 2\int \mathrm{d}x,$$

$$\ln|y| = 2x + C_1,$$

从而

$$y = \pm e^{2x+C_1} = \pm e^{C_1} e^{2x}.$$

因为 $\pm e^{C_1}$ 仍是任意常数，所以不妨设 $C = \pm e^{C_1}$，则 $y = Ce^{2x}$，其中 C 为非零的任意常数. 注意到 $y = 0$ 也是微分方程的解，得方程的通解为

$$y = Ce^{2x}(C \text{ 为任意常数}).$$

简便起见，以后可把 $\ln|y|$ 写成 $\ln y$，注意通解中的任意常数 C 是可正可负的.

例 6-5 求微分方程 $\cos x\sin y\,\mathrm{d}x + \sin x\cos y\,\mathrm{d}y = 0$ 的通解.

解：所求微分方程是可分离变量的，分离变量后为

$$\frac{\cos y}{\sin y}\mathrm{d}y = -\frac{\cos x}{\sin x}\mathrm{d}x, \quad y \neq 0.$$

对等式两端求积分得

$$\int \frac{1}{\sin y}\mathrm{d}\sin y = -\int \frac{1}{\sin x}\mathrm{d}\sin x,$$

$$\ln\sin y = -\ln\sin x + \ln C_1,$$

即

$$\sin x\sin y = C, \quad C = e^{C_1} \neq 0.$$

又因为 $y=0$ 也是原方程的解，从而得到微分方程的通解为

$$\sin x \sin y = C(C \text{ 为任意常数}).$$

例 6 - 6 求微分方程 $\dfrac{\mathrm{d}y}{\mathrm{d}x} = x\,\mathrm{e}^y$ 满足 $y(0)=0$ 的特解.

解：把方程分离变量后得

$$\mathrm{e}^{-y}\mathrm{d}y = x\,\mathrm{d}x,$$

对等式两端求积分得

$$\int \mathrm{e}^{-y}\mathrm{d}y = \int x\,\mathrm{d}x,$$

即

$$-\mathrm{e}^{-y} = \frac{1}{2}x^2 + C.$$

对等式两边取对数并化简得方程的通解

$$y = -\ln\left(-\frac{1}{2}x^2 - C\right).$$

将初始条件 $y(0)=0$ 代入通解得 $0 = -\ln(-C)$，从而得 $C=-1$. 所以微分方程的特解为

$$y = -\ln\left(1 - \frac{1}{2}x^2\right).$$

例 6 - 7 已知质量为 1kg 的物体下落时所受阻力与下落速度成正比，且开始下落时速度为 0，求物体下落速度与时间的函数关系.

解：设物体的下落速度为 $v(t)$，根据已知条件知，物体所受阻力为 kv（k 为比例系数），所受外力为

$$F = mg - kv = g - kv.$$

根据牛顿第二运动定律知

$$F = ma = a = \frac{\mathrm{d}v}{\mathrm{d}t},$$

所以

$$\frac{\mathrm{d}v}{\mathrm{d}t} = g - kv,$$

分离变量得

$$\frac{\mathrm{d}v}{g - kv} = \mathrm{d}t,$$

对等式两端求积分得

$$-\frac{1}{k}\ln(g - kv) = t + C_1,$$

即

$$g - kv = \mathrm{e}^{-kt - kC_1} = C\mathrm{e}^{-kt},$$

将初始条件 $v|_{t=0}=0$ 代入，得 $C=g$.

所以物体下落速度与时间的函数关系为

$$v = \frac{g}{k}(1 - e^{-kt}).$$

例 6-8　某地的人口增长率与当前该地人口成正比. 两年后, 该地人口增加一倍; 3 年后是 20 000 人, 试估计该地最初人口.

解: 设 $N = N(t)$ 为任何时刻 t 该地的人口, N_0 为该地最初的人口. 因为

$$\frac{\mathrm{d}N}{\mathrm{d}t} = kN,$$

由分离变量法解得

$$N = C e^{kt}.$$

当 $t = 0$ 时, $N = N_0$, 解得 $N_0 = C$, 于是

$$N = N_0 e^{kt}.$$

当 $t = 2$ 时, $N = 2N_0$, 故 $2N_0 = N_0 e^{2k}$, 解得 $k = \frac{1}{2}\ln 2 \approx 0.347$, 于是

$$N = N_0 e^{0.347t}.$$

当 $t = 3$ 时, $N = 20\,000$, 代入得 $20\,000 = N_0 e^{0.347 \times 3} = N_0 \times 2.832$, 解得

$$N_0 \approx 7\,062.$$

所以该地最初人口约为 7 062 人.

6-2-3　齐次微分方程

如果可以把方程(6-1)中右边的函数 $f(x,y)$ 写成一个关于 $\frac{y}{x}$ 的函数, 也就是说, 如果一个一阶微分方程能写成

$$\frac{\mathrm{d}y}{\mathrm{d}x} = f\left(\frac{y}{x}\right) \tag{6-6}$$

的形式, 那么原方程称为**齐次微分方程**. 例如,

$$(x^2 + y^2)\mathrm{d}x - xy\,\mathrm{d}y = 0$$

是齐次微分方程, 因为

$$\frac{\mathrm{d}y}{\mathrm{d}x} = \frac{x^2 + y^2}{xy} = \frac{x}{y} + \frac{y}{x} = \left(\frac{y}{x}\right)^{-1} + \frac{y}{x}.$$

在齐次微分方程中, 可用变量替换 $y = ux$ 把原方程化为关于 x 和 u 的可分离变量的微分方程, 具体如下.

令 $u(x) = \frac{y}{x}$, 则 $y = ux$, 对等式两端求导, 得

$$y' = u'x + x'u = u'x + u,$$

所以方程(6-6)变为

$$u'x + u = f(u),$$

即

$$x\frac{\mathrm{d}u}{\mathrm{d}x} = f(u) - u.$$

这是可分离变量的方程，分离变量得

$$\frac{\mathrm{d}u}{f(u)-u}=\frac{\mathrm{d}x}{x}.$$

对等式两端积分后，再把 u 替换回 $\frac{y}{x}$ 便可得到原方程的通解.

例 6 - 9 求微分方程 $(x^2+y^2)\mathrm{d}x-xy\mathrm{d}y=0$ 的通解

解：原方程可写成

$$\frac{\mathrm{d}y}{\mathrm{d}x}=\left(\frac{y}{x}\right)^{-1}+\frac{y}{x}.$$

令 $u=\frac{y}{x}$，则 $y=ux$，$y'=u'x+u$，故方程变为

$$u+u'x=\frac{1}{u}+u,$$

即
$$u'=\frac{1}{ux}.$$

分离变量可得

$$u\,\mathrm{d}u=\frac{1}{x}\mathrm{d}x,$$

对等式两端积分得

$$\int u\,\mathrm{d}u=\int\frac{1}{x}\mathrm{d}x,$$

$$\frac{1}{2}u^2=\ln x+C,$$

把 $u=\frac{y}{x}$ 代入上式得原方程的通解为

$$\frac{y^2}{2x^2}=\ln x+C \quad 或 \quad y^2=2x^2(\ln x+C).$$

例 6 - 10 求微分方程 $xy'=y+\frac{y}{\ln y-\ln x}$ 的通解.

解：原方程可写成

$$y'=\frac{y}{x}+\frac{\dfrac{y}{x}}{\ln\dfrac{y}{x}}.$$

令 $u=\frac{y}{x}$，则 $y=ux$，$y'=u'x+u$，故方程变为

$$u'x=\frac{u}{\ln u},$$

分离变量可得

$$\frac{\ln u}{u}\,\mathrm{d}u = \frac{1}{x}\,\mathrm{d}x,$$

对等式两端积分得

$$\int \frac{\ln u}{u}\,\mathrm{d}u = \int \frac{1}{x}\,\mathrm{d}x,$$

$$\frac{1}{2}(\ln u)^2 = \ln x + \ln C.$$

把 $u = \dfrac{y}{x}$ 代入上式得原方程的通解为

$$\frac{1}{2}\left(\ln \frac{y}{x}\right)^2 = \ln(Cx),\ \text{或}\left(\ln \frac{y}{x}\right)^2 = 2\ln(Cx).$$

习题 6 − 2

1. 求下列微分方程的通解.

(1) $y' = \cos x - x + 1$;　　　　　(2) $\dfrac{\mathrm{d}y}{\mathrm{d}x} = 2xy$;

(3) $y\ln x\,\mathrm{d}x + x\ln y\,\mathrm{d}y = 0$;　　　(4) $\dfrac{\mathrm{d}y}{\mathrm{d}x} = 1 + x + y^2 + xy^2$;

(5) $xy' - x\sec \dfrac{y}{x} - y = 0$;　　　(6) $xy' = y(\ln y - \ln x)$.

2. 求下列微分方程满足所给初始条件的特解.

(1) $\dfrac{\mathrm{d}y}{\mathrm{d}x} = \dfrac{3x^2 + 4x + 2}{2(y-1)}$, $y(0) = -1$;

(2) $y' = \mathrm{e}^{2x-y}$, $y(0) = 0$;

(3) $\cos x\sin y\,\mathrm{d}y = \cos y\sin x\,\mathrm{d}x$, $y(0) = \dfrac{\pi}{4}$;

(4) $y^2 + x^2\dfrac{\mathrm{d}y}{\mathrm{d}x} = xy\dfrac{\mathrm{d}y}{\mathrm{d}x}$, $y(1) = 1$.

6 − 3　一阶线性微分方程

一阶线性微分方程

形如

$$y' + P(x)y = Q(x) \tag{6-7}$$

的微分方程称为**一阶线性微分方程**，其中 $Q(x)$ 称为**自由项**.

当 $Q(x) \equiv 0$ 时，方程 $y' + P(x)y = 0$ 称为**一阶齐次线性微分方程**.

当 $Q(x) \neq 0$ 时，方程 $y' + P(x)y = Q(x)$ 称为**一阶非齐次线性微分方程**.

一阶线性微分方程(6−7)的求解方法称为常数变易法，常数变易法包含两步.

（1）求一阶齐次线性微分方程的通解

由于方程 $y'+P(x)y=0$ 是可分离变量的微分方程，因此分离变量得

$$\frac{\mathrm{d}y}{y}=-P(x)\mathrm{d}x,$$

对等式两端积分后得

$$\ln y=-\int P(x)\mathrm{d}x+\ln C.$$

因此

$$y=\mathrm{e}^{-\int P(x)\mathrm{d}x+\ln C}=C\mathrm{e}^{-\int P(x)\mathrm{d}x} \tag{6-8}$$

为一阶齐次线性微分方程的通解，其中 $P(x)$ 的积分 $\int P(x)\mathrm{d}x$ 只取一个原函数.

（2）求一阶非齐次线性微分方程的通解

所谓常数变易法就是把齐次线性微分方程的通解中的常数 C 替换成关于 x 的未知函数 $C(x)$，即假设

$$y=C(x)\mathrm{e}^{-\int P(x)\mathrm{d}x} \tag{6-9}$$

是非齐次线性微分方程的通解.

把通解(6-9)代入方程(6-7)得

$$\left[C(x)\mathrm{e}^{-\int P(x)\mathrm{d}x}\right]'+P(x)C(x)\mathrm{e}^{-\int P(x)\mathrm{d}x}=Q(x),$$

即

$$C'(x)\mathrm{e}^{-\int P(x)\mathrm{d}x}-P(x)C(x)\mathrm{e}^{-\int P(x)\mathrm{d}x}+P(x)C(x)\mathrm{e}^{-\int P(x)\mathrm{d}x}=Q(x),$$

整理得

$$C'(x)\mathrm{e}^{-\int P(x)\mathrm{d}x}=Q(x),$$

从而有

$$C'(x)=Q(x)\mathrm{e}^{\int P(x)\mathrm{d}x}.$$

对上式两端积分得

$$C(x)=\int Q(x)\mathrm{e}^{\int P(x)\mathrm{d}x}\mathrm{d}x+C.$$

把 $C(x)$ 代入假设通解(6-9)中，即可得一阶非齐次线性微分方程(6-7)的通解

$$y=\mathrm{e}^{-\int P(x)\mathrm{d}x}\left(\int Q(x)\mathrm{e}^{\int P(x)\mathrm{d}x}\mathrm{d}x+C\right)$$

$$=C\mathrm{e}^{-\int P(x)\mathrm{d}x}+\mathrm{e}^{-\int P(x)\mathrm{d}x}\int Q(x)\mathrm{e}^{\int P(x)\mathrm{d}x}\mathrm{d}x. \tag{6-10}$$

通解(6-10)中第二个等号后面的第一项是对应的齐次线性微分方程的通解(6-8)，第二项是非齐次线性微分方程的一个特解(在通解(6-10)中取 $C=0$ 即可得这个特解). 由此可知，一阶非齐次线性微分方程的通解等于对应的齐次线性微分方程的通解与非齐次线性微分方程的一个特解之和.

今后在求解一阶非齐次线性微分方程时，可以直接使用通解公式(6-10)，当然也可以按常数变易法的步骤来求解.

例 6 - 11 求微分方程 $\dfrac{\mathrm{d}y}{\mathrm{d}x}+3x^2y=6x^2$ 的通解.

解 1：所求微分方程为一阶非齐次线性微分方程，先求对应的齐次线性微分方程的通解，

$$\frac{\mathrm{d}y}{\mathrm{d}x}+3x^2y=0,$$

分离变量得
$$\frac{\mathrm{d}y}{y}=-3x^2\mathrm{d}x,$$

对等式两端积分得
$$\ln y=-x^3+\ln C,$$

故对应的齐次线性方程的通解为
$$y=C\mathrm{e}^{-x^3}.$$

再用常数变易法，把常数 C 换成函数 $C(x)$，即设

$$y=C(x)\mathrm{e}^{-x^3},$$

将其代入原方程得

$$(C(x)\mathrm{e}^{-x^3})'+3x^2(C(x)\mathrm{e}^{-x^3})=6x^2,$$

$$C'(x)\mathrm{e}^{-x^3}+C(x)\cdot(-3x^2\mathrm{e}^{-x^3})+3x^2(C(x)\mathrm{e}^{-x^3})=6x^2,$$

即
$$C'(x)=6x^2\mathrm{e}^{x^3},$$

对等式两端积分得

$$C(x)=2\mathrm{e}^{x^3}+C,$$

故得所求方程的通解为

$$y=2+C\mathrm{e}^{-x^3}.$$

解 2：直接利用通解公式(6 - 10)求解.

因为 $P(x)=3x^2$，$Q(x)=6x^2$，所以原方程的通解为

$$y=\mathrm{e}^{-\int 3x^2\mathrm{d}x}\left(\int 6x^2\mathrm{e}^{\int 3x^2\mathrm{d}x}\mathrm{d}x+C\right)$$

$$=\mathrm{e}^{-x^3}\int 6x^2\mathrm{e}^{x^3}\mathrm{d}x+C\mathrm{e}^{-x^3}$$

$$=\mathrm{e}^{-x^3}\cdot 2\mathrm{e}^{x^3}+C\mathrm{e}^{-x^3}$$

$$=2+C\mathrm{e}^{-x^3}.$$

例 6 - 12 求微分方程 $x\dfrac{\mathrm{d}y}{\mathrm{d}x}=x^2+3y(x>0)$ 的通解.

解：原方程可改写为一阶线性微分方程

$$\frac{\mathrm{d}y}{\mathrm{d}x}-\frac{3}{x}y=x,\ x>0,$$

则 $P(x)=-\dfrac{3}{x}$，$Q(x)=x$，所以原方程的通解为

$$y=\mathrm{e}^{\int\frac{3}{x}\mathrm{d}x}\left(\int x\,\mathrm{e}^{\int-\frac{3}{x}\mathrm{d}x}\mathrm{d}x+C\right)=\mathrm{e}^{3\ln x}\left(\int x\,\mathrm{e}^{-3\ln x}\mathrm{d}x+C\right)$$

$$=x^3\left(\int x^{-2}\mathrm{d}x+C\right)=-x^2+Cx^3.$$

例 6-13　求微分方程 $x^2y'+xy=1(x>0)$ 满足条件 $y(1)=2$ 的特解.

解：原方程可改写为一阶线性微分方程

$$y'+\frac{1}{x}y=\frac{1}{x^2},\ x>0,$$

因为 $P(x)=\frac{1}{x}$，$Q(x)=\frac{1}{x^2}$，所以原方程的通解为

$$y=\mathrm{e}^{-\int\frac{1}{x}\mathrm{d}x}\left(\int\frac{1}{x^2}\mathrm{e}^{\int\frac{1}{x}\mathrm{d}x}\mathrm{d}x+C\right)=\mathrm{e}^{-\ln x}\left(\int\frac{1}{x^2}\mathrm{e}^{\ln x}\mathrm{d}x+C\right)$$

$$=\frac{1}{x}\left(\int\frac{1}{x}\mathrm{d}x+C\right)=\frac{\ln x+C}{x}.$$

把初始条件 $y(1)=2$ 代入通解中得

$$2=\frac{\ln1+C}{1}=C,$$

所以原方程的特解为

$$y=\frac{\ln x+2}{x}.$$

例 6-14　求微分方程 $\dfrac{\mathrm{d}y}{\mathrm{d}x}+\dfrac{y}{x}=\dfrac{\sin x}{x}$ 满足条件 $y\big|_{x=\pi}=1$ 的特解.

解：因为 $P(x)=\frac{1}{x}$，$Q(x)=\frac{\sin x}{x}$，所以方程的通解为

$$y=\mathrm{e}^{-\int\frac{1}{x}\mathrm{d}x}\left(\int\frac{\sin x}{x}\mathrm{e}^{\int\frac{1}{x}\mathrm{d}x}\mathrm{d}x+C\right)=\mathrm{e}^{-\ln x}\left(\int\frac{\sin x}{x}\mathrm{e}^{\ln x}\mathrm{d}x+C\right)$$

$$=\frac{1}{x}\left(\int\sin x\,\mathrm{d}x+C\right)$$

$$=\frac{-\cos x+C}{x}.$$

把初始条件 $y\big|_{x=\pi}=1$ 代入通解中得

$$1=\frac{-\cos\pi+C}{\pi}=\frac{1+C}{\pi},$$

即

$$C=\pi-1,$$

所以方程的特解为

$$y=\frac{\pi-1-\cos x}{x}.$$

例 6-15　求一曲线的方程，此曲线通过原点，并且它在点 (x,y) 处的切线斜率等于 $2x+y$.

解：根据题设可得 $y'=2x+y$，即

$$y'-y=2x.$$

此方程为一阶非齐次线性微分方程，且 $P(x)=-1$，$Q(x)=2x$，所以此方程的通解为

$$y = e^{\int 1 dx} \left(\int 2x \, e^{\int -1 dx} \, dx + C \right) = e^x \left(\int 2x \, e^{-x} \, dx + C \right)$$

$$= e^x \left(2 \int x \, e^{-x} \, dx + C \right) = e^x \left[2(-x \, e^{-x} - e^{-x}) + C \right]$$

$$= -2x - 2 + C e^x.$$

由于曲线通过原点，即方程满足初始条件 $y \big|_{x=0} = 0$，把此条件代入通解得 $0 = 0 - 2 + C$，即 $C = 2$，因此所求曲线方程为 $y = -2x - 2 + 2e^x$.

例 6 - 16 有一个串联电路如图 6 - 1 所示，其中电源电动势为 $E(t) = 60\text{V}$，电阻为 $R = 12\Omega$，电感为 $L = 4\text{H}$. 试求电流 $I(t)$.

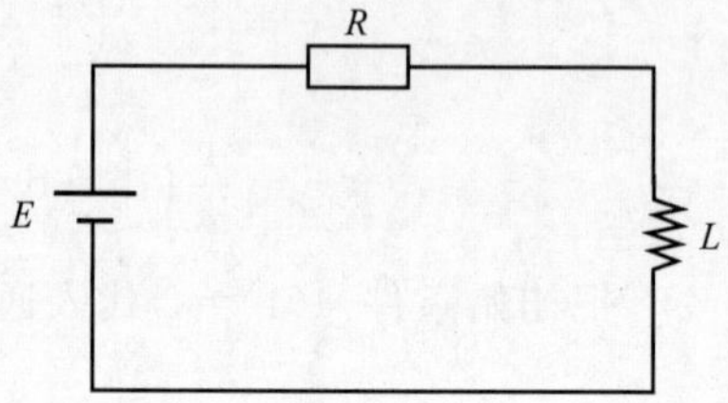

解： 根据电学回路电压基尔霍夫(Kirchhoff)定律有

图 6 - 1

$$L \frac{dI}{dt} + RI = E(t),$$

此外，设开关闭合的时刻为 $t = 0$，这时电流 $I(t)$ 还应该满足初始条件 $I(0) = 0$.

把 $E(t) = 60\text{V}$，$R = 12\Omega$，$L = 4\text{H}$ 代入上式得到初值问题

$$4 \frac{dI}{dt} + 12I = 60, \quad I(0) = 0,$$

即

$$\frac{dI}{dt} + 3I = 15, \quad I(0) = 0.$$

这是一阶非齐次线性微分方程，且 $P(t) = 3$，$Q(t) = 15$.

所以方程的通解为

$$y = e^{\int -3 dt} \left(\int 15 e^{\int 3 dt} \, dt + C \right) = e^{-3t} \left(\int 15 e^{3t} \, dt + C \right)$$

$$= e^{-3t} (5 e^{3t} + C) = 5 + C e^{-3t}.$$

将初始条件 $I(0) = 0$ 代入通解得到 $0 = 5 + C$，即 $C = -5$.

所以所求电流函数为

$$I(t) = 5 - 5 e^{-3t}.$$

习题 6 - 3

1. 求下列微分方程的通解.

(1) $y' = x - y$；

(2) $y' = e^x + y$；

(3) $y' - 4xy = x^2 e^{2x^2}$；

(4) $y' + y\cos x = e^{-\sin x}$；

(5) $xy' + y = \sqrt{x}$；

(6) $x^2 y' + 2xy = \ln x$.

2. 求下列微分方程满足初始条件的特解.

(1) $y' - \dfrac{1}{x} y = x \sin x$，$y \big|_{x = \frac{\pi}{2}} = 1$；

$(2) xy' = y + x^2 \sin x，\ y\big|_{x=\pi} = 0;$

$(3) y' - y\tan x = \sec x，\ y(0) = 0;$

$(4) t\dfrac{\mathrm{d}u}{\mathrm{d}t} = t^2 + 3u，\ t > 0，\ u(2) = 4.$

3. 一曲线通过点$(0,1)$，其在任意点处的切线斜率等于$x+y$，求此曲线的方程.

4. 设有一个由电阻$R = 10\Omega$、电感$L = 2\mathrm{H}$和电源电压$E = 40\mathrm{V}$串联组成的电路. 开关 K 合上后，电路中有电流通过. 求

(1) 电流$I(t)$；

(2) 开关合上 0.1s 时电流I.

6−4　可降阶的高阶微分方程

前文介绍了几种标准类型的一阶微分方程及其求解方法，但是能用这几种初等解法求解的方程却相当有限，特别是高阶微分方程. 从本节开始我们将讨论二阶及二阶以上的微分方程，即所谓的高阶微分方程. 对于某些特殊情形的高阶微分方程，可以通过降阶法即经过适当的变量代换将原方程化成较低阶的方程来求解. 下面以二阶微分方程

$$y'' = f(x, y, y')$$

为例展开讨论，如果可以设法通过变量代换把方程从二阶降到一阶，就有可能应用前文中介绍的解法来求解了. 下面介绍 3 种容易降阶的高阶微分方程的求解方法.

6−4−1　$y'' = f(x)$型的微分方程

$y'' = f(x)$型的微分方程的特点是其左端是未知函数y的二阶导数，右端是自变量x的已知函数且不含未知函数y及y'. 降阶求解方法为：将y'作为新的未知函数来降阶，即令$z = y'$，则$y'' = z'$，于是原方程可改写为可分离变量的微分方程

$$z' = f(x),$$

对等式两端积分得

$$y' = z = \int f(x)\,\mathrm{d}x + C_1,$$

对等式两端再积分得

$$y = \int\left[\int f(x)\,\mathrm{d}x\right]\mathrm{d}x + C_1 x + C_2.$$

因此，此类型的二阶微分方程可以通过接连两次积分求得含有两个任意常数的通解.

同理，对于n阶微分方程

$$y^{(n)} = f(x),$$

可以通过接连积分n次求得含有n个任意常数的通解.

例 6−17　求微分方程$y'' = \mathrm{e}^{3x}$的通解.

解：对所给的方程接连积分两次，得

$$y' = \int e^{3x} \, dx = \frac{1}{3} e^{3x} + C_1$$

$$y = \int \left(\frac{1}{3} e^{3x} + C_1 \right) dx = \frac{1}{9} e^{3x} + C_1 x + C_2.$$

例 6 - 18　求微分方程 $y''' = \sin x$ 的通解.

解：对所给的方程接连积分 3 次，得

$$y'' = \int \sin x \, dx = -\cos x + C_1,$$

$$y' = \int (-\cos x + C_1) \, dx = -\sin x + C_1 x + C_2,$$

$$y = \int (-\sin x + C_1 x + C_2) \, dx = \cos x + \frac{1}{2} C_1 x^2 + C_2 x + C_3.$$

6 - 4 - 2　$y'' = f(x, y')$ 型的微分方程

$y'' = f(x, y')$ 型的微分方程的特点是其右端不含未知函数 y. 降阶求解方法为：令 $y' = p(x)$，则 $y'' = p'(x)$，这样方程将变为关于 p 和 x 的一阶微分方程

$$p' = f(x, p),$$

进而可用一阶微分方程的求解方法来求得通解

$$p = \varphi(x, C_1).$$

$y'' = f(x, y')$
型的微分方程

再将以上通解回代到方程 $y' = p(x)$ 中得可分离变量方程

$$y' = \varphi(x, C_1),$$

于是对等式两端积分得

$$y = \int \varphi(x, C_1) \, dx + C_2.$$

同理，在求解一般的右端不显含未知函数 $y, y', \cdots, y^{(k-1)}$ 的 n 阶微分方程

$$y^{(n)} = f(x, y^{(k)}, \cdots, y^{(n-1)})$$

时，可以令 $y^{(k)} = p, y^{(k+1)} = p', \cdots, y^{(n)} = p^{(n-k)}$，则原方程可改写为

$$p^{(n-k)} = f(x, p, \cdots, p^{n-k-1}),$$

并求得通解 $p(x)$ 后回代到方程 $y^{(k)} = p$ 中，再接连积分 k 次求得原方程的通解.

例 6 - 19　求微分方程 $y'' = \sqrt{1 - y'^2}$ 的通解.

解：令 $y' = p(x)$，则 $y'' = p'(x)$，将其代入方程得

$$p' = \sqrt{1 - p^2} \quad \text{或} \quad \frac{dp}{dx} = \sqrt{1 - p^2},$$

分离变量得

$$\frac{dp}{\sqrt{1 - p^2}} = dx,$$

对等式两端积分得

$$\arcsin p = x + C_1.$$

将其回代到方程 $y' = p(x)$ 中得

$$y' = p = \sin(x + C_1),$$

对等式两端再积分得通解

$$y = -\cos(x + C_1) + C_2.$$

例 6 - 20　求微分方程 $(1+x)y'' + y' = 2x + 1$，$y(0) = 1$，$y'(0) = 2$ 的特解.

解：令 $y' = p(x)$，则 $y'' = p'(x)$，将其代入方程得

$$(1+x)p' + p = 2x + 1 \quad 或 \quad p' + \frac{1}{1+x}p = \frac{2x+1}{1+x}.$$

这是一阶线性微分方程，由求解公式得

$$p = e^{-\int \frac{1}{1+x}\mathrm{d}x}\left(\int \frac{2x+1}{1+x}e^{\int \frac{1}{1+x}\mathrm{d}x}\mathrm{d}x + C_1\right) = \frac{1}{1+x}\left[\int(2x+1)\mathrm{d}x + C_1\right]$$

$$= \frac{1}{1+x}\left[(x^2 + x) + C_1\right] = x + \frac{C_1}{1+x},$$

所以

$$y' = x + \frac{C_1}{1+x}.$$

对等式两端积分得方程的通解

$$y = \frac{1}{2}x^2 + C_1\ln(1+x) + C_2.$$

将初始条件 $y(0) = 1$，$y'(0) = 2$ 代入上式解得

$$\begin{cases} C_1 = 2 \\ C_2 = 1 \end{cases},$$

故原方程的特解为

$$y = \frac{1}{2}x^2 + 2\ln(1+x) + 1.$$

例 6 - 21　求微分方程 $xy^{(5)} - y^{(4)} = 0$ 的特解.

解：令 $y^{(4)} = p$，$y^{(5)} = p'$，将其代入方程得

$$xp' - p = 0 \quad 或 \quad p' - \frac{1}{x}p = 0,$$

这是一个一阶齐次线性微分方程，由求解公式得

$$p = C_1 e^{\int \frac{1}{x}\mathrm{d}x} = C_1 x,$$

即

$$y^{(4)} = C_1 x.$$

接连积分 4 次求解得

$$y''' = \int C_1 x\,\mathrm{d}x = \frac{1}{2}C_1 x^2 + C_2,$$

$$y'' = \int \left(\frac{1}{2}C_1 x^2 + C_2 \right) \mathrm{d}x = \frac{1}{6}C_1 x^3 + C_2 x + C_3,$$

$$y' = \int \left(\frac{1}{6}C_1 x^3 + C_2 x + C_3 \right) \mathrm{d}x = \frac{1}{24}C_1 x^4 + \frac{1}{2}C_2 x^2 + C_3 x + C_4,$$

$$y = \int \left(\frac{1}{24}C_1 x^4 + \frac{1}{2}C_2 x^2 + C_3 x + C_4 \right) \mathrm{d}x = \frac{1}{120}C_1 x^5 + \frac{1}{6}C_2 x^3 + \frac{1}{2}C_3 x^2 + C_4 x + C_5.$$

6-4-3 $y'' = f(y, y')$ 型的微分方程

$y'' = f(y, y')$ 型的微分方程的特点是方程右端不显含自变量 x. 降阶求解方法为：令 $y' = p(y)$，则

$$y'' = p'(y) \cdot y' = p'(y)p(y).$$

这样原方程就变为关于 p 和 y 的一阶微分方程，可用一阶微分方程的求解方法来求得通解

$$y' = p = \varphi(y, C_1).$$

这是一个可分离变量的微分方程，对等式两端积分可得原方程的通解

$$\int \frac{1}{\varphi(y, C_1)} \mathrm{d}y = x + C_2.$$

同理，在求解方程右端不显含 x 的 n 阶微分方程

$$y^{(n)} = f(y, y^{(k)}, \cdots, y^{(n-1)})$$

时，可以令 $y' = p(y)$，则

$$y'' = p'(y)p(y), y''' = p''(y)p^2(y) + p(y)[p'(y)], \cdots,$$

将上述表达式代入原方程后可得到一个关于函数 $p(y)$ 的 $n-1$ 阶微分方程，并求得其通解为

$$y' = p(y) = \varphi(y, C_1, \cdots, C_{n-1}),$$

再对等式两端积分，求得原方程的通解应满足

$$\int \frac{\mathrm{d}y}{\varphi(y, C_1, \cdots, C_{n-1})} = x + C_n.$$

例 6-22 求微分方程 $2yy'' = 1 + y'^2$ 的通解.

解：令 $y' = p(y)$，则 $y'' = p'(y) \cdot y' = p'(y)p(y)$，将其代入方程得

$$2yp'p = 1 + p^2 \quad \text{或} \quad 2y \frac{\mathrm{d}p}{\mathrm{d}y}p = 1 + p^2,$$

分离变量得

$$\frac{2p}{1+p^2} \mathrm{d}p = \frac{\mathrm{d}y}{y},$$

对等式两端求积分得

$$\ln(1+p^2) = \ln y + \ln C_1 = \ln(C_1 y),$$

$$1 + p^2 = C_1 y,$$

$$y' = p = \pm \sqrt{C_1 y - 1},$$

再分离变量得

$$\pm \frac{\mathrm{d}y}{\sqrt{C_1 y - 1}} = \mathrm{d}x,$$

对等式两端再求积分得通解

$$4(C_1 y - 1) = C_1^2 (x + C_2)^2.$$

注意

　　如果一个高阶微分方程既不显含 x 又不显含 y，做变量代换 $y' = p(x)$ 后，若方程两端可消去 p，则将原方程视为不显含 x 型的微分方程进行求解；若方程两端不可消去 p，则将原方程视为不显含 y 型的微分方程进行求解.

例 6 - 23　求微分方程 $y'' y' = \dfrac{1}{2}$ 的通解.

　　分析：令 $y' = p(x)$，则 $y'' = p'(x)$，于是原方程变为 $p p' = \dfrac{1}{2}$，此方程两端不可消去 p. 故可将原方程视为不显含 y 型的微分方程进行求解.

　　解：所求方程为 $y'' = f(x, y')$ 型微分方程. 令 $y' = p(x)$，则 $y'' = p'(x)$，于是原方程变为

$$p p' = \frac{1}{2},$$

分离变量并求解可得

$$\int p \, \mathrm{d}p = \int \frac{1}{2} \mathrm{d}x,$$

$$p^2 = (x + C_1),$$

即

$$y' = p = \pm \sqrt{x + C_1},$$

对等式两端求积分得原方程的通解为

$$y = \pm \frac{2}{3} (x + C_1)^{\frac{3}{2}} + C_2.$$

例 6 - 24　求微分方程 $y y'' + y'^2 = 0$ 的通解.

　　解：所求方程为 $y'' = f(y, y')$ 型的微分方程. 令 $y' = p(y)$，则 $y'' = p(y) p'(y)$，于是原方程变为

$$y p \frac{\mathrm{d}p}{\mathrm{d}y} + p^2 = 0,$$

即

$$p \left(y \frac{\mathrm{d}p}{\mathrm{d}y} + p \right) = 0.$$

若 $p \neq 0$，则

$$y \frac{\mathrm{d}p}{\mathrm{d}y} + p(y) = 0 \quad \text{或} \quad \frac{\mathrm{d}p}{p} = -\frac{\mathrm{d}y}{y},$$

对等式两端积分可得

$$\int \frac{\mathrm{d}p}{p} = -\int \frac{\mathrm{d}y}{y} \Rightarrow \ln p = -\ln y + \ln C_1 \Rightarrow p = \frac{C_1}{y},$$

回代并求解得

$$y' = \frac{C_1}{y} \Rightarrow y \, \mathrm{d}y = C_1 \, \mathrm{d}x \Rightarrow \int y \, \mathrm{d}y = \int C_1 \, \mathrm{d}x,$$

故原方程的通解为

$$y^2 = 2(C_1 x + C_2).$$

若 $p = 0$，则 $y = C$ 包含在上述通解中.

习题 6-4

1. 求下列微分方程的通解.

(1) $y'' = x - \cos x$；　　　　(2) $y''' = x \mathrm{e}^x$；

(3) $(1+x^2)y'' = 2xy'$；　　(4) $xy'' + y' = 0$；

(5) $y'' = 1 + y'^2$；　　　　(6) $y'' = y' + x$.

2. 求下列微分方程满足初始条件的特解.

(1) $y''' = \mathrm{e}^{2x}$，$y|_{x=0} = y'|_{x=0} = y''|_{x=0} = 1$；

(2) $y'' = \dfrac{3x^2 y'}{1+x^3}$，$y|_{x=0} = 1$，$y'|_{x=0} = 4$；

(3) $y'' = \mathrm{e}^{2y}$，$y|_{x=0} = y'|_{x=0} = 0$；

(4) $yy'' - y'^2 = 0$，$y|_{x=0} = 1$，$y'|_{x=0} = \dfrac{1}{2}$.

6-5　二阶常系数线性微分方程

二阶线性微分方程

$$y'' + p(x)y' + q(x)y = f(x)$$

在实际问题中的应用较多，同时也在微分方程的研究中起着非常重要的作用. 本节我们主要讨论二阶常系数线性微分方程，即形如

$$y'' + py' + qy = f(x) \tag{6-11}$$

的微分方程，其中 p, q 为实常数. 当方程(6-11)的右端 $f(x) \equiv 0$ 时，对应的方程称为二阶常系数齐次线性微分方程，即

$$y'' + py' + qy = 0. \tag{6-12}$$

6 – 5 – 1　二阶常系数线性微分方程的解的结构

二阶常系数线性
微分方程的解的结构

若函数 y_1 和 y_2 之比为常数，则称 y_1 和 y_2 是**线性相关**的；若函数 y_1 和 y_2 之比不为常数，则称 y_1 和 y_2 是**线性无关**的.

定理 6 – 1　若函数 y_1 和 y_2 是方程(6 – 12)的两个线性无关的特解，则

$$y = C_1 y_1 + C_2 y_2$$

是方程(6 – 12)的通解，其中 C_1, C_2 是任意常数.

在 6 – 3 节中我们已经看到，一阶非齐次线性微分方程的通解等于对应的齐次线性微分方程的通解与非齐次方程的一个特解之和. 实际上二阶及更高阶的非齐次线性微分方程的通解也有相同的结构.

定理 6 – 2　若 y^* 是方程(6 – 11)的一个特解，$\overline{y}$ 是方程(6 – 12)的通解，则

$$y = \overline{y} + y^*$$

是方程(6 – 11)的通解.

微分方程(6 – 11)的特解满足如下叠加原理.

定理 6 – 3　若函数 y_1 和 y_2 分别是方程

$$y'' + py' + qy = f_1(x) \quad \text{和} \quad y'' + py' + qy = f_2(x)$$

的特解，则 $y = y_1 + y_2$ 是方程

$$y'' + py' + qy = f_1(x) + f_2(x)$$

的特解.

以上 3 个定理均可推广到 n 阶非齐次线性方程.

6 – 5 – 2　二阶常系数齐次线性微分方程

二阶常系数齐次
线性微分方程

由定理 6 – 1 知要求解方程(6 – 12)，可以先求出它的两个线性无关的特解 y_1 和 y_2，那么 $y = C_1 y_1 + C_2 y_2$ 即通解.

观察方程(6 – 12)，由于 p，q 是常数，因此方程中的 y，y'，y'' 应只相差一个常数因子，而指数函数 $y = \mathrm{e}^{rx}$ 是具有这一特性的函数. 因而设 $y = \mathrm{e}^{rx}$ 是方程(6 – 12)的解(r 为待定常数)，则

$$y' = r\mathrm{e}^{rx}, \quad y'' = r^2 \mathrm{e}^{rx},$$

把 y, y', y'' 代入方程(6 – 12)得

$$r^2 \mathrm{e}^{rx} + p \cdot r\mathrm{e}^{rx} + q\mathrm{e}^{rx} = 0,$$

即

$$(r^2 + pr + q)\mathrm{e}^{rx} = 0.$$

由于 $\mathrm{e}^{rx} \neq 0$，因此当待定常数 r 满足代数方程

$$r^2 + pr + q = 0 \tag{6 – 13}$$

时，函数 $y = \mathrm{e}^{rx}$ 就是方程(6 – 12)的解. 于是方程(6 – 12)的求解问题就转化为代数方程

$(6-13)$ 的求解问题.

我们称代数方程 $(6-13)$ 为方程 $(6-12)$ 的**特征方程**，其根则称为**特征根**. 现在讨论特征根及微分方程 $(6-12)$ 的解的情况. 由于特征方程 $(6-13)$ 是二次方程，特征根 r_1，r_2 满足

$$r_1, r_2 = \frac{-p \pm \sqrt{p^2 - 4q}}{2},$$

且有 3 种不同的情形.

(1)特征根为两个不等的实数：$r_1 \neq r_2$.

此时微分方程有两个线性无关的解：$y_1 = e^{r_1 x}$，$y_2 = e^{r_2 x}$. 因此微分方程 $(6-12)$ 的通解为

$$y = C_1 e^{r_1 x} + C_2 e^{r_2 x}. \tag{6-14}$$

(2)特征根为两个相等的实数：$r = r_1 = r_2$.

此时只得到微分方程的一个解 $y_1 = e^{rx}$，另外直接验证可知，$y_2 = x e^{rx}$ 是微分方程的另一个解，且 y_1 和 y_2 线性无关，从而微分方程 $(6-12)$ 的通解为

$$y = C_1 e^{rx} + C_2 x e^{rx} = (C_1 + C_2 x) e^{rx}. \tag{6-15}$$

(3)特征根为一对共轭复根：$r_{1,2} = \alpha \pm i\beta (\beta \neq 0)$.

此时得到微分方程两个线性无关的解：$y_1 = e^{(\alpha + i\beta)x}$，$y_2 = e^{(\alpha - i\beta)x}$，因此，利用欧拉公式

$$e^{i\theta} = \cos\theta + i\sin\theta,$$

可得微分方程 $(6-12)$ 的通解为

$$
\begin{aligned}
y &= A e^{(\alpha + i\beta)x} + B e^{(\alpha - i\beta)x} \\
&= e^{\alpha x}(A e^{i\beta x} + B e^{-i\beta x}) \\
&= e^{\alpha x}[(A + B)\cos\beta x + (A - B)i\sin\beta x].
\end{aligned}
$$

令 $C_1 = A + B$，$C_2 = (A - B)i$，于是微分方程实数形式的通解为

$$y = e^{\alpha x}(C_1 \cos\beta x + C_2 \sin\beta x). \tag{6-16}$$

综上所述，求二阶常系数齐次线性微分方程 $(6-12)$ 的通解的步骤如下：

(1)写出微分方程 $(6-12)$ 的特征方程 $(6-13)$；

(2)求出微分方程 $(6-12)$ 特征根 r_1，r_2；

(3)根据特征根的不同情况写出微分方程 $(6-12)$ 的通解.

例 6-25 求微分方程 $y'' + 5y' + 6y = 0$ 的通解.

解： 所给微分方程的特征方程为

$$r^2 + 5r + 6 = 0,$$

其根为 $r_1 = -2$，$r_1 = -3$，故所求通解为

$$y = C_1 e^{-2x} + C_2 e^{-3x}.$$

例 6-26 求微分方程 $y'' + 4y' + 4y = 0$ 满足初始条件 $y|_{x=0} = 2$，$y'|_{x=0} = 0$ 的特解.

解： 所给微分方程的特征方程为

$$r^2 + 4r + 4 = (r+2)^2 = 0.$$

其根为 $r_1 = r_2 = -2$，故所求通解为

$$y = (C_1 + C_2 x)e^{-2x}.$$

对通解关于 x 求导，得

$$y' = -2(C_1 + C_2 x)e^{-2x} + C_2 e^{-2x}.$$

将初始条件 $y(0) = 2$，$y'(0) = 0$ 代入 y，y'，得

$$\begin{cases} C_1 = 2 \\ -2C_1 + C_2 = 0 \end{cases}.$$

解得 $C_1 = 2$，$C_2 = 4$，于是所求特解为

$$y = (2 + 4x)e^{-2x}.$$

例 6-27　求微分方程 $y'' - 2y' + 2y = 0$ 的通解.

解：所给微分方程的特征方程为

$$r^2 - 2r + 2 = 0,$$

其一对共轭复根为

$$r_1, r_2 = \frac{2 \pm \sqrt{-4}}{2} = 1 \pm i.$$

故所求通解为

$$y = e^x (C_1 \cos x + C_2 \sin x).$$

例 6-28　一垂直挂着的弹簧下端系有一质量为 m 的重物，弹簧被拉伸后处于平衡状态. 现用力将重物向下拉，松开手后，弹簧就会上下振动，不计阻力，求重物的位置随时间变化的函数关系.

解：如图 6-2 所示，设平衡位置为坐标原点 O，重物在时刻 t 离开平衡位置的位移为 x，重物所受弹簧的恢复力为 F.

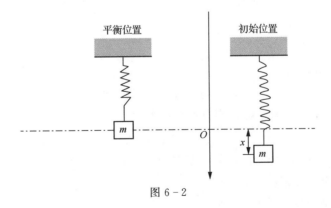

图 6-2

由力学定律知，F 与 x 成正比，有

$$F = -kx \quad \text{（其中 } k > 0\text{，为比例系数）}.$$

由牛顿第二运动定律得
$$F = m \frac{d^2 x}{dt^2},$$

所以

$$m\frac{\mathrm{d}^2 x}{\mathrm{d}t^2} = -kx.$$

设 $\lambda^2 = \dfrac{k}{m}(\lambda > 0)$，则方程化为二阶常系数微分方程

$$\frac{\mathrm{d}^2 x}{\mathrm{d}t^2} + \lambda^2 x = 0.$$

此方程的特征方程为

$$r^2 + \lambda^2 = 0,$$

其根为 $r_{1,2} = \pm \mathrm{i}\lambda$，故重物的位置随时间变化的函数关系，即上述微分方程通解为

$$x = C_1 \cos \lambda t + C_2 \sin \lambda t.$$

6-5-3 二阶常系数非齐次线性微分方程

由定理 6-2 知，求二阶常系数非齐次线性微分方程(6-11)的通解，可先求出其对应的齐次线性微分方程(6-12)的通解，再设法求出非齐次线性微分方程(6-11)的一个特解，二者之和就是二阶常系数非齐次线性微分方程的通解. 所以求二阶常系数非齐次线性微分方程(6-11)的通解可按如下步骤进行：

(1)求出对应的齐次线性微分方程(6-12)的通解 $\overline{y}$；

(2)求出非齐次线性微分方程(6-11)的一个特解 y^*；

(3)所求方程(6-11)的通解为 $y = \overline{y} + y^*$.

前面已讲解了如何求解二阶常系数齐次线性微分方程(6-12)的通解，现在只需讨论非齐次线性微分方程(6-11)的特解的求法. 这里我们不进行一般讨论，只介绍当方程(6-11)中的 $f(x)$ 为下列两种常见类型时特解的求解方法，这种方法叫作待定系数法.

1. $f(x) = \mathrm{e}^{\alpha x} P(x)$ 型

这种类型的方程为

$$y'' + py' + qy = P(x)\mathrm{e}^{\alpha x}.$$

其中，$P(x)$ 是多项式，α 是常数，则方程具有形如

$$y^* = x^k Q(x)\mathrm{e}^{\alpha x}$$

的特解，其中 $Q(x)$ 是与 $P(x)$ 同次的待定多项式，而 k 的取法如下：

(1)若 α 与两个特征根都不等，则取 $k = 0$；

(2)若 α 与一个特征根相等，则取 $k = 1$；

(3)若 α 与两个特征根都相等，则取 $k = 2$.

例如，

$$y'' - 2y' + y = x\mathrm{e}^x,$$

其对应的齐次线性微分方程的特征方程为

$$r^2 - 2r + 1 = 0.$$

特征根为 $r_1 = r_2 = 1$.

由于 $\alpha = r_1 = r_2 = 1$，因此取 $k = 2$. 又由于 $P(x) = x$ 是一次多项式，因此 $Q(x) = ax + b$.

故可设原方程的一个特解为

$$y^* = x^k Q(x) \mathrm{e}^{\alpha x} = x^2 (ax + b) \mathrm{e}^x.$$

例 6 - 29　求微分方程 $y'' - 2y' - 3y = x^2 + 2x + 1$ 的通解.

解：(1)其对应的齐次线性微分方程的特征方程为

$$r^2 - 2r - 3 = 0.$$

特征根为 $r_1 = -1$，$r_2 = 3$. 所以其对应的齐次方程的通解为

$$\bar{y} = C_1 \mathrm{e}^{-x} + C_2 \mathrm{e}^{3x}.$$

(2)所求方程右端 $f(x) = x^2 + 2x + 1$ 是 $f(x) = \mathrm{e}^{\alpha x} P(x)$ 型的，其中 $\alpha = 0$，$P(x) = x^2 + 2x + 1$. 由于 $\alpha = 0$ 与 r_1，r_2 都不相等，因此取 $k = 0$. 故设原方程的特解为

$$y^* = x^k Q(x) \mathrm{e}^{\alpha x} = Q(x) = ax^2 + bx + c.$$

把 y^* 代入原方程得

$$(ax^2 + bx + c)'' - 2(ax^2 + bx + c)' - 3(ax^2 + bx + c) = x^2 + 2x + 1,$$

整理得

$$-3ax^2 - (4a + 3b)x + (2a - 2b - 3c) = x^2 + 2x + 1.$$

比较上式两端 x 同次幂的系数得

$$\begin{cases} -3a = 1 \\ -4a - 3b = 2 \\ 2a - 2b - 3c = 1 \end{cases},$$

从而求出 $a = -\dfrac{1}{3}$，$b = -\dfrac{2}{9}$，$c = -\dfrac{11}{27}$，于是

$$y^* = -\frac{1}{3}x^2 - \frac{2}{9}x - \frac{11}{27}.$$

(3)所求方程的通解为

$$y = \bar{y} + y^* = C_1 \mathrm{e}^{-x} + C_2 \mathrm{e}^{3x} - \frac{1}{3}x^2 - \frac{2}{9}x - \frac{11}{27}.$$

例 6 - 30　求微分方程 $y'' - 2y' - 3y = \mathrm{e}^{3x}$ 的一个特解.

解：所求方程右端的 $f(x) = \mathrm{e}^{3x}$ 是 $f(x) = \mathrm{e}^{\alpha x} P(x)$ 型的，其中 $P(x) = 1$，$\alpha = 3$. 由上例可得特征根为 $r_1 = -1$，$r_2 = 3$. 由于 $\alpha = r_2 = 3$，因此取 $k = 1$. 故可设特解为

$$y^* = xc \mathrm{e}^{3x}.$$

把 y^* 代入原方程得

$$(xc \mathrm{e}^{3x})'' - 2(xc \mathrm{e}^{3x})' - 3(xc \mathrm{e}^{3x}) = \mathrm{e}^{3x},$$

即

$$4c \mathrm{e}^{3x} = \mathrm{e}^{3x},$$

从而求出 $c = \dfrac{1}{4}$. 故所求方程的特解为

$$y^* = \frac{1}{4}xe^{3x}.$$

例 6-31 求微分方程 $y''-2y'-3y=x^2+2x+1+e^{3x}$ 的通解.

解：(1)由例 6-29 知，所求方程对应的齐次线性微分方程 $y''-2y'-3y=0$ 的通解为

$$\bar{y}=C_1e^{-x}+C_2e^{3x}.$$

(2)由定理 6-3 知，所求方程的特解等于方程 $y''-2y'-3y=x^2+2x+1$ 的特解与方程 $y''-2y'-3y=e^{3x}$ 的特解之和，故由例 6-29 和例 6-30 得所求方程的一个特解为

$$y^* = -\frac{1}{3}x^2-\frac{2}{9}x-\frac{11}{27}+\frac{1}{4}xe^{3x}.$$

(3)故所求方程的通解为

$$y=C_1e^{-x}+C_2e^{3x}-\frac{1}{3}x^2-\frac{2}{9}x-\frac{11}{27}+\frac{1}{4}xe^{3x}.$$

2. $f(x)=e^{\alpha x}P(x)\cos\beta x$ 型或者 $f(x)=e^{\alpha x}P(x)\sin\beta x$ 型

由欧拉公式，$e^{i\beta x}=\cos\beta x+i\sin\beta x$，我们知道

$$e^{\alpha x}P(x)\cos\beta x+ie^{\alpha x}P(x)\sin\beta x=P(x)e^{(\alpha+i\beta x)},$$

也就是说，$e^{\alpha x}P(x)\cos\beta x$ 和 $e^{\alpha x}P(x)\sin\beta x$ 分别是 $P(x)e^{(\alpha+i\beta x)}$ 的实部和虚部. 因此，只需考虑方程

$$y''+py'+qy=P(x)e^{(\alpha+i\beta x)}. \tag{6-17}$$

事实上，$f(x)=P(x)e^{(\alpha+i\beta)x}$ 是 $f(x)=e^{\alpha x}P(x)$ 型的特殊形式. 因此，我们可以假设方程(6-17)的一个特解为

$$Y^*=x^kQ(x)e^{(\alpha+i\beta)x},$$

其中，$Q(x)$ 是与 $P(x)$ 同次的复系数多项式，而 k 的取法如下：

(1)若 $\alpha\pm i\beta$ 是特征根，取 $k=1$；

(2)若 $\alpha\pm i\beta$ 不是特征根，取 $k=0$.

记 $Q(x)=Q_1(x)+iQ_2(x)$，其中 $Q_1(x)$，$Q_2(x)$ 为与 $P(x)$ 同次的实系数多项式，于是

$$Y^*=x^ke^{\alpha x}[Q_1(x)+iQ_2(x)](\cos\beta x+i\sin\beta x)$$
$$=x^ke^{\alpha x}[Q_1(x)\cos\beta x-Q_2(x)\sin\beta x]+ix^ke^{\alpha x}[Q_1(x)\sin\beta x+Q_2(x)\cos\beta x].$$

因此，自由项为 $f(x)=e^{\alpha x}P(x)\cos\beta x$ 型和 $f(x)=e^{\alpha x}P(x)\sin\beta x$ 型的二阶常系数非齐次线性微分方程(6-11)的特解分别为

$$y^*=x^ke^{\alpha x}[Q_1(x)\cos\beta x-Q_2(x)\sin\beta x] \text{和} \ y^*=x^ke^{\alpha x}[Q_1(x)\sin\beta x+Q_2(x)\cos\beta x].$$

综上，$f(x)=e^{\alpha x}P(x)\cos\beta x$ 型和 $f(x)=e^{\alpha x}P(x)\sin\beta x$ 型的方程都具有形如

$$y^*=x^ke^{\alpha x}[Q(x)\cos\beta x+R(x)\sin\beta x]$$

的特解，其中 $Q(x)$ 和 $R(x)$ 均是与 $P(x)$ 同次的待定多项式.

例 6-32　求微分方程 $y''-3y'-4y=2\sin x$ 的特解.

解：所求方程右端是 $f(x)=\mathrm{e}^{\alpha x}P(x)\sin\beta x$ 型的，其中 $\alpha=0$，$\beta=1$，$P(x)=2$. 又因为所求方程对应的齐次方程的特征方程为

$$r^2-3r-4=(r+1)(r-4)=0,$$

所以特征根为 $r_1=-1$，$r_2=4$. 由于 $\pm\mathrm{i}$ 不是特征根，因此取 $k=0$. 故可以假设所求方程的特解为

$$y^*=x^k\mathrm{e}^{\alpha x}[Q(x)\cos\beta x+R(x)\sin\beta x]=A\sin x+B\cos x.$$

将特解代入原方程得

$$(A\sin x+B\cos x)''-3(A\sin x+B\cos x)'-4(A\sin x+B\cos x)=2\sin x,$$

整理可得

$$(-5A+3B)\sin x+(-5B-3A)\cos x=2\sin x.$$

比较等式两端同类项的系数，得

$$\begin{cases}-5A+3B=2\\-5B-3A=0\end{cases},$$

由此解得 $A=-\dfrac{5}{17}$，$B=\dfrac{3}{17}$.

因此，所求方程的一个特解为

$$y^*=-\frac{5}{17}\sin x+\frac{3}{17}\cos x.$$

例 6-33　求微分方程 $y''-3y'-4y=-8\mathrm{e}^x\cos2x+2\sin x$ 的通解.

解：(1)由上例知所求方程对应的齐次方程 $y''-3y'-4y=0$ 的通解为

$$\bar{y}=C_1\mathrm{e}^{-x}+C_2\mathrm{e}^{4x}.$$

(2)由定理 6-3 知，所求方程的一个特解可表示为方程 $y''-3y'-4y=-8\mathrm{e}^x\cos2x$ 的一个特解与方程 $y''-3y'-4y=2\sin x$ 的一个特解之和. 例 6-32 已求得方程 $y''-3y'-4y=2\sin x$ 的一个特解为 $-\dfrac{5}{17}\sin x+\dfrac{3}{17}\cos x$. 因此这里我们只需求方程 $y''-3y'-4y=-8\mathrm{e}^x\cos2x$ 的一个特解：方程右端是 $f(x)=\mathrm{e}^{\alpha x}P(x)\cos\beta x$ 型的，其中 $\alpha=1$，$\beta=2$，$P(x)=-8$. 由于 $1\pm2\mathrm{i}$ 不是特征根，因此取 $k=0$. 故可以假设所求方程的一个特解为

$$y^*=x^k\mathrm{e}^{\alpha x}[Q(x)\cos\beta x+R(x)\sin\beta(x)]=\mathrm{e}^x(A\cos2x+B\sin2x).$$

将特解代入原方程得

$$[\mathrm{e}^x(A\cos2x+B\sin2x)]''-3[\mathrm{e}^x(A\cos2x+B\sin2x)]'-4[\mathrm{e}^x(A\cos2x+B\sin2x)]$$
$$=-8\mathrm{e}^x\cos2x.$$

整理并比较等式两端同类项的系数，得

$$\begin{cases}10A+2B=8\\2A-10B=0\end{cases},$$

由此解得 $A=\dfrac{10}{13}$，$B=\dfrac{2}{13}$.

因此，方程 $y'' - 3y' - 4y = -8e^x \cos 2x$ 的一个特解为

$$y^* = \frac{10}{13}e^x \cos 2x + \frac{2}{13}e^x \sin 2x.$$

从而，所求方程的一个特解为

$$Y^* = -\frac{5}{17}\sin x + \frac{3}{17}\cos x + \frac{10}{13}e^x \cos 2x + \frac{2}{13}e^x \sin 2x.$$

（3）所求方程的通解为

$$y = C_1 e^{-x} + C_2 e^{4x} - \frac{5}{17}\sin x + \frac{3}{17}\cos x + \frac{10}{13}e^x \cos 2x + \frac{2}{13}e^x \sin 2x.$$

习题 6 - 5

1. 求下列微分方程的通解.

（1）$y'' + 2y' - 3y = 0$；　　　　（2）$y'' + 5y' = 0$；

（3）$4y'' + 4y' + y = 0$；　　　　（4）$y'' + 9y = 0$；

（5）$y'' + 2y = 0$；　　　　　　　（6）$4y'' - 4y' - 3y = 0$；

（7）$y'' - 4y' + 13y = 0$；　　　　（8）$y'' - 6y' + 9y = 0.$

2. 求下列微分方程满足初始条件的特解.

（1）$6y'' - 5y' + y = 0$，$y|_{x=0} = 4$，$y'|_{x=0} = 0$；

（2）$4y'' - y = 0$，$y|_{x=-2} = 1$，$y'|_{x=-2} = -1$；

（3）$y'' + 4y = 0$，$y|_{x=0} = 0$，$y'|_{x=0} = 1$；

（4）$y'' + y' + 1.25y = 0$，$y|_{x=0} = 3$，$y'|_{x=0} = 1$；

（5）$y'' - y' + 0.25y = 0$，$y|_{x=0} = 0$，$y'|_{x=0} = \frac{1}{3}$；

（6）$9y'' - 12y' + 4y = 0$，$y|_{x=0} = 2$，$y'|_{x=0} = -1.$

3. 求下列微分方程的通解.

（1）$y'' - 4y' + 5y = e^{-x}$；　　　　（2）$y'' + 2y' - 8y = 1 - 2x^2$；

（3）$y'' - 2y' - 3y = -3xe^{-x}$；　　（4）$y'' + 2y' = 3 + 4\sin 2x.$

4. 求下列微分方程满足初始条件的特解.

（1）$y'' - 2y' + y = xe^x + 4$，$y|_{x=0} = 1$，$y'|_{x=0} = 1$；

（2）$y'' + 4y = 3\sin 2x$，$y|_{x=0} = 2$，$y'|_{x=0} = -1.$

数学建模案例 6

十字路口黄灯时间确定的数学模型研究[20]

《中华人民共和国道路交通安全法实施条例》第三十八条——机动车信号灯和非机动车信号灯表示：（一）绿灯亮时，准许车辆通行，但转弯的车辆不得妨碍被放行的直行车辆、

行人通行；（二）黄灯亮时，已越过停止线的车辆可以继续通行；（三）红灯亮时，禁止车辆通行．公安部修订的《道路交通安全违法行为积分管理办法》严格了对驾驶员的管理：驾驶机动车不按交通信号灯通行指示通行的属于道路交通违法行为，一次计 6 分．国内很多城市已经对路口信号灯灯序及黄灯闪烁时间进行了标准化设置．以天津市为例，2008 年 8 月22 日，天津市公安局交通管理局将机动车信号灯灯序控制为"红－绿－黄－红"，将黄灯过渡信号时间统一设置为 3s．这样的设置方便了机动车驾驶员对信号灯放行次序的辨识，驾驶员在到达路口前可以预判情况、控制车速，提高路口通行的安全性．信号灯灯序的调整以及黄灯时间的统一规范符合行业标准并与国际惯例接轨．黄灯应该亮多长时间才能使停车线附近的车辆安全顺利地通过路口呢？下文建立了一个保守黄灯亮的时间确定的数学模型．

设驾驶员反应时间为 T_1，汽车通过十字路口所需的时间为 T_2，行驶到停车线处所需的驾驶时间为 T_3，则黄灯应亮的时间为 $T=T_1+T_2+T_3$．

又令汽车的行驶速度为法定行驶限速 v_0，十字路口的长度为 L，车身长度为 I（见图6-3），则汽车通过十字路口所需的时间为：$T_2=(I+L)/v_0$．

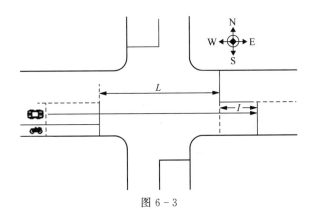

图 6-3

假设汽车质量为 m，刹车摩擦因数为 f，汽车从刹车至停止的行驶距离为 $x(t)$，由牛顿第二运动定律，刹车过程应满足如下微分方程，其中 g 为重力加速度．

$$m\,\frac{\mathrm{d}^2 x}{\mathrm{d}T_2}=-fmg,\tag{6-18}$$

$$\left.\frac{\mathrm{d}x}{\mathrm{d}t}\right|_{t=0}=v_0,\tag{6-19}$$

$$x(0)=0.\tag{6-20}$$

对公式（6-18）两边积分，将初始条件（6-19）代入，得

$$\frac{\mathrm{d}x}{\mathrm{d}t}=-fgt+v_0.\tag{6-21}$$

当汽车在停车线前停止时，由公式（6-21）得

$$t_1=\frac{v_0}{fg}.\tag{6-22}$$

再对公式(6-21)积分,将公式(6-20)代入,得

$$x(t) = -\frac{1}{2}fgt^2 + v_0 t. \qquad (6-23)$$

将公式(6-22)代入公式(6-23),得到停车距离为

$$x(t) = -\frac{1}{2}fg\left(\frac{v_0}{fg}\right)^2 + v_0 \frac{v_0}{fg} = \frac{v_0^2}{2fg}.$$

故有

$$T_3 = \frac{x(t)}{v_0} = \frac{v_0}{2fg}.$$

当汽车开始减速时,设汽车的加速度为 a(单位为 m/s^2),则有 $ma = fmg$,即 $a = fg$,所以

$$T_3 = \frac{x(t)}{v_0} = \frac{v_0}{2fg} = \frac{v_0}{2a}.$$

所以黄灯亮的时间理论上的数值应为

$$T = T_1 + T_2 + T_3 = T_1 + \frac{I+L}{v_0} + \frac{v_0}{2a}. \qquad (6-24)$$

应用不等式 $a + b \geqslant 2\sqrt{ab}$ ($a \geqslant 0$,$b \geqslant 0$),得

$$T \geqslant T_1 + \sqrt{\frac{2(I+L)}{a}}. \qquad (6-25)$$

当 a 取最大值时,即汽车紧急制动,所得的时间 T 就是黄灯应该亮的最短时间. 根据资料,各种路面与轮胎之间的动摩擦因数如表 6-1 所示.

表 6-1 路面与轮胎之间的动摩擦因数

路面类型	动摩擦因数
干沥青与混凝土路面	0.70～0.80
干碎石路面	0.60～0.70
湿沥青与混凝土路面	0.32～0.40

取 $g = 10\text{m/s}^2$,$f = 0.8$,由 $a = fg$,算得 $a = 8\text{m/s}^2$.

驾驶员的反应时间 T_1 的确定是一个比较复杂的问题. 速度、时间、道路、位置空间等,都是驾驶员安全考虑并进行分析和判断的因素. 另外反应时间也与驾驶员的年龄,以及城市繁杂多变的交通情况和危险情况有关. 根据目前已有的研究成果可知,约 85% 的驾驶员感知时间值在 1～1.8s,对于一些驾龄长的驾驶员,反应时间一般不小于 2.5s. 根据美国各州公路和交通工作者协会建议,对所有车速在确定安全停车距离时,反应时间为 2.5s,在确定交叉口时距时,反应时间为 2.0s. 这里将反应时间设设为 1～2.5s,典型车身长度设为 $I = 4\text{m}$,路口宽度 L 设为 20～40m. 在不同反应时间、不同路口宽度下,按照公式(6-24)算出的黄灯亮的时间如表 6-2 所示.

表 6 - 2　黄灯亮的最短时间表

L/m	T_1/s			
	1.0	1.5	2.0	2.5
20	3.5	4.0	4.5	5.0
25	3.7	4.2	4.7	5.0
30	3.9	4.4	4.9	5.4
35	4.1	4.6	5.1	5.6
40	4.3	4.8	5.3	5.8

　　由表 6 - 2 可见，绝大部分情况下黄灯亮的最短时间都超过了 4s. 事实上，在式 $a = fg$ 中，计算的是紧急刹车的最大加速度，紧急刹车会带来比闯黄灯更大的安全风险. 研究表明，约 90% 的驾驶员会以不大于 $a = 3.4\mathrm{m/s^2}$ 的减速度减速，这个减速度能够使驾驶员在潮湿的路面上刹车时保持驾驶控制. 当 $a = 3.4\mathrm{m/s^2}$ 时，算得表 6 - 2 中最短的黄灯亮的时间太过理想化，其中存在以下几个问题：①公式(6 - 24)中的黄灯亮的时间虽然有效避免了相邻相位车流间的相互干扰，当红灯亮时汽车的尾部刚好通过停车线，但实际上，公式(6 - 24)的黄灯亮的时间相对比较保守；②速度始终为一个定值，这也与实际情况不符.

　　由于篇幅所限，对上述保守黄灯亮的时间确定模型进行改进的有效黄灯亮的时间确定的数学模型可查阅其他文献，这里不具体细说.

复习题六

一、填空题

1. 微分方程 $y''' + xy' + (\cos^2 x)y = x^3$ 的阶数为_____.

2. 微分方程 $y''' = \cos x$ 的通解为_____.

3. 假设 $y = y_1(x)$ 和 $y = y_2(x)$ 为微分方程 $y' + P(x)y = Q(x)$ 的两个不相同的解，则该方程的通解可以表示为_____.

4. 微分方程 $y'' - 4y' + 3y = 0$ 的通解为_____.

5. 若函数 $f(x)$ 满足方程 $xf(x) + \int_0^x f(t)\mathrm{d}t = x$，则 $f(x) = $_____.

6. 微分方程 $y'' - 5y' + 6y = x\mathrm{e}^{2x}$ 的特解应假设为_____.

二、选择题

1. 微分方程 $y''' + 2\mathrm{e}^x y'' + yy' = x^4$ 的阶数是(　　).

A. 1　　　　　　B. 2　　　　　　C. 3　　　　　　D. 4

2. 微分方程 $y' = y - x\mathrm{e}^x$ 是(　　).

A. 可分离的　　　　　　　　　B. 一阶线性齐次的

C. 齐次的   D. 一阶线性非齐次的

3. 微分方程 $y'+2y=0$ 的通解为(   ).

A. $y=Ce^x$ B. $y=Ce^{2x}$ C. $y=Ce^{-x}$ D. $y=Ce^{-2x}$

4. 函数 $y=e^{x^2}\int_0^x e^{-t^2}\,dt+e^{x^2}$ 是微分方程 $y'-2xy=1$ 的(   ).

A. 特解   B. 通解   C. 不是解   D. 既不是通解也不是特解

5. 微分方程 $\dfrac{d^2y}{dx^2}+\sin(x+y)=\sin x$ 的通解中应包含任意常数的个数为(   ).

A. 1   B. 2   C. 3   D. 4

6. 微分方程 $y''+y=0$ 的通解为(   ).

A. $y=c_1e^{-x}\cos x+c_2e^{-x}\sin x$ B. $y=c_1e^x\cos x+c_2e^x\sin x$

C. $y=c_1\cos x+c_2\sin x$ D. $y=c_1e^{3x}\cos x+c_2e^{3x}\sin x$

三、求下列微分方程的通解

1. $(xy^2+x)dx+(y-x^2y)dy=0$；

2. $\dfrac{dy}{dx}=e^{\frac{y}{x}}+\dfrac{y}{x}$；

3. $xy'-y=x\ln x$；

4. $e^x\cos y\,dx+(e^x+1)\sin y\,dy=0$；

5. $y''=(y')^{\frac{1}{2}}$；

6. $y''-5y'=0$；

7. $y''-2y'+10y=0$；

8. $y''-4y=xe^x+\cos 2x$.

四、求下列微分方程的特解

1. $y'+2xy=y$，$y(0)=5$；

2. $xy'+(x-2)y=3x^3e^{-x}$，$y(1)=0$；

3. $y''-y=4xe^x$，$y(0)=1$，$y'(0)=1$；

4. $2yy''-(y')^2=1$，$y(0)=2$，$y'(0)=1$.

五、解答题

1. 一曲线通过点 $(3,2)$，且在两坐标轴间的任意切线段均被切点所平分，求此曲线的方程.

2. 设 $y=e^x$ 是 $xy'+p(x)y=x$ 的一个解，求此微分方程满足 $y(\ln 2)=0$ 的特解.

3. 镭的衰变与它的现存量 R 成正比，经过 800 年后，只余下原始量 R_0 的 $\dfrac{3}{4}$. 试求镭的现存量 R 与时间的函数关系.

4. 设 $f(x)=\sin x-\int_0^x(x-t)f(t)dt$，其中 $f(x)$ 连续，求 $f(x)$.

拓展阅读 6

欧拉——我们的老师[21]

欧拉(1707—1783 年)是瑞士数学家，生于瑞士的巴塞尔. 他的父亲保罗·欧拉是位基督教加尔文派的教长，喜欢数学，所以欧拉从小就受到这方面的熏陶. 但他的父亲却执意让他攻读神学，继承父业. 幸运的是，欧拉并没有走父亲为他安排的路. 1720 年秋，父亲把欧拉送进瑞士最古老的大学——巴塞尔大学，学习神学、医学、东方语言. 欧拉的聪慧与勤勉使他得到了该校数学教授约翰·伯努利的赏识，并为他亲自单独面授数学. 从此，欧拉和他的儿子——数学家尼古拉·伯努利及丹尼尔·伯努利结成密友. 16 岁的时候，欧拉成为巴塞尔有史以来第一个年轻的硕士，并成为约翰的助手.

在伯努利家族的影响下，欧拉决心以数学为业. 他 18 岁开始发表论文，19 岁发表了论船桅的论文，荣获巴黎科学院奖金. 此后，他几乎连年获奖，奖金成了他的固定收入.

"大鹏一日同风起，扶摇直上九万里."(李白：《上李邕》)在尼古拉·伯努利及丹尼尔·伯努利的推荐下，1727 年春，欧拉离开了自己的祖国，来到俄国的圣彼得堡科学院，并顺利地获得了高等数学副教授的职位. 1733 年，年仅 26 岁的欧拉成为数学教授及圣彼得堡科学院数学部的领导人.

1733 年至 1741 年，欧拉生活及工作的条件比较差. 在这期间，由于勤奋工作，欧拉发表了大量优秀的数学论文，以及其他方面的论文、著作. 1736 年欧拉出版了《力学，或解析地叙述运动的理论》，在这里他最早明确地提出质点或粒子的概念，最早研究质点沿任意一曲线运动时的速度，并在有关速度与加速度的问题上应用矢量的概念. 同时，他创立了分析力学、刚体力学，研究和发展了弹性理论、振动理论以及材料力学.

正因为欧拉所研究的问题都是与当时的生产实际、社会需要和军事需要等紧密相连的，所以欧拉的创造才能才得到了充分发挥，并取得了惊人的成就. 欧拉在进行科学研究的同时，还把数学应用到实际之中，为俄国政府解决了很多科学难题，为社会做出了重要的贡献. 此外，他研究了天文学，并与达朗贝尔、拉格朗日一起成为天体力学的创立者，还发表了《行星和彗星的运动理论》《月球运动理论》《日蚀的计算》等著作.

1766 年，这位年近花甲的数学家欧拉双目失明. 但欧拉是坚强的，凭着顽强的毅力、超人的才智、渊博的学识、惊人的记忆力，用口授、别人记录的方法坚持写作. 他先集中精力撰写了《微积分原理》一书，在这部三卷本巨著中，欧拉系统地阐述了微积分发明以来的所有积分学的成就，其中充满了欧拉精辟的见解. 1768 年，《积分学原理》第一卷在圣彼得堡出版.

欧拉本人虽不是教师，但他编写的《无穷小分析引论》《微分法》《积分法》等对数学教育产生了深远的影响，被众多人奉为老师.

参 考 文 献

[1] 同济大学数学系. 高等数学[M]. 7版. 北京：高等教育出版社，2014.

[2] 刘建亚，吴臻. 微积分[M]. 3版. 北京：高等教育出版社，2018.

[3] 同济大学数学系. 高等数学[M]. 北京：人民邮电出版社，2016.

[4] 吴洁. 高等数学简明教程[M]. 3版. 北京：机械工业出版社，2016.

[5] 王金武. 经济数学[M]. 北京：电子工业出版社，2015.

[6] 苏德矿. 微积分[M]. 北京：高等教育出版社，2000.

[7] 裴礼文. 数学分析中的典型问题与方法[M]. 北京：高等教育出版社，2021.

[8] 吉林工学院数学教研室. 高等数学[M]. 3版. 武汉：华中科技大学出版社，2001.

[9] 姜启源，谢金星，叶俊，等. 数学模型[M]. 3版. 北京：高等教育出版社，2003.

[10] 姜启源，邢文洲，谢金星，等. 大学数学实验[M]. 北京：清华大学出版社，2005.

[11] 顾沛. 数学文化[M]. 2版. 北京：高等教育出版社，2017.

[12] 王文武. 椅子在不平的地面放平模型[J]. 西南民族大学学报，2010，36(3)：392-393.

[13] 王振东，姜楠. 祖冲之与圆周率[J]. 力学与实践，2015，37(3)：404-408.

[14] 李津. 一生的读书计划[M]. 北京：中国长安出版社，2006.

[15] 查有梁，查莉芬，张小涛. 华罗庚传奇人生的教育启迪——纪念华罗庚诞生110周年[J]. 中国教育科学，3(6)，2020.11.

[16] 张贵琴. 魏晋时期杰出的数学家刘徽[J]. 兰台世界，2011(5)：27-28.

[17] 贾辉明. 刘徽的数学成就[J]. 语数外学习(高中版上旬)，2020(5)：52-55.

[18] 张元方. 一个世纪的几何人生——纪念陈省身先生诞辰100周年[J]. 数学通讯，2011(22)：64-65.

[19] 卢鸿义. 陈省身：一生只做一件事[J]. 课堂内外(高中版)，2007(Z1)：89.

[20] 王秀良，乔木. 十字路口黄灯时间及困境区域的数学模型研究[J]. 武汉理工大学学报(交通科学与工程版)，2011，35(5)：896-900.

[21] 解延年. 慧眼独具的盲人数学家——欧拉小传——纪念欧拉逝世200周年[J]. 数学通报，1983(9)：20-21.

[22] 李建杰，傅建军. 应用数学：理论、案例与模型[M]. 北京：中国人民大学出版社，2017.

[23] 祁忠斌，赵锡英. 血液中酒精浓度的数学模型[J]. 数学的实践与认识，2006(6)：5-15.

[24] 王立辉，朱齐丹，李新飞. 液压式阻拦系统的数学建模及仿真[J]. 哈尔滨工程大学学报，2012，33(3)：330-335.